REGONG YIQIYIBIAO JI YINGYONG JISHU

热工仪器仪表及应用技术

主　编　曾海波

参　编　马运保　叶红武　刘天爱　陈节涛

　　　　吴尔夫　宋凌云　张　林　张　航

　　　　姜　山　涂在祥　龚自力　梅　洋

　　　　彭光峰　裴智华

中国电力出版社
CHINA ELECTRIC POWER PRESS

内 容 提 要

本书是根据企业实际生产经验提炼出来的。主要讲述发电企业热工专业常用的典型仪器仪表的选型、校验、安装、使用、运行维护等方面内容,有很强的实践性。本书共有七章。包括压力测量、温度测量、流量测量、液位测量、位移传感器、TSI系统电涡流传感器、智能仪表及现场总线等内容。在编写中参考了最新的技术规范和规程。

本书可供发电企业热工专业人员学习和培训使用,也可供自动化类、仪器仪表类等相关本科和高等职业院校在校学生使用。

图书在版编目(CIP)数据

热工仪器仪表及应用技术 / 曾海波主编. -- 北京:中国电力出版社,2024.8. -- ISBN 978-7-5198-8725-4

Ⅰ. TM621

中国国家版本馆 CIP 数据核字第 2024SY5145 号

出版发行:中国电力出版社

地　　址:北京市东城区北京站西街 19 号(邮政编码 100005)

网　　址:http://www.cepp.sgcc.com.cn

责任编辑:吴玉贤(010-63412540)

责任校对:黄　蓓　常燕昆

装帧设计:赵姗姗

责任印制:吴　迪

印　　刷:北京锦鸿盛世印刷科技有限公司

版　　次:2024 年 8 月第一版

印　　次:2024 年 8 月北京第一次印刷

开　　本:787 毫米×1092 毫米　16 开本

印　　张:14.25

字　　数:348 千字

定　　价:68.00 元

编 委 会

主　任　周传杰

副主任　潘汪杰

主　编　曾海波

成　员　（按姓氏笔画排序）

马运保　叶红武　刘天爱　陈节涛　吴尔夫

宋凌云　张　林　张　航　姜　山　涂在祥

龚自力　梅　洋　彭光峰　裴智华

序

国能长源汉川发电有限公司（简称汉川公司）为国家能源集团长源电力股份有限公司下属子公司，隶属国家能源集团。始建于1989年9月28日，是国家"七五"重点能源建设项目，是华中电网的骨干电厂之一。三十多年来，公司坚持绿色创新发展，推进节能减排，助力生态文明建设，持续为社会提供电力、粉煤灰、热力、压缩空气、热水等综合能源业务，为国家经济发展积极贡献力量。

汉川公司位于武汉市西面，南倚汉水，北临107国道和京珠高速公路，厂用铁路专线与汉丹铁路线相连，地理位置得天独厚，处于湖北电网鄂东负荷中心。

汉川公司是湖北省第一家装机容量达到百万千瓦的火力发电厂，拥有我国第一台国产引进型30万kW机组和湖北省第一台超超临界参数百万千瓦机组。

现有在运装机容量352万kW，其中新能源20万kW，火电装机容量332万kW（4×33万kW＋2×100万kW），分三期建成。其中一、二期项目占地682.35亩，各两台30万kW机组分别于1991、1998年建成投产，并于2008年至2011年期间先后实施汽轮机通流改造，单台装机容量扩容至33万kW。三期工程项目占地632.55亩，两台100万kW超超临界燃煤发电机组于2012、2016年建成投产。四期扩建项目2台100万kW机组主体工程已于2023年10月28日高标准开工。新能源光伏项目与汉川市人民政府签订可开发200万kW光伏项目协议，其中国能长源汉川市新能源百万千瓦基地项目规划装机容量100万kW，分三期开发建设。

公司先后被原国家电力公司授予"一流火力发电厂"称号，被全国总工会授予"模范职工之家"称号，被国资委授予"中央企业先进集体""中央企业抗击新冠肺炎疫情先进集体"称号，被中央文明办授予"全国文明单位"（第六届），被共青团中央和国家安全监管总局联合授予"全国青年安全生产示范岗"，被湖北省政府授予"安全生产红旗单位""节水型企业""健康企业"（首届），被集团公司授予"安全环保一级单位"。公司党委先后荣获集团公司、湖北省国资委"先进基层党组织"和"国有企业示范基层党组织"称号。截至2023年3月，公司拥有6项国家发明专利和93项实用新型专利。

1000MW超超临界压力机组采用了当前大量新材料、新技术、新设备和新系统，较300MW亚临界机组实现了跨越式的发展。同时，机组运行中也突显出诸多新问题，如控制系统国产化可靠性、深度调峰协调控制策略等。为便于火电企业各级运行人员、检修维护人员、生产管理人员更好地学习、掌握设备及系统的技术特点和性能，有效提升员工技能水平，结合电厂1000MW机组设备系统实际情况，特编写本教材，作为火电企业各级生产技术人员和管理人员专业技能培训及学习教材。

"欲工善其事，必先利其器"。谨借本教材出版之际，希望汉川公司各位员工形成"爱技术、学技术、用技术"的良好风气，为汉川公司创建世界一流水平示范火电厂贡献积极力量。

阎林

2024 年 7 月 18 日

前　言

随着科学技术的发展、机组容量不断增大，热工技术也在日新月异。热工自动化系统已覆盖发电厂的各个角落，其技术应用水平和可靠性决定着机组运行的安全经济性。同时，热工自动化技术及设备的复杂程度随之不断提高，新工艺、新需求、新型自动化装置系统层出不穷，对热工专业人员掌握测量和控制技术提出了更高要求。新建机组数量的不断增加伴随着对热工人员的需求的不断增加，又对热工专业人员的专业知识和运行维护能力提出了更高层次的要求。因此，通过加强热工人员的技术培训，提高热工自动化系统的技术水平与运行可靠性，是热工管理工作中急需的，也是一项长期的重要工作。

为了推动国能长源汉川发电有限公司热工培训和技能竞赛工作的开展，协助国能长源电力股份有限公司做好热工专业的技术培训工作，提供切合实际的系统培训教材。在国能长源电力股份有限公司领导关心、指导下，由国能长源汉川发电有限公司人资部组织，公司实训基地组织编写了本教材。

本书作者均长期工作在电力生产的第一线，有丰富的实践经验。考虑到企业生产实际，本书主要从应用的角度进行编写。在编写中作者既总结、提炼了多年来积累的工作经验，又吸收了大量著作、论文和互联网文献中宝贵资料和信息，从而提升了本教材的科学性、系统性、完整性、实用性和先进性。我们希望本教材的出版，有助于读者专业知识的系统性提高。

本书由周传杰、潘汪杰总体统筹协调参编人员的编写任务，负责书稿的组织编排、裁剪完善、拾遗补阙以及书稿的技术把关。全书共分七章，第一章由彭光峰、刘天爱编写；第二章由张林、陈节涛编写；第三章由张航、梅洋、裴智华编写；第四章由姜山、吴尔夫编写；第五、六章由龚自力、宋凌云编写；第七章由马运保、叶红武编写。此外，涂在祥负责了本书各章节内容的平衡和修改完善；曾海波主持了全书结构框架、各章节内容的讨论、审查和确认。

本书在编写过程中参考了很多规范规程及其他文献中的内容，在此一并表示诚挚的感谢！

最后，感谢参与本书策划和相关工作人员。若有不足之处，恳请广大读者不吝赐教。

编者

2024 年 3 月

目 录

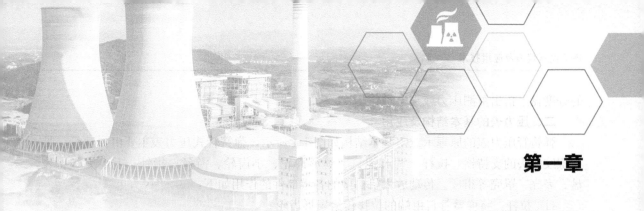

第一章

压 力 测 量

压力是工业生产过程中的重要参数之一。流体的输送、物质物理性质的变化均与压力有关。与此同时，压力又是生产设计过程的一个安全指标。任何设备装置只能承受设计所规定的压力，若超过允许的压力范围，可能会使设备损坏，甚至产生爆炸事故，导致巨大的损失。因此，压力测量在汽车、制造、航空、电力、生物医学领域，甚至和我们生活息息相关的空调、电子设备等领域都是非常重要的。在压力测量中常有绝对压力、表压、差压、负压或真空度之分。压力的法定计量单位是帕（Pa），常用表示压力的单位还有千帕（kPa）、兆帕（MPa）、毫米水柱（mmH_2O）、毫米汞柱（mmHg）、巴（bar）、磅力/平方英寸（psi）等。

压力测量的方法主要有四种：平衡法（液柱式）、弹性法（机械式）、活塞式、电气式（数字式）。常见的电气式压力计有压力变送器、压力开关等。压力变送器是被大家所熟知的，由于它输出的是电量，便于信号远传，尤其是便于与计算机连接组成数据自动采集系统，所以得到了广泛的应用，极大地推进了热控技术的发展。压力开关采用的是触点输出模式，对压力信号的变化具有反应快、测量准的特性，常被用于设备连锁保护或系统报警提示。

压力变送器的种类很多，分类方式也不尽相同。从压力转换成电量的途径来看，可分为电阻式、电容式、电感式、电磁效应、压阻效应、压电效应、光电效应等。

第一节 压 力 表

一、压力表的工作原理

在工业过程控制与技术测量过程中，由于机械式压力表的弹性敏感元件具有很高的机械强度以及生产方便等特性，使得机械式压力表得到越来越广泛的应用。机械压力表中的弹性敏感元件随着压力的变化而产生弹性变形。机械压力表采用弹簧管（波登管）、膜片、膜盒及波纹管等敏感元件并按此分类。

本章压力表是指采用弹性应变原理制作的各种单圈弹簧管（膜盒或膜片）式压力表、真空表、压力真空表以及远传压力（真空）表。

弹簧管压力表是最常用的直读式测压仪表，它可用于测量真空或 $0.1 \sim 1 \times 10^3 \, MPa$ 的压力。弹簧管（又称为波登管）是用一根扁圆形或椭圆形截面的管子弯成圆弧形而制成的。管子开口端固定在仪表接头座上，称为固定端。压力信号由接头座引入弹簧管内。管子的另一端封闭，称为自由端。当固定端通入被测压力时，弹簧管承受内压，其截面形状趋于圆形，刚度增大。弯曲的弹簧管伸展，中心角 α 变小，封闭的自由端外移。压力越大，自由端的位移就越大，自由端的位移通过传动机构带动压力表指针转动，再由指针在刻有法定计量单位的分度盘上指出被测压力或真空量值。

二、压力表的基本结构及应用

弹簧管压力表的原理示意与基本结构如图 1-1 所示，弹簧管式压力表主要由弹簧管、带有螺纹接头的支持器、拉杆、调节螺钉、扇形齿轮、小齿轮、游丝、指针、上下夹板、表盘、表壳、罩壳等组成。传动放大机构中的各零部件的作用如下：

（1）拉杆：将弹簧管自由端的位移传给扇形齿轮。

（2）扇形齿轮：将线位移转换成角位移后，传给小齿轮，并具有放大作用。

（3）小齿轮：带动同轴的指针转动，在刻度盘上指示出被测压力值。

（4）游丝：使扇形齿轮和小齿轮保持单向齿廓接触，消除两齿轮接触间隙，以减小回差。

（5）调整螺钉：改变调整螺钉的位置，可以改变扇形齿轮短臂的长度，达到改变传动比的目的。

（6）上下夹板：将上述部件固定在一起，组成一套传动机构。

传动机构又称为机芯，是压力表的心脏，它的作用是将弹簧管自由端的位移加以放大，达到易于观察读数的目的。

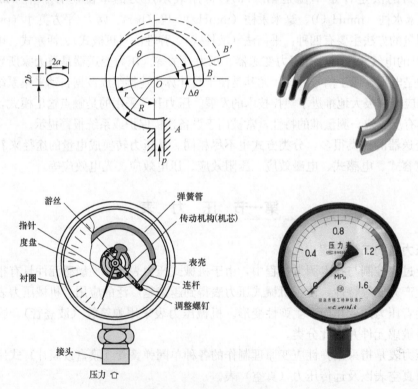

图 1-1　弹簧管压力表的原理示意与基本结构

三、压力表分类与规格

1. **压力表分类**

压力表种类很多，它不仅有一般（普通）指针指示型，还有数字型；不仅有常规型，还有特种型；不仅有接点型，还有远传型；不仅有耐震型，还有抗震型；不仅有隔膜型，还有耐腐型等。

（1）按测量精确度分类：压力表可分为精密压力表和一般压力表。精密压力表的测量精确度等级分别为 0.1、0.16、0.25、0.4 级；一般压力表的测量精确度等级分别为 1.0、1.6、2.5、4.0 级。

（2）按指示压力的基准分类：压力表按其指示压力的基准不同，分为一般压力表、绝对压力表和差压表。一般压力表以大气压力为基准；绝对压力表以绝对压力零位为基准；差压表测量两个被测压力之差。

（3）按测量范围分类：分为真空表、压力真空表、微压表、低压表、中压表及高压表。真空表用于测量小于大气压力的压力值；压力真空表用于测量小于和大于大气压力的压力值；微压表用于测量小于 60kPa 的压力值；低压表用于测量 0～6MPa 压力值；中压表用于测量 10～60MPa 压力值；高压表用于测量 100MPa 以上压力值。

（4）按显示方式分类：压力表按其显示方式分为指针压力表和数字压力表。

此外，还有一些特殊用途的压力表：

耐振压力表：耐振压力表的壳体制成全密封结构，且在壳体内填充阻尼油，由于其阻尼作用可以使用在工作环境振动或介质压力（载荷）脉动的测量场所。

电接点压力表：带有电接点控制开关的压力表，可以实现发信报警或控制功能。

远传压力表：带有远传机构的压力表，可以提供工业工程中所需要的电信号（比如电阻信号或标准直流电流信号）。

隔膜压力表：隔膜表所使用的隔离器（化学密封）能通过隔离膜片，将被测介质与仪表隔离，以便测量强腐蚀、高温、易结晶介质的压力。

记忆型压力表：当被测元件作用时，黑色压力显示指针会带动红色记忆指针到压力指示处，当没有压力进入，黑色压力显示指针会归零，而红色记忆指针会停留在刚刚压力显示的位置，让工作人员清楚地知道工作压力显示的数值，起到一个记忆的作用。

2. 压力表规格

单圈弹簧管压力表的型号和规范如下：

型号由四部分组成：

第一方格：Y 表示单圈弹簧管压力表；Z 表示单圈弹簧管真空表；YZ 表示单圈弹簧管压力、真空表。

第二方格：X 表示电接点；O 表示氧用、禁油；B 表示标准表；Q 表示氢用；A 表示氨用；C 表示耐酸，该方格有时可省略。

第三方格：表格直径，有 40、60、100、150、160、200、250mm 等几种。

第四方格：结构形式。空位表示径向无边；T 表示径向有边；Z 表示轴向无边；ZT 表示轴向有边。

例如：YZ-60ZT，表示轴向有边的、表格直径为 60mm 的单圈弹簧管压力表、真空表。

四、压力表校验

压力表在长期使用中，会因弹性元件疲劳，传动机构磨损及腐蚀，电子元器件的老化等造成误差，所以有必要对所用仪表进行定期校验。另外，新的仪表在安装使用前，为了防止运输过程中由于振动或碰撞所造成的误差，也需要对新仪表进行校验，从而保证仪表示值的可靠性。

校验方法一般有两种：一种是将被校表与标准表的示值在相同条件下进行比较；另一种是将被校表的示值与标准压力进行比较。无论是压力表还是压力传感器，变送器，均可采用上述两种方法。

标准仪表的选择原则是标准表的允许绝对误差应小于被校表的允许绝对误差的1/4，这样可将标准表的误差忽略，其示值作为真实压力。另外，为了防止校验过程中的误操作而损坏标准压力表，要求标准表的测量上限应比被校表大一挡。采用此种校验方法比较方便，所以实际校验中应用较多。

将被校表示值与标准压力比较的方法主要用于校验0.25级以上的精密压力表，也可用于校验各种工业用压力表。

第一种压力校验方法如下：

1. 检定条件

（1）环境条件。检定温度：（20±5）℃；相对湿度：小于等于85%；环境压力：大气压。仪表在检定前应在以上规定的环境条件下至少静置2h。

（2）检定用工作介质。测量上限不大于0.25MPa的压力表，工作介质为洁净的空气或者无毒、无害和化学性能稳定的气体；测量上限大于0.25MPa到400MPa的压力表，工作介质为无腐蚀性的液体或根据标准器所要求使用的工作介质；测量上限大于400MPa的压力表，工作介质为药用甘油和乙二醇混合液或根据标准器所要求使用的工作介质。

（3）计量器具。

1）标准器。对标准器的误差要求：标准器的允许误差绝对值不大于被检压力表允许误差绝对值的1/4。

可供选择的标准器：弹性元件式精密压力表和真空表；活塞式压力计；双活塞式压力真空计；标准液体压力计；补偿式微压计；0.05级及以上数字压力计（年稳定性合格的）；其他符合要求的标准器。

2）其他仪器和辅助设备：压力（真空）校验器；压力（真空）泵；油-气、油-水隔离器；电接点信号发信设备；额定电压为DC500V，准确度等级10级的绝缘电阻表；频率为50Hz，输出电压不低于1.5kV的耐电压测试仪。

2. 检定项目与方法

（1）外观检查。

1）外观。①压力表的零部件装配牢固、无松动现象。②压力表的涂层均匀光洁、无明显剥脱现象。③压力表装有安全孔，安全孔上有防尘装置（不准被测介质逸出表外的压力表除外）。④压力表按其所测介质不同，在压力表上应有表1-1中规定的色标，并注明特殊介质的名称。氧气表还必须标以红色"禁油"字样。

表1-1 测压介质对应色标

测压介质	色标颜色	测压介质	色标颜色
氧	天蓝色	乙炔	白色
氢	深绿色	其他可燃性气体	红色
氨	黄色	其他惰性气体或液体	黑色
氯	褐色		

2）标志：分度盘上有如下标志。制造单位或商标；产品名称；计量单位和数字；计量器具制造许可证标志和编号；真空有"－"号或"负"字；准确度等级；出厂编号。

3）读数部分：①表玻璃五色透明，没有妨碍读数的缺陷和损伤。②分度盘平整光洁，各标志清晰可辨。③指针指示端能覆盖最短分度线的 $1/3\sim2/3$。④指针指示端的宽度不大于分度线的宽度。

4）测量上限值数字。测量上限值数字符合如下系列中之一：1×10^{n}、1.6×10^{n}、2.5×10^{n}、4×10^{n}、6×10^{n}，其中，n 是正整数、负整数或零。

5）分度值。分度值符合如下系列中之一：1×10^{n}、2×10^{n}、5×10^{n}，其中，n 是正整数、负整数或零。

6）准确度等级：1、1.6、2.5、4。

（2）零位的检定。

1）带有止销的压力表，在无压力或真空时，指针紧靠止销。

2）没有止销的压力表，在无压力或真空时，指针位于零位标志内。

（3）示值误差，回程误差和轻敲位移的检定。

标准仪器与压力表使用液体为工作介质时，它们的受压点基本上在同一水平面上。如不在同一水平面上，考虑由液柱高度差所产生的压力误差。压力表的示值按分度值的 $1/5$ 估读。

1）示值检定方法。压力表的示值检定按标有数字的分度线进行。检定时逐渐平稳地升压（或降压），当示值达到测量上限后，切断压力源（或真空源），耐压 3min，然后按原检定点平稳地降压（或升压）倒序回检。

2）示值误差。每一检定点，在升压（或降压）和降压（或升压）检定时，轻敲表壳前、后示值与标准器示值之差均不大于允许误差绝对值的 $1/2$。

3）回程误差。对每一检定点，在升压（或降压）和降压（或升压）检定时，轻敲表壳前、后示值与标准器示值之差均不大于允许误差绝对值的 $1/2$。

4）轻敲位移。对每一检定点，在升压（或降压）和降压（或升压）检定时，轻敲表壳后引起示值变动量不大于允许误差绝对值的 $1/2$。

5）指针偏转平稳性。在示值误差检定过程中，用目力观测指针偏转平稳，无跳动和卡住现象。

（4）校准步骤。

1）根据被检表量程选择合适的标准表，分别固定在校验台上。

2）确认油杯中有足够的油，关闭标准表和被检表的切断阀，打开进油阀，逆时针旋出手轮二分之一以上。

3）关闭进油阀。打开标准表和被检表的切断阀。顺时针转动手轮加压，开始校验。

4）按所选压力表量程范围按 0%、25%、50%、75%、100%五个测量点，逐步匀速加压。待被检表读数稳定后，读取被检表的压力指示值并记录数据，轻敲被检表后，再次读取被检表的压力指示值。

5）匀速减压。按被检表量程范围 100%、75%、50%、25%、0%五点进行下行程校验。同样待被检表读数稳定后。读取被检表的压力指示值并记录数据，轻敲被检表后，再次读取被检表压力指示值。

校验完毕后打开进油阀卸掉油压，拆掉标准表和被检表，将校验台清理完毕后，整理校验数据、计算被检表的基本误差、回程误差，变差和轻敲表壳产生的误差，判断压力表是否合格并正确填写记录。

压力表校验示意如图 1-2 所示。

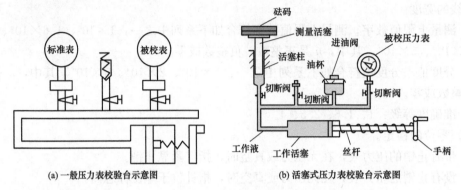

(a) 一般压力表校验台示意图　　　　(b) 活塞式压力表校验台示意图

图 1-2　压力表校验示意

（5）注意事项。

1）卸、装压力表时，一定使两个活扳手（叉口）卡住压力表接头及对应的下接头恢复原样。

2）接入的标准仪表和被校仪表内应无油及腐蚀性物体以及其他杂质，否则将影响仪器正常工作。

3）校验过程中应缓慢升压，不能猛然上升，以免损坏压力表。

4）校验完毕后拆卸压力表时，一定要先泄压。严禁带压拆卸压力表。在卸下压力表时，系统必须处于零压状态。

5）转换真空或压力时，系统必须处于零压状态。

（6）压力真空表真空部分的检定。

压力测量上限为 0.3～2.4MPa。真空部分检定：真空时指针能指向真空方向。

压力测量上限为 0.15MPa，真空部分检定两点示值。

压力测量上限为 0.06MPa，真空部分检定三点示值。

真空表按当地大气压 90% 以上真空度进行耐压检定。

3. 几种压力表的附加检定

（1）氧气压力表的无油脂检查。为了保证安全，在示值检定前、后进行无油脂检查。检查方法：将纯净的温开水注入弹簧管内，经过摇晃，将水倒入盛有清水的器具内，如水面上没有彩色的油影，则认为没有油脂。

（2）带检验指针压力表的检定。先将检验指针与示值指针同时进行示值检定，并记录读数，然后使示值指针回到零位，对示值指针再进行示值检定。各检定点两次升压示值之差均不大于允许误差的绝对值。示值检定中，轻敲表壳时检验指针不得移动。

（3）电接点压力表的检定。

1）绝缘电阻检验。用直流工作电压为 500V 的绝缘表接在电接点压力表接线与外壳之间，测量时稳定 10s 后读数，不小于 20MΩ（环境温度为 15～35℃，相对湿度不大于 80%）。

2）设定点偏差和切换差检定。对每一个设定点在升压和降压两种状态下进行设定点偏差检定。上限设定在量程的50%及75%附近两点，下限设定在量程的25%及50%附近两点。使设定指针位于设定值上，平稳缓慢地升压或降压（指示指针接近设定值时的速度为每秒不大于量程的1%），直至信号接通或断开为止。在标准器上读取压力值为上切换值或下切换值。

设定点偏差。设定点的示值（即设定值）与信号切换时压力值之差见表1-2规定。

表 1-2 设定点偏差规定值

准确度等级	设定点偏差的允许误差/%（以量程百分数计算）	
	直接作用式	磁助直接作用式
1	±1	±0.5～±4
1.6	±1.6	
2.5	±2.5	

切换差在同一设定点上，压力表信号接通与断开时（切换时）的实际压力值之差，符合如下规定：直接作用式，不大于示值允许误差的绝对值；磁助直接作用式，不大于量程的3.5%。

4. 检定结果的处理

（1）经检定合格的压力表贴上合格标贴并填写校准报告，否则为不合格，不合格根据其实际情况做出维修和报废处理，维修后须再做校准。

（2）校准记录。校准完后需填写校准记录由实验室或档案室保存至少3年。

（3）校准周期。校准周期根据量具的使用频率和技术指标确定，最多不超过半年。

一般压力表检定记录表见附件。

五、压力表安装

校验合格的仪表能否在现场正常运行，与其是否正确安装关系很大。压力表的安装包括取压点的选择、传压管路的敷设和仪表的安装等。

1. 取压点的选择

（1）取压点要选在被测介质做直线流动的直管段上，不能选在拐弯、分岔、死角或其他能形成旋涡的地方。

（2）测量流动介质的压力时，传压管应与介质流动方向垂直。传压管口应与工艺设备管壁平齐，不得有毛刺。

（3）测量液体的压力时，取压点应在管道下部。以免传压管内存有气体；测量气体压力时，测点应在水平管道上部。

（4）测量低于0.1MPa的压力时，选择取样点时，应尽量减少液柱重力所引起的误差。

2. 导压管路的敷设

（1）导压管粗细要合适，一般内径为6～10mm，长度应尽可能短，最长不得超过50m，以减少压力指示的迟缓。如超过50m，应选用能远距离传送的压力计。

（2）导压管水平安装时应保证有1∶10～1∶20的倾斜度，以利于积存于其中之液体（或气体）的排出。

（3）当被测介质易冷凝或冻结时，必须加设保温伴热管线。

（4）取压口到压力计之间应装有切断阀，以备检修压力计时使用。切断阀应装设在靠近取压口的地方。

3. 压力表的安装

压力表正确安装与否，直接影响到测量结果的准确性和压力表的使用寿命，因此有如下规定：

（1）压力表应安装在满足规定的使用环境条件和易于观察和维修的地方。

（2）仪表在振动场所使用时，应加装减振器。

（3）在仪表的连接处，应根据被测压力的高低和介质性质，加装适当的垫片。中压及以下可使用石棉垫、聚乙烯垫，高温高压下使用退火紫铜垫。

（4）测量有腐蚀性或黏度较大的介质的压力时，应加装隔离装置。

（5）当测量波动频繁的介质的压力时，应加装缓冲器或阻尼器。

（6）测量蒸汽压力时，压力表前应加装凝汽管，以防高温蒸汽与弹性元件直接接触，压力表安装示意如图 1-3 所示。对于有腐蚀性介质的流体，在压力表前应加装充有中性液体的隔离罐，图 1-3（b）表示了被测介质密度 ρ_2 大于和小于隔离液密度 ρ_1 的两种情况。

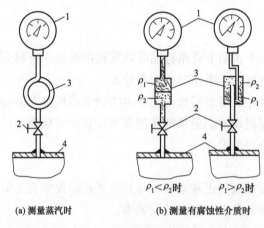

(a) 测量蒸汽时　　　　　(b) 测量有腐蚀性介质时

图 1-3　压力表安装示意

1—压力计；2—切断阀门；3—凝液管；4—取压容器

（7）取压点与压力表之间应加装切断阀，以备检修压力表时使用。切断阀最好安装在靠近取压点的地方。为了便于对压力表做现场校验以及冲洗压力信号管，在压力表入口处，常装有三通阀。

此外，使用压力表时，若压力表与取压点不在同一水平面上，须对压力表的示值进行修正。当压力表在取压点下方时，仪表示值应减去修正值 ρgh。当压力表在取压点上方时，仪表示值应加上修正值 ρgh。修正值中 ρ 是压力信号管中的流体平均密度，g 是当地的重力加速度，h 是取压点到压力表的垂直距离。也可以在测压前，事先将仪表指针逆时针或顺时针拨一定偏转角度（和 ρgh 对应），这样就可以在仪表上直接读出被测压力的表压力。汉川发电有限公司供热管道压力表安装示例如图 1-4 所示。

图 1-4　供热管道压力表安装示例

六、压力表常见故障现象分析与处理

压力表在测量过程中，常常会出现一些故障，故障及时判断分析和处理，对生产至关重要。根据日常维护中的经验，我们总结归纳了压力表常见故障现象原因与处理方法，见表 1-3。

表 1-3　　　　　　　　　　压力表常见故障现象原因与处理方法

序号	故障现象	故障原因	处理方法
1	现场压力表指示偏低或偏高	指针错位	拆下压力表重新校验定针
		压力表安装地点高于（偏低）或低于（偏高）测压点	更改压力表安装地点或加修正值
2	压力表在校验中指针跳动	机心活动部分、孔轴磨损太大	缩孔，调整间隙，更换零件
		弹簧管自由端与连杆接合处螺丝不活动，扇形齿轮与连杆上螺丝不活动	修理调整螺丝与孔间隙，加润滑
		中心齿轮、扇形齿轮有缺齿或毛刺	对齿轮进行补齿或修理
		指针与刻度盘或玻璃摩擦	消除摩擦部位
		上、下夹板组装后不平行，游丝碰上、下夹板	拆机心，调整上、下夹板，调整游丝
		指针不平衡	更换指针或调整指针平衡
3	生产中压力表指针快速抖动	被测介质波动太大	加缓冲装置（缓冲管、缓冲器），关小仪表阀门
		四周有高频振动	加防振装置
4	工作中压力表无指示	中心齿轮与扇形齿轮被游丝卡住	游丝与齿轮脱开或更换
		连杆端头处螺丝振掉	将螺丝恢复好
		弹簧管漏	补焊或更换新弹簧管
		导压管路堵塞（阀门、垫）	拆下压力表，加压检查堵塞部位
		弹簧管内腔堵塞	用压力泵抽吸或焊开，用钢丝疏通
		因磨损，中心齿轮与扇形齿轮不能啮合	更换机心
5	指针不回零	机械传动部分不灵活，有摩擦	消除摩擦部位，润滑加油
		游丝松紧不当或表内没有游丝	调整游丝松紧度，加装游丝

续表

序号	故障现象	故障原因	处理方法
5	指针不回零	指针不平衡，指针与铜轴颈松动	更换指针，铆紧指针
		弹簧管产生弹性后效	校正弹簧管或更换新弹簧管
		管路有堵塞，表内有剩余压力	疏通导压管及压力表
		指针错位	重新校验定针
6	指针指示达不到满度	中心齿轮与扇形齿轮啮合不当	调整啮合位置
		连杆太短	更换连杆
		更换新机芯，传动比选择不当	选择合适的机芯
		新更换的弹簧管自由端位移量太小	重新更换合适的弹簧管
7	表内有液体	壳体与表蒙水密性不够	检查更换表接头、表蒙处胶圈
		弹簧管漏	补焊或更换新弹簧管
8	指示值不合格 各点误差一致	指针位置不当	重新校验定针
	仪表指示前快后慢或前慢后快	传动比不当	调整连杆在扇形齿轮上的滑动位置
		中心齿轮轴没处在表盘的中心点	旋松下夹板与表基板上的两个螺丝，调整机芯
		弹簧管扩展移动与压力成非线性关系	作弹簧管弯曲校正
	其中一、二点超差	拉杆与扇形齿轮角不对	调整角度
	轻敲后变差太大	机械传动部分有摩擦，孔径磨损太大，连杆螺丝松动	消除摩擦部位，缩孔，调整螺丝，润滑加油
		指针不平衡，游丝有摩擦或没调整好	更换指针，消除游丝相碰处并调整松紧度
		指针与表盘有摩擦，指针与铜颈松动	消除摩擦，铆紧指针

压力表有下列情况之一时，应停止使用：

（1）有限止钉的压力表，在无压力时，指针转动后不能回到限止钉处；无限止钉的压力表，在无压力时，指针距零位的数值超过压力表规定的允许误差；

（2）表盘封面玻璃破碎或表盘刻度模糊不清；

（3）封印损坏或超过校验有效期限；

（4）表内弹簧管泄漏或压力表指针松动；

（5）其他影响压力表准确指示的缺陷。

第二节 压力（差压）变送器

一、压力（差压）变送器简介

压力（差压）变送器用于检测介质的压力（差压），并进行远程信号传送，信号传送到二次仪表或者计算机进行压力（差压）控制或监测的一种自动化控制前端元件，主要由压力传感器、测量电路和过程连接件三部分组成。它能将压力传感器感受到的气体、液体等物理压力（差压）参数转变成标准的电信号，以供给指示报警仪、记录仪、调节器等二次仪表进行测量、指示和过程调节。

按工作原理分为电容式、应变式、谐振式、压阻式、电感式等；按不同的测压类型可分为正（负）压变送器、差压变送器和绝压变送器等。

二、电容式压力（差压）变送器工作原理

电容式压力、差压变送器主要由测压容室和转换线路两部分组成，其原理及结构如图 1-5 所示。电容式压力、差压变送器采用微位移式差动电容膜盒作为检测元件，中心感压膜片和其两边弧形电容极板形成电容量 C_H（高压侧极板和测量膜片之间的电容）和 C_L（低压侧极板和测量膜片之间的电容）的两个电容。被测差压 Δp 加在膜盒的隔离膜片上，通过腔内硅油的液压传递到中心感压膜片上，差压为 Δp 时，中心感压膜片产生位移，从而使中心感压膜片与两边弧形电容极板的间距、两个电容的电容量 C_H 和 C_L 不再相等。被测差压 Δp 与两个电容的电容量 C_H 和 C_L 的关系：$\Delta p = K \cdot (C_H - C_L)/(C_H + C_L)$。

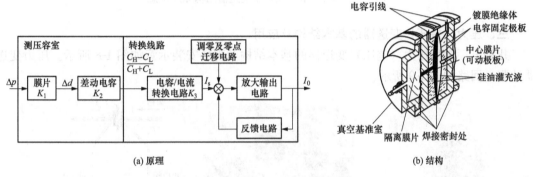

(a) 原理　　　　(b) 结构

图 1-5　电容式压力（差压）变送器原理及结构

转换线路的作用是将电容比 $[(C_H - C_L)/(C_H + C_L)]$ 的变化转换为 4～20mA DC 标准信号，并实现零位、量程、正负迁移、阻尼调整等功能。转换线路由电容/电流转换电路（解调器、振荡器、振荡控制器）、调零及零点迁移电路、调量程电路、放大输出电路、反馈电路等组成。

如果是智能变送器，可以输出电压或数字信号，同时可以通过配套 HART（高速可寻址远程发送器数据公路）手操器对其进行现场和远程通信。其信号制式是模拟、数字兼容的，且模拟信号与数字信号共用一条通道，采用 HART 协议通信的变送器，其基本结构原理如图 1-6 所示。从整体上看，智能变送器由硬件和软件构成，对被测的过程数据进行计算及操作，智能变送器采用了微处理器元件，能与过程控制中的模拟信号兼容，有自动补偿温度、线性、静压等功能，又有通信、自诊断功能；从电路结构上看，智能变送器包括传感器部件和电子部件两部分。如罗斯蒙特公司的 3051C 型智能差压变送器，其结构原理示意如图 1-7 所示。

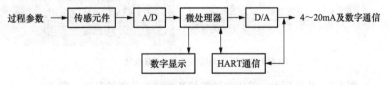

图 1-6　智能变送器的基本结构原理

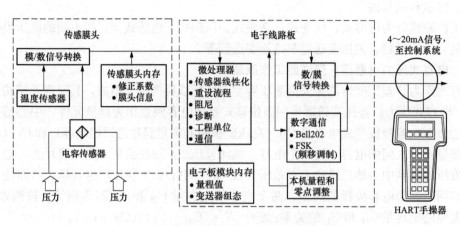

图 1-7　3051C 型智能差压变送器结构原理示意

三、压力（差压）变送器的基本结构及应用

几种电厂常用压力（差压）变送器的基本结构及现场安装示意如图 1-8 所示。压力变送器的测量回路如图 1-9 所示。

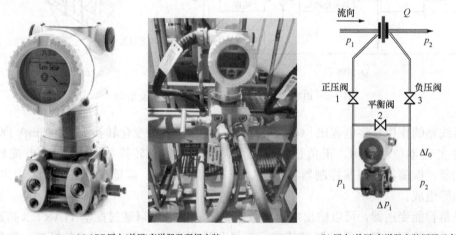

(a) ABB压力(差压)变送器及现场安装　　　　(b) 压力(差压)变送器安装原理示意

(c) 罗斯蒙特压力(差压)变送器及现场安装

图 1-8　几种压力、差压变送器的基本结构及现场安装示意（一）

(d) 西门子压力(差压)变送器及现场安装

图 1-8 几种压力、差压变送器的基本结构及现场安装示意（二）

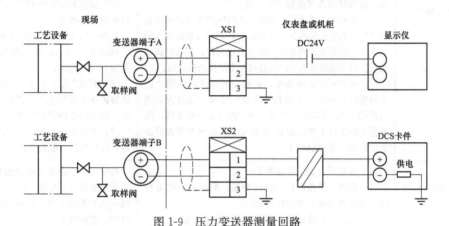

图 1-9 压力变送器测量回路

四、压力（差压）变送器校验

为保证正常运行及准确性，压力、差压变送器需要定期检查和校准。压力、差压变送器校验分为试验室校验和现场校验。

1. 试验室校验

（1）检定过程及质量要求。压力变送器检定可分为首次检定、后续检定和使用中检查，检定周期可根据使用环境条件及使用频繁程度来确定，一般不超过 1 年。其检定过程及质量要求见表 1-4，表中工作内容没有标注的是三种检定方式都需要做的项目。

表 1-4   压力变送器校验过程及质量要求

主要项目	工艺质量标准及要求	安全标准及注意事项
1. 停电，拆回变送器（后续检定）	（1）停电，该表直流 24V 电源由 DCS 提供。 （2）拆线，包好线接头。 （3）拆变送器，包好管接头	关闭一、二次门。 高空作业扎安全带
2. 变送器外观检查（用手感和目力观察）、卫生清扫	（1）外观洁净，并贴上测量名称、标示牌。 （2）外观完整无损，各铭牌标志齐全、清晰。 （3）内部清洁，接插件接触良好，端子螺丝完整无缺。 （4）接头螺母无滑口、错扣、滑方现象。 （5）差压变送器的高压容室与低压容室有明显标记	符合 JJG 882—2019《压力变送器检定规程》要求。 仪表应轻拿轻放，防止摔打

主要项目	工艺质量标准及要求	安全标准及注意事项
3. 变送器检定 3.1 选好标准压力表、毫安表和活塞压力计或数字压力校验仪	(1) 标准压力表合格证书在有效期内。 (2) 标准压力表精确度 0.01～0.05 级。 (3) 标准电流表精确度 0.01～0.05 级，上限不低于 20mA。 (4) 数字压力校验精确度 0.05 级及以上，年稳定性合格。 (5) 自动标准压力发生器 0.05 级及以上，年稳定性合格。 (6) 根据不同量程和不同类型的压力变送器选择对应的压力源，再根据被检验的压力变送器选择对应的压力校验仪或者精密数字压力表。 (7) 量程较小或者是有禁油要求的压力变送器可以选择气压型的压力校验台，量程较大或者也有禁油要求的压力变送器需要选择水压型的压力校验台，如果量程较大且没有其他要求的可以选择液压型的压力校验台。 (8) 成套后的标准组，在检定时由此引入的扩展不确定度 U 应不大于被检压力变送器最大允许误差绝对值的 1/4；准确度等级为 0.05 级的压力变送器，由此引入的扩展不确定度 U 应不大于被检压力变送器最大允许误差绝对值的 1/3	(1) 标准室环境条件： 0.05 级、0.075 级温度为 20 ± 2℃，0.1 级及以下温度为 20 ± 5℃，每 10min 变化不大于 1℃。相对湿度不大于 80%。 (2) 变送器所处环境应无影响输出稳定的机械振动。 (3) 检定区域内无明显的气体流动。 (4) 变送器周围除地磁场外，应无影响变送器工作的外磁场。 (5) 根据被检对象选择合适量程和精确度的标准表。 量程＝(1＋1/3)×被检表量程 精确度＝1/4(标准表量程/被校表量程)×被检表精确度 (6) 测量上限不大于 0.25MPa 的变送器传压介质为空气或其他无毒、无害、化学性能稳定的气体。 (7) 测量上限大于 0.25MPa 的变送器，传压介质一般为气体
3.2 设备的连接与安装	(1) 被检压力变送器静置 1～2h。 (2) 选择好设备以后，将标准器、配套设备和被校压力变送器与压力校验台连接好。 (3) 被校压力变送器按规定的安装位置放置	被检压力变送器为达到热平衡，必须在检定条件下放置 2h；准确度等级低于 0.5 级的压力变送器可缩短放置时间，需放置 1h
3.3 通电预热	除制造单位另有规定外，一般需通电预热 5min 以上	预热后进行仪表的检查性校验
3.4 密封性检查（首次检定）	(1) 平稳地升压（或疏空），使压力变送器测量室压力达到测量上限值（当地大气压力 90% 的疏空度），关闭压力源，保压 15min，观察是否有泄漏现象。 (2) 差压变送器在进行密封性检查时，高压容室和低压容室连通，并同时施加额定工作压力进行观察。 (3) 变送器的测量部分在承受测量上限压力（差压变送器为额定工作压力）时，不得有泄漏和损坏现象	在最后 5min 内通过观察压力表示值或观察压力变送器输出信号的等效值来确定压力值的变化量。 最后 5min 压力值下降（或上升）不应超过测量压力上限值的 2%
3.5 选好检定点	(1) 按量程基本均匀分布，包括上下限（或其附近 10% 输入量程以内）在内不少于 5 个点。 (2) 0.1 级及以上的应不少于 9 个点。 (3) 绝压变送器的零点应尽可能小，一般不大于量程的 1%	对于输入量程可调的压力变送器，首次检定的压力变送器应将输入量程调到规定的最小量程、最大量程分别进行检定；后续检定和使用中检查的压力变送器可只进行常用量程或送检者指定量程的检定
3.6 检定前的调整	(1) 用改变输入压力的方法对压力变送器输出下限值和上限值进行调整，使其与理论的下限值和上限值相一致。 (2) 一般通过调整"零点"和"满量程"来完成。 (3) 具有数字信号输出（现场总线）功能的压力变送器，应该分别调整输入部分及输出部分的"零点"和"满量程"，同时将压力变送器的阻尼值调至最小	变送器输入为下限值，确认零点，使输出为 4mA。 变送器输入为满量程信号，确认量程，使输出为 20mA。 反复调整，直到符合要求

主要项目	工艺质量标准及要求	安全标准及注意事项
3.7 检定方法	(1) 从下限开始平稳地输入压力信号到各检定点，读取并记录输出值至测量上限，然后反方向平稳改变压力信号到各个检定点，读取并记录输出值至测量下限，此为一个循环。 (2) 0.1 级及以下的压力变送器进行 1 个循环检定；0.1 级以上的压力变送器应进行 2 个循环的检定。 (3) 强制检定的压力变送器应至少进行上述 3 个循环的检定	在检定过程中不允许调整零点和量程，不允许轻敲和振动压力变送器，在接近检定点时，输入压力信号应足够慢，避免过冲现象。 升压、降压要平稳，精力要集中，防止打坏仪表
3.8 示值误差的计算	(1) 计算公式：$\Delta I = I - I_L$ 式中：ΔI 为各检定点的示值误差；I 为压力变送器正行程或反行程各检定点的实际输出值；I_L 为压力变送器各检定点的理论输出值。 (2) 基本误差要符合如下要求： 基本误差 $\leqslant \pm$（测量上限－测量下限）$\times$ 最大允许误差 (3) 误差计算过程中数据处理原则：小数点后保留的位数应以舍入误差小于压力变送器最大允许误差的 1/10 为限。判断压力变送器是否合格应以舍入以后的数据为准	具有压力指示器的压力变送器，其指示部分示值误差的检定按 JJG 875《数字压力计检定规程》进行。 对具有数字信号传输功能的压力变送器，可采用能忽略本身示值误差的计算机监控软件、制造单位提供的通信器或专用通信设备采集的读数作为压力变送器的输出信号
3.9 回差的检定	(1) 计算公式为 $\Delta I_d = I_Z - I_F$ 式中：ΔI_d 为压力变送器的回差；I_Z、I_F 为压力变送器正行程及反行程各检定点的实际输出值。 (2) 回差要符合如下要求： 初次检定时的回差 $\leqslant \pm$（测量上限－测量下限）$\times$ 最大允许误差 $\times 80\%$； 后续检定和使用中检查的回差 $\leqslant$（测量上限－测量下限）$\times$ 最大允许误差	回差的检定与示值误差的检定同时进行
3.10 差压变送器静压影响的检定（首次检定必须做，后续检定时可必要时做）	(1) 将差压变送器高、低压容室连通，从大气压力缓慢加压至额定工作压力，保持 1 min，测量静压下的下限输出值 p_{Li}。 (2) 然后释放至大气压力，1min 后测量大气压力状态下的下限输出值 p_{LO}。 (3) 其静压下限值应符合表 1-5 的规定	$\delta_{P0} = \left\| \dfrac{p_{Li} - p_{LO}}{Y_{FS}} \right\|_{\max} \times 100\%$ δ_{P0} 为静压影响引起的下限（零点）输出值变化量，p_{Li} 为额定工作压力下的下限（零点）输出值，p_{LO} 为大气压状态下的下限（零点）输出值，Y_{FS} 为差压变送器满量程输出值
3.11 绝缘电阻的检定（首次检定和后续检定需做项目）	(1) 断开压力变送器的电源，将电源端子和输出端子分别短接。 (2) 用绝缘电阻表分别测量电源端子与接地端子（外壳），电源端子与输出端子，输出端子与接地端子（外壳）之间的绝缘电阻。 (3) 输出端子对地电阻 $\geqslant 20 M\Omega / 100V$。 (4) 测量回路对地电阻 $\geqslant 20 M\Omega / 500V$	压力变送器绝缘电阻的检定，除制造厂另有规定外，一般采用额定电压为 500V 的兆欧表作为测量设备。 电容式压力变送器试验时，应采用额定电压为 100V 的兆欧表作为测量设备，或按企业标准规定的要求进行检定

主要项目	工艺质量标准及要求	安全标准及注意事项
3.12 绝缘强度的检定（首次检定需做项目）	（1）断开压力变送器的电源，将电源端子和输出端子分别短接。 （2）用耐电压测试仪分别测量电源端子与接地端子（外壳），电源端子与输出端子，输出端子与接地端子（外壳）之间的绝缘强度。 （3）测量时，试验电压应从零开始增加，在 5～10s 内平滑均匀地升至规定的试验电压值，保持 1min，然后平滑地降低电压至零，并切断试验电源	压力变送器在试验时，可使用具有报警电流设定的耐电压测试仪，其设定值一般为 10mA。使用该仪器时，以是否报警作为判断绝缘强度合格与否的依据。 变送器端子标称电压 U 大于 0V 且小于 60V，试验交流电压值为 500V；U 大于等于 60V 且小于 250V，试验交流电压值为 1000V，误差不大于 10%
3.13 检定结果的处理	（1）检定合格的压力变送器，出具检定证书。 （2）检定不合格的压力变送器，出具检定结果通知书，并注明不合格项目和内容	检定记录格式规范，整洁。 检定证书规范
4. 系统检查	（1）电源开关接触良好，操作灵活。 （2）线路绝缘电阻≥20MΩ/500V。 （3）管路阀门无堵、漏。 （4）各种标志齐全、清晰。 （5）布线整齐、美观。 （6）各端子接线紧固、接触良好	按说明书要求正确使用兆欧表。 停送电时，挂"禁止合闸，有人工作"牌
5. 复装	（1）接线正确、整齐美观。 （2）表计安装牢固。 （3）螺钉、垫片紧固良好。 （4）变送器连接管路正确、美观	工作现场注意安全，防止伤人
6. 系统整理，卫生清扫	（1）各项技术指标。 （2）卫生达双达标要求。 （3）布线整齐、美观。 （4）各标志齐全清晰。 （5）各种记录数据、验收单、检定报告等资料齐全	仪表送电验电。 一、二次门打开，排污门关闭

表 1-5　　　　　　　　　　　　差压变送器静压影响的要求

项目		准确度等级			
		0.2级（0.25级）	0.5级	1.0级	1.5级
下限值变化量	p_w≤6.4	1.0%	2.0%	2.5%	3.0%
	p_w≤6.4（差压量程≤6kPa）	1.5%	3.0%	3.5%	4.0%
	6.4＜p_w≤16	1.5%	3.0%	3.5%	4.0%
	6.4＜p_w≤16（差压量程≤6kPa）	2.0%	4.0%	4.5%	5.0%
	16＜p_w≤25	2.0%	3.5%	4.0%	4.5%
	25＜p_w≤32	2.0%	4.5%	5.0%	5.5%
	32＜p_w≤40	2.5%	5.0%	5.5%	6.0%

注　1. p_w 为静压值，单位为 MPa。

2. 差压变送器静压影响的下限值的变化量是以其输出量程的百分比表示的。

3. 差压变送器静压影响的下限值变化量也可按照企业标准的规定进行。

（2）压力变送器校验示例。用 ConST273 压力校验仪进行压力变送器校验的操作方法如下：

1）把压力变送器和 ConST273 按图 1-10 所示连接到同一压力泵上。

2）按"E_{HART}^{Fun}"键，把电测项目切换到电流测量；按"24V"键，打开 24V 电源输出，如果想控制 24V 电源输出的时长，那么进入菜单选择相应的时长即可。

3）按图 1-10 的连线把压力变送器和 ConST273 连接好；插孔"◎24V"连变送器"+"，颜色为红色；插孔"◎mA"连变送器"-"（采用内部 24V 供电和内部标准电阻接线方式）。

4）按压力变送器检定规程的要求，以 ConST273 作为标准表来校验压力变送器。

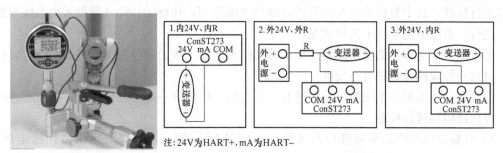

(a) 实际接线图　　　　　　　　　(b) ConST273 校验仪接线示意图

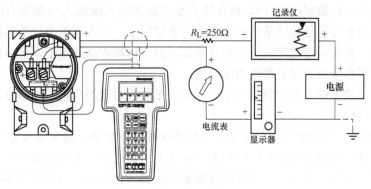

(c) 压力变送器校验原理示意图

图 1-10　压力变送器校验示意

如果变送器为 HART 型变送器，且想操作变送器的一些 HART 功能，那么长按"E_{HART}^{Fun}"键即可进入 HART 菜单；继续短按"E_{HART}^{Fun}"键进行所需功能的切换；当切换到 F7（固定输出环路模拟电流测试、AO 校准环节）时，按回车键进入 AO 测试校准菜单；继续按回车键进入零点和满度校准，使用上下键切换零点和满度点；再按回车键确认校准，END 表示该点校准结束；按目录键返回 HART 功能菜单；继续短按"E_{HART}^{Fun}"键在其他功能间循环切换；当切换到 F2 时，按回车键查看仪表当前测量范围；按右侧 P 或 E 进入上限或下限的迁移；使用方位键修改为设定值；使用回车键确认修改；按此方法依次进行其他功能的设定；长按"E_{HART}^{Fun}"键退出 HART 设置菜单。

2. 现场校验

（1）现场校准情况。现场校准有三种情况。

1）只对压力变送器进行校准。依据 JJG 882—2019《压力变送器检定规程》的要求，对压力变送器的计量性能进行校准。方法适用于以下两种情况：

①被校准压力变送器输出为数字信号（智能压力变送器）。因其输出为数字信号，故其构成的整个压力测量系统中没有数据采集器，其信号直接经过显示单元进行显示，后续信号传递、转换过程中不产生系统误差。

②被校准压力变送器属于检定、校准周期内的临时校准。当根据现场实际情况（例如做重大实验项目前）需要对压力变送器进行校准时，数据采集器因未到校准周期可不进行，而只对压力变送器进行临时校准。

2）对压力变送器及数据采集器等分立元件分别进行校准。对压力变送器及数据采集器分别进行校准，其中数据采集器计量性能的校准依据 JJF 1048—1995《数据采集系统校准规范》进行。方法适用于以下两种情况：

①由压力变送器、数据采集器及显示单元组成的整个压力测量系统属于周期检定或校准时，对每一组成部分分别进行校准。

②当整个压力测量系统的误差超过允许误差时，应对每一部分进行校准，找出超差的原因，经调修后再进行校准。

3）对整个压力测量系统进行系统校准。依据 JJG 875—2019《数字压力计检定规程》的要求，对压力测量系统的计量性能进行校准。系统校准方法是将现场压力测量系统看作一个整体（类似于一台数字压力计），即在压力变送器的输入端输入标准压力信号，将压力变送器、数据采集器与信号处理系统整体作为一个黑匣子，不考虑压力变送器输出电信号的转换及处理过程，在显示终端读取压力测量系统示值。这种方法适用于以下两种情况：

①需要得到整个压力测量系统的准确度。

②现场环境或条件不利于测量系统的拆卸、不能长时间停产进行各部分的校准。

（2）现场校验方法。

1）准备工作。差压变送器在应用中是与导压管相连接的，通常需要把导压管和差压变送器的接头拆开，再接入压力源进行校准。差压变送器的正、负压室都有排气、排液阀或旋塞，因此只需加工制作与排气、排液阀或旋塞相同螺纹的接头（又称为奶嘴），即可实现与标准压力源的连接。

对差压变送器进行校准时，先把三阀组的正、负阀门关闭，打开平衡阀门，然后旋松排气、排液阀或旋塞放空，然后用自制的接头来代替接正压室的排气、排液阀或旋塞；而负压室则保持旋松状态，使其通大气。压力源通过胶皮管与自制接头相连接，关闭平衡阀门，并检查气路密封情况，然后把电流表（电压表）、手操器接入变送器输出电路中，通电预热后开始校准。

2）常规差压变送器的校准。先将阻尼调至零状态，先调零点，然后加满度压力调满量程，使输出为 20mA，因在现场调校要求快速，在此介绍零点、量程的快速调校法。调零点时对满度几乎没有影响，但调满度时对零点有影响，在不带迁移时其影响约为量程调整量的 1/5，即量程向上调整 1mA，零点将向上移动约 0.2mA，反之亦然。例如：输入满量程压力为 100kPa，该读数为 19.900mA，调量程电位器使输出为 $19.900+(20.000-19.900)\times1.25=20.025$mA，量程增加了 0.125mA，则零点增加 $1/5\times0.125=0.025$，调零点电位器使输出为 20.000mA。零点和满量程调校正常后，再检查中间各刻度，看其是否超差，必要时进行微调。然后进行迁移、线性、阻尼的调整工作。

3）智能差压变送器的校准。用上述的常规方法对智能变送器进行校准是不行的，因为这是由 HART 变送器结构原理所决定的。智能变送器在输入压力源和产生的 4～20mA 电流信号之间，除机械、电路外，还有微处理芯片对输入数据的运算工作。因此调校与常规方法有所区别。

实际上厂家对智能变送器的校准也是有说明的，如 ABB 的变送器，对校准就有："设定量程""重定量程""微调"之分。其中"设定量程"操作主要是通过 LRV. URV 的数字设定来完成配置工作，而"重定量程"操作则要求将变送器连接到标准压力源上，通过一系列指令引导，由变送器直接感应实际压力并对数值进行设置。而量程的初始、最终设置直接取决于真实的压力输入值。但要看到尽管变送器的模拟输出与所用的输入值关系正确，但过程值的数字读数显示的数值会略有不同，这可通过微调项来进行校准。由于各部分既要单独调校又必须要联调，因此实际校准时可按以下步骤进行：

（1）将手持 HART 编程器通信端口与变送器正确连线，打开电源，按"MENU"键，直至显示窗口上出现"A：CALIBRATE"（调整）画面，然后进行校验。

（2）零点校验：将变送器在无压力信号源的情况下，按"LRV"键，并在屏幕上设定对应零点的百分数，然后按两次"ENT"键，零点压力校验完毕。

（3）量程校验：输入满量程压力信号，按"URV"键，再按"ENT"，量程校验完毕。然后分别给变送器测量室送入 0％、25％、50％、75％、100％五点压力信号，进行线性检查。

智能压力变送器的零点、迁移和量程也可以在手持编程器上进行设定和修改，但是远端设置必须确保变送器的测量部分完好，且符合精确度等级的要求，否则仍要通过输入压力信号进行校验。

在校验过程中严格按上、下行程实际示值填写，并计算出误差及变差，若超出仪表精确度，必须重新调校直到符合要求为止。

校验单填写要求真实，不得涂改，小数点后两位为有效数；填写好后，校验者及技术人员应签名存入档案。

调校工作结束后，要把排气、排液阀和旋塞旋回原位，并应缠上生料带，要旋紧保证不泄漏，但旋紧前应该先进行正、负压室的排气、排液工作。此时还可利用工艺压力，进行简易的变送器静压误差检查工作。

五、压力、差压变送器的安装

1. 安装前的准备工作

（1）核对设备：由于提供设备与设计供货厂商、型号不尽相同，故需要根据量程和设计安装方式以及工艺介质要求的材质来确定各个位号所对应的变送器。

（2）确定安装位置：各种系列的压力变送器要采用防水、防尘结构，可以安装在任何场所。但从便于日常操作维护、延长使用寿命、保证可靠性等方面考虑，安装位置有如下要求：

1）周围有足够的作业空间，与相邻物体距离（任何方向）大于 0.5m；

2）周围无严重的腐蚀性气体；

3）不受周围的热辐射和阳光直接照射；

4）防止由于变送器和导压管（毛细管）的振动对输出产生干扰，变送器应安装在无振动场所。

2. 安装规范

（1）测量气体压力时的安装要求。测量气体压力时，测压管道的取压点须在管道的上半部选取，以防测压管道中积存液体。压力变送器前部应安装冲洗阀，以防液体或污物进入变送器。

在管道节流装置上安装压力变送器时，取压点须在从垂线上方向水平方向转 45°以内的区域。

（2）测量蒸汽压力时的安装要求。测量蒸汽压力时的取压点必须安装在从水平线向垂直线的上方转 45°以内的区域，在测压点的最高点安装集气器并定期排放气体，以保证变送器的测量准确。

（3）测量液体压力时的安装要求。测量液体压力时压力点必须安装在从垂直线下方向水平方向转 45°以内的区域。

（4）测量腐蚀性介质压力时的安装要求。测量腐蚀性介质压力时应在压力变送器前加装隔离装置并在其中注入隔离液。

3. 压力、差压变送器正确安装

（1）取压点的选择。

1）所选择的测压点应能反映被测压力的真实大小。取压点应选在被测介质直线流动的管段部分，不要选在管路弯管、分叉、死角及易形成旋涡的地方。

2）对于气体介质，应使气体内的少量凝结液能顺利流回工艺管道，因此取压点应在管道的上半部；对于液体介质，应使液体内析出的少量气体能返回管道，同时防止管道内的杂质及颗粒进入测量管路及仪表，因此取压点应在管道下半部，但是不能在管道底部。

（2）导压管敷设。

1）导压管粗细要合适，一般内径为 6～10mm，长度应尽可能短，最长不得超过 50m。

2）导压管水平安装时应保持有 1∶10～1∶20 的倾斜度，以利于管内积存的液体（或气体）的排出。

3）取压口到压力计之间应装设截止阀，以利于压力变送器的检修。

（3）安装点的确定。

1）变送器应安装在易观察和检修的地方。

2）安装地点应力求避免振动和高温的影响。

3）当检测温度高于 60℃的液体、蒸汽时，就地安装的压力变送器取源部件应加装环形弯或 U 形冷凝弯。

（4）变送器的安装注意事项。变送器有模拟的、智能的和现场总线的，但它们的安装方式基本相同。

流量、液位或压力测量的综合精确度取决于多个因素。虽然变送器具有很好的性能，但为了最大限度地予以发挥，正确的安装仍是十分重要的。在可能影响变送器精确度的所有因素中，环境条件是最难控制的。然而，还是有一些方法可以减少温度、湿度和振动带来的影响。

智能变送器有一个内置的温度传感器用来补偿温度变化。出厂前，每个变送器都接受过温度循环测试，并将其在不同温度下的特性曲线储存在变送器的存储器中。在工作现场，这一特点使变送器能将温度变化的影响减到最小。

把变送器放置在免受环境温度剧烈变化的地方，从而将温度波动的影响减到最小。在炎热环境中，变送器安装时应尽可能地避免直接暴露在阳光下，也必须避免把变送器安放在靠近高温管道或容器的地方。当过程流体带有高温时，在取压口和变送器之间需采用较长的导压管。如果需要，应考虑采用遮阳板或热屏蔽板保护变送器免受外部热源的影响。

湿度对电子电路是非常有害的。在相对湿度很高的区域，用于电子线路室外盖的密封圈必须正确地放置。外盖必须用手拧紧至完全关闭，应感觉到密封圈已被压紧。不要用工具去拧紧外盖。尽量减少在现场取下盖板，因为每次打开盖板，电子线路就暴露在潮气中。

电子电路板采用防潮涂层加以保护，但频繁地暴露在潮气中仍有可能影响保护层的作用。重要的是保持盖子密闭到位。每次取下盖子，螺纹将暴露并被锈蚀，因为这些部分无法用涂层保护。导线管进入变送器必须使用符合标准的密封方法。不用的连接口必须也按如上规则塞住。

虽然变送器实际上对振动是不敏感的，但安装时仍应尽可能避免靠近泵、涡轮机或其他振动装备。

在冬天应采取防冻措施，防止在测量容室内发生冰冻，因为这将导致变送器无法工作，甚至可能损坏膜盒。

此外应注意当安装或存储液位变送器时，必须保护好膜片，以避免其表面被擦伤、压凹或穿孔。

变送器设计得既坚固又轻巧，因此比较容易安装。三阀组的标准设计可以完美地匹配变送器法兰。

如过程流体含有悬浮的固体，则需按一定的间隔距离安装阀门或带连杆的管接头，以便管道清扫。在每根导压管连接到变送器之前，必须用蒸汽、压缩空气或用过程流体排泄的方法来清扫管道内部（即吹扫）。

压力变送器现场安装示例如图 1-11 所示，差压变送器现场安装示例如图 1-12 所示。

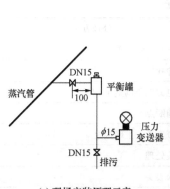

(a) 现场安装原理示意

(b) 现场安装示例

图 1-11 压力变送器现场安装示例

六、压力、差压变送器常见故障现象处理和典型缺陷分析与处理

压力、差压变送器常见故障及分析见表 1-6。

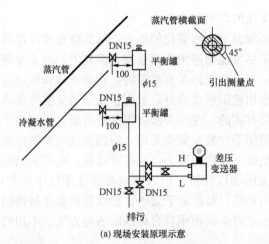

(a) 现场安装原理示意

(b) 现场安装示例

图 1-12 差压变送器现场安装示例

表 1-6 　　　　　　　　　　　　　　　　压力、差压变送器常见故障及分析

序号	故障现象	故障原因	处理方法
1	无输出	导压管的开关是否没有打开	打开导压管开关
		导压管路是否有堵塞	疏通导压管
		电源电压是否过低	将电源电压调整至24V
		仪表输出回路是否有断线	接通断点
		电源是否接错	检查电源，正确接线
		内部接插件接触不良	查找处理
		若是带表头的，表头损坏	更换表头
		电子器件故障	更换新的电路板或根据仪表使用说明查找故障
2	输出过大	导压管中有残存液体、气体	排出导压管中的液体、气体
		输出导线接反、接错	检查处理
		主、副杠杆或检测片等有卡阻	处理

序号	故障现象	故障原因	处理方法
2	输出过大	内部接插件接触不良	处理
		电子器件故障	更换新的电路板或根据仪表使用说明查找故障
		压力传感器损坏	更换变送器
		实际压力是否超过压力变送器的所选量程	重新选用适当量程的压力变送器
3	输出过小	变送器电源是否正常	如果小于12V DC，则应检查回路中是否有大的负载，变送器负载的输入阻抗应符合 $R_L \leqslant$（变送器供电电压－12V）/(0.02A)Ω
4	输出不稳定	实际压力是否超过压力变送器的所选量程	重新选用适当量程的压力变送器
		压力传感器是否损坏（严重的过载有时会损坏隔离膜片）	须发回生产厂家进行修理
		导压管中有残存液体、气体	排出导压管中的液体、气体
		被测介质的脉动影响	调整阻尼消除影响
		供电电压过低或过高	调整供电电压至24V
		输出回路中有接触不良或断续短路	检查处理
		接线松动、电源线接错	检查接线
		电路中有多点接地	检查处理保留一点接地
		内部接插件接触不良	处理
		压力传感器损坏	更换变送器
5	压力指示不正确	变送器电源是否正常	如果小于12V DC，则应检查回路中是否有大的负载，变送器负载的输入阻抗应符合 $R_L \leqslant$（变送器供电电压－12V）/(0.02A)Ω
		参照的压力值是否一定正确	如果参照压力表的精确度低，则须另换精确度较高的压力表
		压力指示仪表的量程是否与压力变送器的量程一致	压力指示仪表的量程必须与压力变送器的量程一致
		压力指示仪表的输入与相应的接线是否正确	压力指示仪表的输入是4～20mA的，则变送器输出信号可直接接入；如果压力指示仪表的输入是1～5V的，则必须在压力指示仪表的输入端并接一个精确度在1‰及以上、阻值为250Ω的电阻，然后再接入变送器的输入
		变送器负载的输入阻抗应符合≤（变送器供电电压－12V）/(0.02A)Ω	如不符合则根据其不同可采取相应措施：如升高供电电压（但必须低于36V DC）、减小负载等
		多点纸记录仪没有记录时，输入端是否开路	如果开路，则不能再带其他负载；改用其他没有记录时输入阻抗≤250Ω的记录仪
		相应的设备外壳是否接地	设备外壳接地
		是否与交流电源及其他电源分开走线	与交流电源及其他电源分开走线
		压力传感器是否损坏（严重的过载有时会损坏隔离膜片）	须发回生产厂家进行修理

续表

序号	故障现象	故障原因	处理方法
5	压力指示不正确	管路内是否有沙子、杂质等堵塞管道（有杂质时会使测量精确度受到影响）	须清理杂质，并在压力接口前加过滤网
		管路的温度是否过高（压力传感器的使用温度是 $-25\sim85℃$，但实际使用时最好在 $-20\sim70℃$ 以内）	加缓冲管以散热，使用前最好在缓冲管内先加些冷水，以防过热蒸汽直接冲击传感器，从而损坏传感器或降低使用寿命

智能压力、差压变送器常见故障及分析见表 1-7。

表 1-7　　　　　　　　　　智能压力、差压变送器常见故障及分析

序号	故障现象	故障原因	处理方法
1	输出指示表读数为零	电源电极是否接反	纠正接线
		电源电压是否为 $10\sim45$V DC	恢复供电电源 24V DC
		接线座中的二极管是否损坏	更换二极管
		电子线路板损坏	更换电子线路板
2	变送器不能通信	变送器上电源电压（最小值为 10.5V）	恢复供电电源 24V DC
3	变送器读数不稳定	负载电阻（最小值为 250Ω）	增加电阻或更换电阻
		单元寻址是否正确	重新寻址
		测量压力是否稳定	采取措施稳压或等待
		检查阻尼	增加阻尼
		检查是否有干扰	消除干扰源
4	仪表读数不准	仪表引压管是否畅通	疏通引压管
		变送器设置是否正确	重新设置
		系统设备是否完好	保障系统完好
		仪表没校准	重新校准
5	有压力变化，输出无反应	仪表引压管是否畅通	疏通引压管
		变送器设置是否正确	检查并重新设置
		系统设备是否完好	保障系统完好
		检查变送器安全跳变器	重新设置
		传感器模块损坏	更换传感器模块

除了上述故障之外，压力变送器还容易发生以下典型故障：

（1）安装问题。在蒸汽流量测量中，蒸汽主要涉及两种，一种为外供蒸汽，一种为锅炉的过热蒸汽。

外供蒸汽是经过减温减压后的蒸汽，温度不高，掺有大量水分，且使用时要根据用户的要求改变蒸汽流量。在实际的流量测量过程中有时流量偏大有时流量偏小，非常不稳定，经常需要进行排污，每次排污后变送器的测量又准确了，但蒸汽管道的排污次数多了，又容易导致导压管上各个接点漏汽。

在测量过热蒸汽的使用中，发现最大的问题就是有时停机，重新开机后流量就会发生偏差，导致失准，且有时停下来后仍有少许流量显示。

一般变送器安装位置低于测量管道。但在实际的安装中，外供蒸汽流量的凝结罐与变送器都高于测量管道，且从节流装置接出来的向下敷设至少1m的导压管路也太短。

锅炉的过热蒸汽流量也存在着凝结罐与测量管道的高度不一致问题，导致凝结水的高度不平衡，引起了静压差。

（2）导压管堵塞问题。在压力测量中，有时指示的压力不随工况而变化。打开排污阀后只有少量的污水后就没水流出，这是由于水质或压缩空气中会带有少量的浮尘，随着水流而进入导压管沉淀。日积月累地运行，导压管的管壁会腐蚀积垢，出现堵塞现象。

（3）变送器设备本身故障问题。在润滑油压力的测量中，由于润滑油压力信号参与停机联锁控制。润滑油压力变送器测量所得的信号传输给计算机，一方面进行显示，另一方面此信号还通过程序比较，当压力低于0.06MPa时，发出缺油停机信号停机。

从润滑油压力信号趋势图上看到压力是瞬时直线下降而导致跳机的，检查变送器后发现变送器的内部模块损坏。虽然每年都对变送器进行定期的校验，检定合格后用于生产。由于变送器经过几年的运行后，其精确度、灵敏度、稳定性等性能指标都会逐渐降低，内部的膜片、集成块也会损坏发生故障。

（4）存在干扰问题。在空压机排气压力的测量中，排气压力信号的波动较大。校验变送器后符合精确度要求，排除变送器本身的故障；检查导压管及接头也没有破损、漏气，信号电缆的连接处接触良好。但电缆的走向是通过高配室旁边的电缆桥架引入控制室的。周围存在着大量的电磁干扰。

第三节 压力、差压开关

一、压力、差压开关简介

压力开关是用来检测压力，当被测介质的压力高于或者低于设定点时，输出开关信号的设备，可实现对介质压力、液位信号的检测、显示、报警和控制。

汉川发电有限公司现场除给水泵润滑油压力及吹灰蒸汽流量、气化风机、空冷风机减速机上的润滑油压力监测、磨煤机油站上等使用其他国际知名品牌的压力差压开关外，其他系统基本上都采用SOR品牌的压力差压开关用于设备连锁保护或系统报警提示，其他品牌的压力差压开关的工作原理同SOR开关是相同的。

在现场使用中，压力开关主要用来报警或保护信号，比如给水泵入口滤网差压高接常开点（接NO、C端子），当压力低于60kPa时，触点为断开状态，当压力高于60kPa时，触点闭合，报警触发；汽轮机润滑油压力低接常闭点（接NC、C端子），当压力高于48kPa时，触点处于断开状态，当压力低于48kPa时，触点闭合，保护动作。

二、压力、差压开关工作原理

1. 压力、差压开关工作原理

压力、差压开关是一种简单的压力控制装置，当被测压力达到额定值时，弹性元件的自由端产生位移，直接或经过比较后推动开关元件，改变开关元件的通断状态，压力开关可发出警报或控制信号，以达到控制被测压力的目的。当被测管道内介质的差压升高（或降低）

而超出开关设定值区域时，开关内的弹性元件立即动作，使压力、差压开关内的微动开关触点接通或断开发出报警或保护信号；当系统内的压力回到设备的安全压力范围时，开关内的弹性元件立即复位，使开关内的触点接通或断开，报警或保护信号消失。

压力开关采用的弹性元件有单圈弹簧管、膜片、膜盒及波纹管等。开关元件有磁性开关、水银开关、微动开关等。

2. 压力开关的分类

压力开关根据传感元件可分为单圈弹簧管压力开关、膜片压力开关、膜盒压力开关及波纹管压力开关等。

压力开关根据性质可分为机械式和电子式智能压力开关。

压力开关根据设定值可分为可调节式压力开关和不可调节式压力开关。

压力开关根据应用可分为通用压力开关、小型压力开关、智能压力开关、防爆压力开关、船用压力开关、差压开关等。

3. 压力、差压开关内部结构

SOR 压力开关的结构及现场安装如图 1-13 所示，内部结构与接线如图 1-14 所示。压力开关由力传感元件、设定值调节螺母、电子开关元件等部分构成。压力开关分为单刀双掷（SPDT）和双刀双掷（DPDT），SPDT 型开关有两对节点（常开和常闭），DPDT 型开关有四对节点（两对常开和两对常闭）。

(a) 结构　　　　　　　　　　　　　　　　　　　　　(b) 现场安装

图 1-13　SOR 压力开关的结构及现场安装

三、压力、差压开关校验

1. 压力、差压开关拆装工艺

（1）汉川发电有限公司使用的压力、差压开关传输的大部分为弱电信号，DCS 或 PLC 输入信号采样电压等级为 48、24V DC，为了防止 DCS 或 PLC 信号线接地烧毁卡件或导致端子板的保险丝熔断，拆除开关接线时，需要先用绝缘胶带对接线线头进行包扎、绝缘处理，并将接线做好标记后才能将信号线抽出，同时要对裸露的信号线进行防磨损处理。

（2）拆卸压力、差压开关前要确认一、二次门已关闭，用两把活扳手慢慢松开开关的活结，确认无压力后再完全松口活结。同一取样管路上如果有其他显示仪表的，需要查看确实已无压。开关拆除后需要将取样管路与开关连接的活结封闭，避免杂物落入堵塞管路。

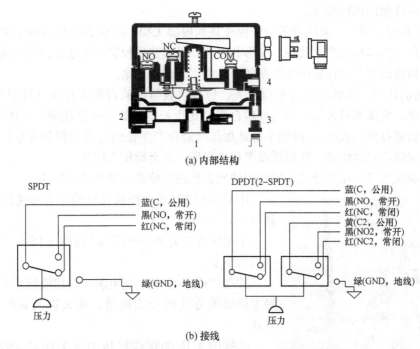

(a) 内部结构

(b) 接线

接口说明：1 或 2 口测量正压，3 或 4 口测量正压，差压测量分别接 1 和 3 口

图 1-14　压力开关内部结构与接线

（3）现场使用的 SOR 开关与仪表管路连接头尺寸主要是 M20×1.5，接头形式全部为直螺纹形式，安装时需要使用退火后的紫铜垫或钢纸垫来增大密封面达到良好的密封效果，避免出现泄漏。对于用于润滑油的压力差压开关，为了防止开关的活结处密封不严密渗油，可以使用密封胶对开关接头进行均匀涂抹后，再进行紧固，提高开关活结的密封性。禁止使用四氟带对开关的接头进行密封。

具体操作过程如下：

1）要求运行人员关闭被测介质一次阀门；

2）热控人员缓慢打开排污阀门管道泄压；

3）停用通道 24V DC 电源；

4）检修人员关闭二次阀门松开压力开关接头及紧固螺帽取下压力开关，将压力开关接线头及引压管接头包扎好。

2. 压力、差压开关校验

（1）校验前准备。

1）标准仪表的选择。标准器一般可选用精密压力表或数字压力计。所选标准器的最大允许误差绝对值应小于被检开关重复性误差允许值的 1/4。

检定用标准器的量程应能覆盖控压范围上限，也就是可调定值的上切换值。

2）工作介质。压力、差压开关检定用工作介质可以是无毒无害的气体或液体，也可以是具有一定腐蚀性的抗燃油（开关必须采用氟橡胶密封，开关压力、差压采样部件为不锈钢）。

3）环境条件。压力、差压开关的检定在室温（20±5）℃、相对湿度为 45%～75% 的恒温室进行。检定前，压力、差压开关须在环境条件下放置 2h 以上，方可进行检定，检定时应无影响计量性能的机械振动。

4）外观检查。压力、差压开关应确保外观和内部无损，不应影响仪表的正常使用和测量，如发现仪表内部结构严重破损，变形和腐蚀，经修整后校验，仍达不到仪表规定的精确度范围，应该将此开关封存禁用并张贴相应标签，并记录在案。

5）正确的连接。将被检压力差压开关、标准仪表与校验台紧密连接（对于差压开关，如果接正压侧，负压侧对大气，压力校验台需打正压校验；如果接负压侧，正压侧对大气，压力校验台需要打负压校验），缓慢平稳地加压（避免产生任何过冲和回程现象）直至设定点动作，记录设定点动作值，然后缓慢平稳地降压，直至动作点恢复。

注意：测量氧气的压力开关不能使用油校验台进行校验，以免发生爆炸。

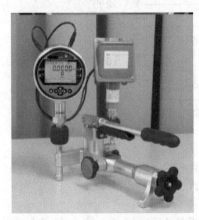

图1-15　压力校验仪校验压力
开关的连接示意

用 ConST273 压力校验仪校验压力开关的连接示意如图 1-15 所示。

①把压力开关和 ConST273 按图 1-15 所示连接到同一压力泵上。

②按"E$_{HART}^{Fun}$"键，把电测项目切换到开关测量；如果想做触发方式的开关测量，那么进入菜单选择触发方式。

③按图 1-15 的连线把压力开关和 ConST273 连接好；插孔"◎SW"连开关"＋"，颜色为红色；插孔"◎COM"连开关"－"。

④按压力开关检定规程的要求，以 ConST273 作为标准表来校验压力开关。

6）密封性试验。将压力、差压开关加压至测量上限，关闭校验台通往被检开关的阀门，耐压 3min，查看标准仪表示值，应无明显变化。然后缓慢降压，直至设定点恢复，记录设定点恢复（或者动作）值。

设定点固定的开关不进行控压范围检定。

（2）压力、差压开关定值调整。

1）控压范围。对设定点可调的压力、差压开关，将设定点调至最大（若切换差可调，将切换差调至最小），对压力、差压开关由零缓慢地增加压力至触点动作，此时在标准器上读出的压力值为设定点最大值的上切换值；再将设定点调至最小，使压力、差压开关缓慢减下压力至触点动作，在标准器上读出此时的压力值为设定点最小值的下切换值。设定点最大值的上切换值与设定点最小值的下切换值之差，压力、差压开关应满足 15％～95％，真空开关应满足 95％～15％。设定点固定的压力、差压开关不进行控压范围检定。

压力、差压开关的选择要适合现场需求，不能超出铭牌制定的量程范围。压力可调定值标尺铭牌（量程）开关内部结构如图 1-16 所示，压力开关铭牌标定量程为 20～180PSI，约相当于 137.9～1241.1kPa，也就是说这种开关能够在 137.9～1241.1kPa 之间调整设定值，该厂标定 6 号机润滑油滤油器前油压低定值为 0.45MPa。如果现场测量压力超出了上述量程范围，此开关就无法使用。

2）SOR 压力开关定值调整要根据开关内部数值标尺进行，通过旋转调整螺母，改变压力开关的设定值。

图 1-16 压力可调定值标尺铭牌（量程）开关内部结构

3）根据第二步反复进行调整。调整完成后，至少要反复加、泄压 3 次，可得上切换值或下切换值的平均值。在整个开关的检验过程中，开关要轻拿轻放，防止开关的定值因为振动或碰撞产生偏移，消除开关投运后误动或拒动隐患。

3. 设定点偏差的计算

压力、差压开关的精确度等级可分为 0.5 级、1.0 级、1.5 级、2.0 级、2.5 级、4.0 级。例如精确度等级为 0.5 压力开关，也就是说最大允许误差为 $\pm0.5\%$，比如 $20\sim180\mathrm{Psi}$ 的压力开关，量程约为 $137.9\sim1241.1\mathrm{kPa}$，那么最大允许误差就是 $\pm5.5\mathrm{kPa}$，当设定值为 $450\mathrm{kPa}$ 时，动作值在 $444.5\sim455.5\mathrm{kPa}$ 都是合格的。

误差计算：
$$\delta=\frac{Q-S}{p}\times100\%$$

式中：δ 为设定点偏差；Q 为设定点的上切换值的平均值或下切换值的平均值；S 为动作设定值；p 为压力开关量程。

设定点偏差允许值应在正负允许误差内。

4. 重复性误差的计算

重复性误差允许值为精确度等级的百分数，例如某压力开关的精确度等级为 0.5，则重复性误差的最大允许值不能超过 0.5%。在检定过程中，同一检定点三次测量的动作值之间的最大差值的绝对值与量程之比的百分数为重复性误差。其重复性误差计算公式：

$$R=\frac{\left|Q_{\max}-Q_{\min}\right|}{p}\times100\%$$

式中：R 为重复性误差，$Q_{\max}$ 为设定点的上切换值最大动作值或下切换值最大动作值，$Q_{\min}$ 为设定点的上切换值最小动作值或下切换值最小动作值，p 为压力开关量程。

重复性误差允许值应小于等于允许误差。

5. 切换差

在压力、差压开关的检定中，同一设定点上切换值平均值与下切换值平均值的差值为切换差。

6. 线路绝缘测试

压力开关在环境温度为 $15\sim35\,^\circ\!\mathrm{C}$，相对湿度为 $45\%\sim75\%$ 的条件下，用额定直流电压为 $500\mathrm{V}$ 的绝缘电阻表（兆欧表）分别测量下列端子之间的绝缘电阻，稳定 10s 后其阻值应不小于 $20\mathrm{M}\Omega$。

（1）各接线端子与外壳之间；

（2）互不相连的接线端子之间；

（3）触点断开时接线触点两端子之间。

7. 绝缘强度测试（首检项目）

在环境温度为 15～35℃，相对湿度为 45%～75% 的条件下，将压力、差压开关需要试验的端子接到耐电压测试仪上，使试验电压由零平稳地上升至规定值（各接线端子与外壳及互不相连的接线端子之间承受 1.5kV；触头断开时，接线触头的两接线端子之间承受 3 倍额定工作电压），保持 1min，应不出现击穿或飞弧；然后使试验电压平稳地下降至零，并切断设备电源。

8. 检定结果处理

经检定合格的压力、差压开关，出具检定证书，检定不合格的开关要出具检定结果通知单，并注明不合格项目。

对于涉及连锁、保护的开关要经过班组技术员（班长）验收签字；机炉主保护开关需要专业专工验收签字。

9. 检定周期

压力、差压开关的检定周期为 1 年。

四、压力、差压开关安装

压力和差压开关一般采用支架式安装就地压力表的方法固定。其测量室与导管的连接，根据被测介质压力不同，有压垫式管接头连接和橡皮管连接两种形式。

汽轮机润滑油的压力开关安装位置应与轴承中心标高一致，否则整定时应考虑液柱高度的修正值。为便于调试，应装设排油阀及安装校对压力表。

压力和差压开关安装应符合下列规定：

（1）应安装在无剧烈振动及腐蚀性气体的地方，外观无损伤。

（2）应安装在便于调整和维护的地方，固定应端正、牢固。

（3）成排安装的仪表中心高差应小于 3mm，间距偏差小于 5mm。

（4）当测量介质温度大于 70℃ 或管路长度小于 3m 时，应加设 U 形管或环型弯。

压力、差压开关现场安装示例如图 1-17 所示。

图 1-17　压力、差压开关现场安装示例

五、压力、差压开关常见故障及解决方法

差压开关常见故障及解决方法见表1-8。

表 1-8　　　　　　　　　　　　差压开关常见故障及解决方法

序号	故障现象	故障原因	故障处理
1	压力开关无输出信号	微动开关损坏	更换微动开关
		开关设定值调得过高	调整到适宜的设定值
		与微动开关相接的导线未连接好	重新连接使接触可靠
		感压元件装配不良，有卡滞现象	重新装配，使动作灵敏
		感压元件损坏	更换感压元件
2	压力开关灵敏度差	传动机构如顶杆或柱塞的摩擦力过大	重新装配，使动作灵敏
		微动开关接触行程太长	调整微动开关的行程
		调整螺钉、顶杆等调节不当	调整螺钉、顶杆位置
		安装不平和倾斜安装	改为垂直或水平安装
3	压力开关发信号过快	进油口阻尼孔大	把阻尼孔适当改小，或在测量管路上加装阻尼器
		隔离膜片碎裂	更换隔离膜片
		系统压力波动或冲击太大	在测量管路上加装阻尼器

温 度 测 量

温度是各种工艺生产过程和科学实验中非常普遍、非常重要的热工参数之一。许多产品的质量、产量、能量和过程控制等都直接与温度参数有关，因此实现准确的温度测量具有十分重要的意义。

首先温度是不可以直接测量的，只能通过热交换进行测量。热力学第零定律指出：当两个系统各自与第三个系统处于热平衡时，则这两个系统彼此也处于热平衡。若用温度这个热平衡特性的参数表述热力学第零定律，则为当两个系统的温度各自与第三个系统的温度相等时，他们的温度彼此相等。这一事实就构成了温度测量的基础。为了建立测量温度的方法，可以选择一个具有某个物理参数随温度而变化的参考系统来设计温度计，这个物理参数称为测温参数，这种温度计通过测温参数的变化来反映该参考系统本身的温度，同时也就反映与之处于热平衡的其他系统的温度。可见，各种温度测量方法都是基于热平衡的诸物体具有相同温度的规律和物体某些物理性质随温度不同而变化的特性，通过测量这些物理参数来间接测量温度的。显然，对于某个温度传感器，所选用的测温参数与温度之间应具有连续、单值的函数关系，这种关系最好是线性的，在时间上也应是稳定的，并且具有足够的灵敏度。这样才能保证测量的复现性和精确性。

但是，实际上完全满足上述要求的物质是难以得到的，只能选用一些大致满足这些要求的物质，并在制作温度计时采用相应的措施来弥补其不足。目前，在不同测温范围和不同的使用场合已经用于测温的物质和由他们制成的温度计有下列几种类型：

（1）膨胀式温度计。根据物质的热膨胀与温度的固有关系来制造的温度计，按选用的物质不同，可分为液体膨胀式温度计、气体膨胀式温度计和固体膨胀式温度计。

（2）电阻温度计。根据导体或半导体的电阻值与温度的关系来制造的温度计。

（3）热电偶温度计。利用热电效应的原理来制造的温度计。

（4）辐射式温度计。根据物体的辐射力与温度的四次方成正比的关系来制造的温度计。

（5）声学温度。利用声波在气体中的传播速度与热力学温度的关系来制造的温度计。

（6）噪声温度。利用电阻器噪声电压与热力学温度的关系来制造的温度计。当电阻器两端没有外加电压时，由于电子的热运动，导体中也有电流存在。该电流的方向、大小是快速而随机起伏的，因而电阻器两端有一随机起伏的噪声电压。这类噪声称为热噪声。噪声电压是由于电子热运动产生的，因而与温度有关。这是一种很有发展前途的测温技术。

目前，在火力发电厂生产现场常用的有双金属温度计、热电偶温度计和热电阻温度计。

第一节　双金属温度计

一、双金属温度计的工作原理

双金属温度计的工作原理是用膨胀系数不同的
两种金属（或合金）片牢固结合在一起组成感温元
件，一般绕制成螺旋形，其一端固定，另一端（自
由端）装有指针，其原理如图 2-1 所示。当温度变
化时，感温元件曲率发生变化，自由端旋转，带动
指针在度盘上指示出温度数值。

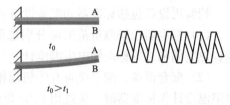

图 2-1　双金属温度计原理

双金属温度计是一种测量中低温度的现场检测仪表，通常测温范围为 -80～500℃，它
适用于工业上精确度要求不高时的温度测量。

双金属温度计的测量范围一般不超过 200℃，因为温度过高时，双金属片产生巨大的张
力，会使之产生永久变形。

双金属温度计可将温度变化转换成机械量变化，不仅用于测量温度，而且还用于温度控
制装置（尤其是开关的"通断"控制），使用范围相当广泛。

二、双金属温度计基本结构及应用

常见的双金属温度计主要是由指针、度盘、表壳、活动螺母、指针轴、维护管、感温元
件、活动端等部件构成，其结构如图 2-2 所示。双金属温度计的感温元件由两种或者几种温
度膨胀系数不同的金属片叠压构成多层金属片，通常金属片为多圈螺旋形状，并且一端为固
定端，一端是与芯轴连接的自由端，温度计的指针也是安装在芯轴上的。

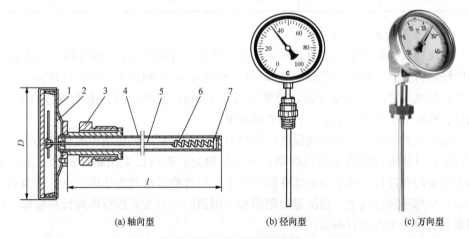

(a) 轴向型　　　　　　　　(b) 径向型　　　　　　　　(c) 万向型

图 2-2　双金属温度计结构

1—表壳；2—刻度盘；3—活动螺母；4—保护套管；5—指针轴；6—感温元件；7—固定端

按双金属温度计指针盘与保护管的连接方向可以把双金属温度计分为轴向型、径向型和
万向型三种。

轴向型双金属温度计：指针盘与保护管垂直连接。

径向型双金属温度计：指针盘与保护管平行连接；

万向型双金属温度计：指针盘与保护管连接角度可任意调整。

三、双金属温度计校验

1. 校验用设备

校验用设备包括标准器和配套设备。

（1）标准器根据测量范围可分别选用二等标准水银温度计、标准汞基温度计、标准铜-铜镍热电偶和二等标准铂电阻温度计。

（2）配套设备。配套设备有①恒温槽；②当选用标准铜-铜镍热电偶或选用二等标准铂电阻温度计作标准器时，应选用 0.02 级低电势直流电位差计及配套设备，或同等准确度的其他电测设备；③冰点槽；④读数放大镜（5 到 10 倍）；⑤读数望远镜；⑥100V 或 500V 的兆欧表。

2. 校验环境条件

校验温度：15～35℃，相对湿度小于等于 85％。

所用标准器和电测设备工作的环境应符合其相应规定的条件。

3. 双金属温度计的校验标准

（1）校验需参照我国计量出版社出版的 JJF 1908—2021《双金属温度计校准规范》中的要求进行。

（2）双金属温度计的精确度等级和最大允许误差均应满足表 2-1 的要求。

表 2-1　　双金属温度计的校验标准

准确度等级	1.0	1.5	2.0	2.5	4.0
最大允许误差	±1.0	±1.5	±2.0	±2.5	±4.0

4. 双金属温度计的校验要求

（1）外观检查。外观上，主要观察被检双金属温度计配件是否连接牢固、有无腐蚀、松动；刻度线是否完整、清晰；表盘的玻璃罩是否洁净，不影响读数；指针是否完整并且不得刮到表盘，但也不能距离表盘太远，通常不大于 5mm；温度计的表盘上应标有生产厂家、产品编号、精确度等级等产品信息，且清晰可见。

（2）示值误差的校验。双金属温度计检测时，保护管浸入恒温槽中的长度必须大于感温元件的长度，具体可按照其使用说明书，通常在检测时都可以采用将保护管全浸的方式进行。初次校验的温度计，校验点必须在四点以上，后续校验可改为选取三点，并且监测点应均匀分布在全部测量规模上。在测量上限值和下限值时，只需要进行单向行程校验，而其他方位则需要对每一个点进行查看。

（3）角度调整误差的校验。角度调整误差指的是可调角温度计在轴向和径向位置间相互调整时所产生最大读数差。此项应在室温下校验，其读数差应满足相应要求，通常不超过其量程的 1.0％。

（4）回差的校验。回差示值对于同一温度计同一校验点上下反向测量所得该数的差值。此项校验与示值校验同时进行，所得值不能大于最大允许误差的绝对值。

（5）重复性的校验。此项为非必检项。通常用于对新产品的抽样检查，在各校验点上重复校验的次数最少应为三次，双金属温度计的重复性误差应不大于其允许误差绝对值的1/2。

5. 校验周期

通常是一年，但要由温度计的使用情况和现场环境状况来决定。

6. 校验方法

温度计的感温包必须全部浸没，保护管浸没长度不应小于 75mm，但也不应大于 500mm。

（1）校验顺序。

1）温度计的校验应在正反两个行程上分别向上限或下限方向逐点进行，测量上、下限只在单行程校验。

2）将温度计的感温部件浸入盛有冰、水混合物的冰槽中，待示值稳定后，进行零点校验。

3）再将温度计插入恒温槽，升温校验其他各点，校验点应均匀分布在主分度线上，并且不得少于五点（包括零点和满量程）。

4）校验应在正反行程上分别逐点进行，校验过程中，温度计指针应平滑转动，不应有跳跃、抖晃等现象。

5）完成示值、回差校验后，还要进行重复性校验，在同一校验点上重复进行多次。

6）进行限值校验时，温度达到定值时，用万用表或通灯测量接点是否接通或断开。

（2）读数方法。在读被检温度计示值时，视线应垂直于表盘，使用读数放大镜时，视线应通过放大镜中心，读数时应估计到分度值的 1/10。

（3）其他各点的校验。将温度计插入恒温槽中，待示值稳定后即可读数。在读数时，槽温偏离校验点温度不得超过 +2℃（以标准温度计为准），记下标准温度计和被检温度计正反行程的示值，在读数过程中，槽温变化不得大于 0.1℃（槽温超过 300℃ 以上时，其槽温度变化不应大于 0.5℃）。

（4）被检温度计误差的计算。

恒温槽实际温度 = 标准温度计示值 + 该温度计修正值

被检温度计误差 = 被检温度计示值 - 恒温槽实际温度

其误差应符合表 2-1 要求。温度计的回程误差不应大于允许误差的绝对值。温度计的重复性不应大于允许误差绝对值的 1/2。

四、双金属温度计安装

对双金属温度计的安装，应注意有利于测温准确，安全可靠及维修方便，而且不影响设备运行和生产操作，具体要满足以下要求：

（1）不应安装在阀门、弯头和死角处。对于双金属温度计的安装来说在选择安装测量位置时需要特别注意，最好不要选择在阀门、弯头或者设备的死角处，需要保障温度计的测量端与被测介质之间拥有充分的热交换。

（2）插入深度需要足够深。双金属温度计保护管浸入被测介质中长度必须大于感温元件的长度，一般浸入长度大于 100mm，0～50℃ 量程的浸入长度大于 150mm，以保证测量的准确性。

（3）当测量原件插入深度超过 1m 时，应尽可能垂直安装，或加装支撑架和保护套管。

（4）双金属温度计在保管、安装、使用及运输过程中，应尽量避免碰撞保护管，切勿使保护管弯曲、变形。安装时，严禁扭动仪表外壳。

（5）双金属温度计应在 −30～80℃ 的环境温度内正常工作。

在使用双金属温度计时需要特别注意它的安装，同时为了让测量数据更加准确还需要注意对它的维护保养。

为了适应实际生产的需要，双金属温度计具有不同的安装固定形式：可动外螺纹管接头、可动内螺纹管接头、固定螺纹接头、卡套螺纹接头、卡套法兰接头和固定法兰。

常见双金属温度计的安装方式有法兰固定、螺纹连接、法兰和螺纹共同连接以及简单保护套插入安装等。

根据双金属温度的不同使用环境，将双金属温度计的安装分为以下三种类型：

（1）径向双金属温度计：刻度盘与 I 形保护管并联连接；

（2）万向双金属温度计：刻度盘与保护管之间的连接角度可任意调节，呈 A 形；

（3）轴向双金属温度计：刻度盘与 T 形温度感测管垂直连接。

汉川发电有限公司双金属温度计安装示例如图 2-3 所示。

图 2-3　双金属温度计安装示例

五、双金属温度计常见故障现象分析与处理

双金属温度计常见故障现象分析与处理见表 2-2。

表 2-2		双金属温度计常见故障现象分析及处理	
序号	故障现象	可能原因	处理办法
1	双金属温度计无指示	管内污物淤积而阻塞； 扇形齿轮与小齿轮阻力过大； 两齿轮磨损过多，无法啮合	洗掉簧管内污物，用钢丝疏通； 调整配合间隙至适中； 更换两齿轮
2	指针转动不平稳	扇形齿轮倾斜； 指针轴弯曲； 夹板弯曲； 支柱倾斜，引起上下夹板不平行	矫正或更换齿轮； 校直针轴； 校正夹板平直度； 校正支柱，加减垫圈使夹板平行
3	指针偏离零位示值 误差超过允许值	传动机构的紧固螺钉松动； 弹簧管产生永久变形	拧紧固定螺钉； 重装指针，必要时更换新弹簧管
4	指针不能指示 上限刻度	传动比小； 弹簧管焊接位置不当	把活节螺钉往里移； 重新焊接

第二节 热电阻温度计

一、热电阻简介

热电阻是中低温区最常用的一种温度检测器。热电阻测温是基于金属导体的电阻值随温度的增加而增加这一特性来进行温度测量的。它的主要特点是测量精确度高，性能稳定。其中铂热电阻的测量精确度是最高的，它不仅广泛应用于工业测温，而且被制成标准的基准仪。热电阻大都由纯金属材料制成，应用最多的是铂和铜，此外，已开始采用镍、锰和铑等材料制造热电阻。金属热电阻常用的感温材料种类较多，最常用的是铂丝。工业测量用金属热电阻材料除铂丝外，还有铜、镍、铁、铁-镍等。

现在常用的热电阻温度计有铂电阻温度计和铜电阻温度计。铂电阻温度计的测量范围是 $-200 \sim 500℃$，其分度号是 Pt100，0℃时的电阻值为 100Ω。铜电阻温度计的测量范围是 $-50 \sim 150℃$，其分度号是 Cu50，0℃时的电阻值为 50Ω。有时在图上用"RTD"表示热电阻温度计。

判断热电阻温度计好坏的方法是用万用表测量其电阻值。

为了使用方便，有时将两支热电阻装在一个套管内，组成双支热电阻温度计。在接线时不能接混。

为了防腐，往往在外套管上下功夫，通常是不锈钢，也有用钛的，还有在外面喷涂涂料的，最可靠的是使用双保护管。

热电阻温度计是一种常用的测温仪器，具有测温精确度高、性能稳定、灵敏度高、应用范围广、可远距离测温、能实现温度自动控制和记录等许多优点。在工业生产和科学实验中得到了广泛的应用。

热电阻主要用于在工业生产过程中测量 $-200 \sim 900℃$ 的液体、气体和物体表面的温度。也可用于测量发电机电枢绕组和激磁绕组、管子、联箱等位置狭小场合的点温度；测量室内、空间、容器和工业生产装置中的平均温度；测量表面温度；测量相对湿度（利用干、湿球温度计）。

铂热电阻在校验工作中作为温度标准用。

二、热电阻测温原理、种类及结构

1. 热电阻测温原理

物质的电阻值随物质本身的温度而变化，这种物理现象称为热电阻效应。在测量技术中，利用热电阻效应可以制成对温度敏感的热电阻元件。当热电阻元件与被测对象通过热交换达到热平衡时，就可以根据热电阻元件的电阻值确定被测对象的温度。习惯上，常把一个热电阻元件称为热电阻。

常用的热电阻元件有金属导体热电阻和半导体热敏电阻，它们是热电阻温度计的敏感元件。

物理学中指出，各种材料的电阻值都随温度而变化，实验证明，当温度升高 1℃，大多数金属导体的电阻值增加 0.4%～0.6%，而半导体的电阻值要减小 3%～6%。热电阻就是利用导体或半导体的电阻值随温度变化而变化的性质来测温的。用于测温目的的金属导体称为热电阻，而半导体称为热敏电阻。

对于金属导体，在一定的温度范围内，其电阻与温度的关系：

$$R_t = R_{t0}[1 + \alpha(t - t_0)] \tag{2-1}$$

式中：R_t、R_{t0} 分别为温度 t 和 t_0 时金属导体的电阻值，单位为 Ω；α 为温度在一定范围内，金属导体的电阻温度系数，单位为 $1/℃$，通常应取平均值。

金属材料的纯度对电阻温度系数 α 的影响很大，材料纯度越高，α 值越大；杂质越多，α 值越小且不稳定。若用 R_0 和 R_{100} 分别表示 0℃ 和 100℃ 时的电阻值，则由式（2-1）可得 $\alpha = (R_{100}/R_0 - 1)/100$。该式表明，$R_{100}/R_0$ 越大，α 就越大，材料纯度也就越高。因此常用 R_{100}/R_0 代表材料的纯度。

当金属导体热电阻在温度为 t_0 时的电阻值 R_{t0} 和电阻温度系数 α 都已知时，只要测量电阻 R_t 就可以知道被测温度的高低，这就是热电阻的测温原理。

半导体热敏电阻与温度之间通常为指数关系，其电阻温度系数 α 大多数为负值。近年来用半导体热敏电阻作为感温元件来测量温度已有应用，它的优点是电阻温度系数大，灵敏度高；电阻率大，可以做成体积很小而电阻很大的热敏电阻元件；由于电阻大，连接导线电阻变化的影响可以忽略不计；热容量小，可以测量点的温度。它的缺点是性能不稳定，测量准确度低，同一型号热敏电阻的电阻温度关系分散性大；此外，电阻温度关系非线性严重，使用起来很不方便。这些缺点使热敏电阻的应用受到一定限制。目前，热敏电阻大多用于测量要求不高的场合，以及作为仪器、仪表中的温度补偿元件，其测量范围一般为 −100～300℃。

2. 标准热电阻的种类与结构

与热电偶一样，工业热电阻有普通型和铠装型两种，它们都由感温元件、引出线、保护套管、接线盒、绝缘材料等组成，热电阻结构示意如图 2-4 所示。

并不是所有的金属材料都可以制作热电阻，制造热电阻的材料要满足如下的要求：①电阻温度系数大，电阻和温度之间尽量接近线性关系；②电阻率高，以便把热电阻体积做得小些；③测温范围内物理、化学性质稳定；④工艺性好、易于复制、价格便宜。

综合上述要求，比较适宜做热电阻丝的材料有铂、铜、铁、镍等。而目前应用最广泛的

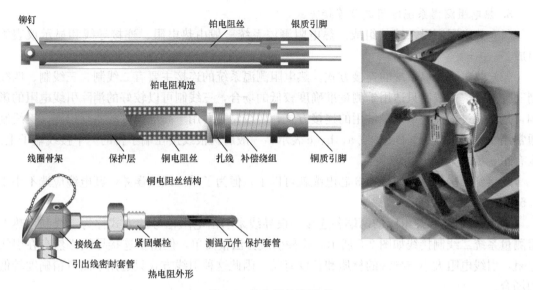

图 2-4　热电阻结构示意

热电阻材料是铂和铜，并且已制成标准化热电阻。

（1）铂电阻。铂电阻在工业上通常用于测量－200～500℃范围内的温度。它的主要优点是物理、化学性能稳定，测量准确度高。但它在还原性气氛中容易变脆，使电阻温度关系发生变化。

工业测温用的标准化铂电阻有 $R_0=50.00\Omega$ 和 $R_0=100.00\Omega$ 两种规格，其纯度为 $R_{100}/R_0\geqslant1.3910$。它们的分度号分别为 Pt50 和 Pt100。

工业上常用的铂电阻的结构，是用直径为 0.03～0.07mm 的纯铂丝绕在云母制成的平板形骨架上。云母骨架边缘呈锯齿形，铂丝绕在齿隙间以防短路，绕好后的云母骨架两面覆盖云母片绝缘。为了增加机械强度，改善热传导性能，云母片两侧再用薄金属片铆合在一起，这样就构成了铂电阻元件。铂丝绕组的两个线端各由直径为 0.5mm 或 1mm 的银丝引出，并固定在接线盒内的接线端子上；引出线上套有绝缘瓷管。保护套管套在热电阻元件和引出线的外面，其形状和作用与热电偶相同。

（2）铜电阻。铂是贵重金属，在测温准确度要求不很高，温度又较低的场合，普遍采用铜电阻。铜电阻通常用于测量－50～150℃范围的温度，它的主要优点是电阻温度关系几乎是线性的，电阻温度系数比较大，材料容易加工和提纯，价格也比较便宜。缺点是电阻率较小；另外，铜在高温下容易氧化，只能在低温和无腐蚀性介质中使用。

工业测温用的标准化铜电阻也有 $R_0=50.00$ 和 $R_0=100.00$ 两种规格，其纯度为 $R_{100}/R_0\geqslant1.425$。它们的分度号分别为 Cu50 和 Cu100。

铜电阻的结构是用双线无感绕法，将直径为 0.1mm 的绝缘铜丝绕在圆柱形塑料骨架上，构成铜电阻元件。为防止铜丝松散，提高其导热性和机械紧固程度，电阻元件经酚醛树脂（环氧树脂）浸渍处理。铜丝绕组的两个线端各由直径 1mm 的铜丝或镀银铜丝引出，并固定在接线盒内的接线端子上，引出线上套绝缘瓷管。保护套管套在热电阻元件和引出线外面，其形状和作用与热电偶相同。

3. 热电阻测温系统的组成及连接方式

（1）热电阻测温系统的组成。热电阻测温系统一般由热电阻、连接导线和显示仪表等组成。

（2）热电阻测温系统的连接方式。热电阻测温系统的连接主要有二线制、三线制、四线制三种方式。二线制只适用于测量准确度较低的场合，三线制可以较好的消除引线电阻的影响，是工业过程控制中的最常用的连接方式，四线制主要用于高准确度的温度检测。三线制通常用1、2、3或A、B、C或a、b、c表示，一般后两根线接在端子排的一个接线端子上。没有正，负之分。

连接到二次仪表时用普通3芯电缆就可以了，但为了减少线路误差，其电缆应选不小于1.5mm² 的。

1）二线制：在热电阻的两端各连接一根导线来引出电阻信号的方式称为二线制，热电阻测量系统二线制接线如图 2-5 所示。这种引线方法很简单，但由于连接导线必然存在引线电阻，引线电阻大小与导线的材质和长度有关，因此这种引线方式只适用于测量精确度较低的场合。

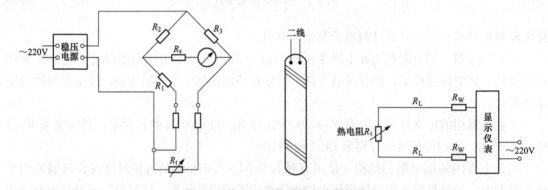

图 2-5　热电阻测量系统二线制接线

2）三线制：在热电阻的根部的一端连接一根引线，另一端连接两根引线的方式称为三线制，热电阻测量系统三线制接线如图 2-6 所示。这种方式通常与电桥配套使用，可以较好的消除引线电阻的影响，是工业过程控制中的最常用的引线电阻。

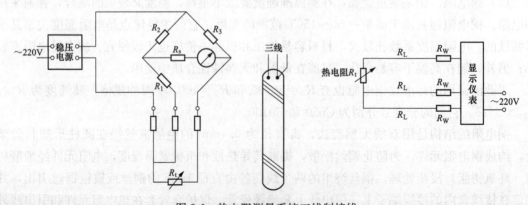

图 2-6　热电阻测量系统三线制接线

3）四线制：在热电阻的根部两端各连接两根导线的方式称为四线制，其中两根引线为热电阻提供恒定电流 I，把 R 转换成电压信号 U，再通过另两根引线把 V 引至二次仪表，热电阻测量系统四线制接线如图 2-7 所示。可见这种引线方式可完全消除引线的电阻影响，主要用于高精确度的温度检测。

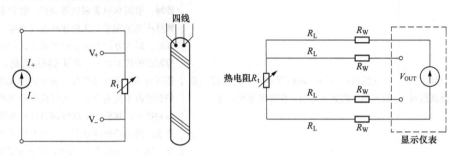

图 2-7　热电阻测量系统四线制接线

三、热电阻校验

校验用主要设备：冰点槽、沸点槽、超级恒温水浴或恒温油浴、标准电位差计或标准测温电桥、标准电阻、标准水银温度计或标准电阻温度计。热电阻温度计校验线路如图 2-8 所示。

主要校验项目：外观检查、绝缘电阻检查、零点、范围、基本误差。

1. 热电阻元件的校验方法

热电阻元件一般有两种校验方法：

（1）分度校验法：即在不同温度点上看材料电阻值与温度的关系是否符合规定。

（2）纯度校验法：即在 0℃ 和 100℃ 时，测

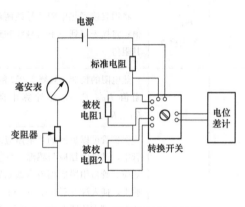

图 2-8　热电阻温度计校验线路

量电阻值 R_0 和 R_{100}，求出 R_{100} 和 R_0 的比值 R_{100}/R_0，看是否符合规定。

2. 工业热电阻校验

校验工业热电阻的条件：

（1）电测设备工作的环境条件：$20\pm2℃$；

（2）电测设备的示值应予以修正；

（3）对保护套管可拆卸的热电阻，应将热电阻从保护套管内取出并放入玻璃试管（高于 400℃ 时用石英试管）内，试管内径应与元件相宜，管口要用脱脂棉（或耐温材料）塞紧，防止空气对流，元件插入深度不少于 300mm。对保护套管不可拆卸的热电阻，可以直接插入介质中；

（4）校验时通过热电阻的电流不大于 1mA；

（5）进行 100℃ 点校验时，恒温槽温度偏离 100℃ 之值应不大于 2℃，每 10min 温度变化值应不大于 0.04℃。

3. 热电阻检修工艺方法及质量标准

热电阻检修工艺方法及质量标准见表 2-3。

表 2-3 热电阻检修工艺方法及质量标准

序号	检修项目	工艺方法	质量标准
1	热电阻外观检查	先验电,将热电阻的线解掉,包扎好,然后将热电阻拆下,检查热电阻保护套管	保护套管不应有弯曲、压偏、扭斜、裂纹、砂眼、磨损和显著腐蚀等缺陷,套管上的固定螺丝应光洁完整、无滑牙或卷牙现象;其插入深度、插入方向和安装位置及方式均应符合相应测点的技术要求,并随被测系统做 1.25 倍工作压力的严密性试验时,5min 内应无泄漏;保护套管内不应有杂质,元件应能顺利地从中取出和插入,其插入深度应符合保护套管深度的要求;感温件绝缘瓷套管的内孔应光滑,接线盒、螺丝、盖板等应完整,铭牌标志应清楚,各部分装配应牢固可靠;热电阻测量端的焊接要牢固,呈球状,表面光滑,无气孔等缺陷
2	热电阻绝缘检查	将摇表接到热电阻信号线两端,观察其阻值;将摇表接到一根信号线和地之间,观察其阻值	热电阻信号线之间、信号线与地之间的阻值应不小于 $100M\Omega$
3	热电阻校验	热电阻的校准,只测定 0℃和 100℃时的电阻值 R_0、R_{100},并计算电阻比 $W_{100}(= R_{100}/R_0)$	校验误差要求见表 2-4
		保护管可以拆卸的热电阻应放置在玻璃试管中,试管内径应与感温元件直径或宽度相适应。管口用脱脂棉或木塞塞紧后,插入介质中,插入深度不少于 300mm。不可拆卸的热电阻可直接插入介质中进行检定	
		校准热电阻时,通过热电阻的电流应不大于 1mA。测定时可用电位差计,也可用电桥	
		0℃电阻值检定:将二等标准热电阻温度计和被检热电阻插入盛有冰水混合物的冰点槽内(热电阻周围的冰层厚度不少于 30mm)。30min 后按规定次序循环读数三次,取其平均值。热电阻在 0℃时的电阻值 R_0 的误差和电阻比 W_{100} 的误差应不大于表 2-4 和表 2-5 规定	
		100℃电阻值检定:将标准铂热电阻温度计和被检热电阻插入沸点槽或恒温槽内,30min 后按规定次序循环读数三次,取其平均值。测量热电阻在 100℃的电阻值时,水沸点槽或油恒温槽的温度 t_b 偏离 100℃之值应不大于 2℃;温度变化每 10min 应不大于 0.04℃	

热电阻校验误差要求见表 2-4。

表 2-4 工业用热电阻允许误差表

热电阻名称		分度号	R_0 标称电阻值/Ω	电阻比 R_{100}/R_0	测量范围/℃	允许误差/℃
铂热电阻	Ⅰ级	Pt100	100.00	1.3851±0.05%	−200~500	±(0.15+0.2%|t|)
	Ⅱ级	Pt100	100.00	1.3851±0.05%	−200~500	±(0.30+0.5%|t|)
铜热电阻		Cu50	50	1.428±0.2%	−50~150	±(0.30+0.6%|t|)

注 1. 表中 \|t\| 为温度的绝对值，单位为℃。

2. Ⅰ级允许误差不适用于采用二线制的铂热电阻。

热电阻在 100℃ 和 0℃ 的电阻比 W_{100} 对标称电阻比 W_{100} 的允许偏差 ΔW_{100} 见表 2-5。

表 2-5 热电阻在 100℃ 和 0℃ 的电阻比 W_{100} 对标称电阻比 W_{100} 的允许偏差 ΔW_{100}

热电阻名称		$W_{100'}$	ΔW_{100}
铂热电阻	A 级	1.3850	±0.0005
	B 级		±0.0012
铜热电阻		1.428	±0.002

四、热电阻安装

1. 热电阻的安装要求

对热电阻的安装，应注意有利于测温准确、安全可靠及维修方便，而且不影响设备运行和生产操作。要满足以上要求，在选择对热电阻的安装部位和插入深度时需注意以下几点：

（1）为了使热电阻的测量端与被测介质之间有充分的热交换，应合理选择测点位置，尽量避免在阀门，弯头及管道和设备的死角附近装设热电阻。

（2）带有保护套管的热电阻有传热和散热损失，为了减少测量误差，热电偶和热电阻应该有足够的插入深度：

1）对于测量管道中心流体温度的热电阻，一般都应将其测量端插入到管道中心处（垂直安装或倾斜安装）。如被测流体的管道直径是 200mm，那热电阻插入深度应选择 100mm。

2）对于高温高压和高速流体的温度测量（如主蒸汽温度），为了减小保护套对流体的阻力和防止保护套在流体作用下发生断裂，可采取保护管浅插方式或采用热套式热电阻。浅插式的热电阻保护套管，其插入主蒸汽管道的深度应不小于 75mm；热套式热电阻的标准插入深度为 100mm。

3）假如需要测量烟道内烟气的温度，尽管烟道直径为 4m，但热电阻插入深度 1m 即可。

4）当测量元件插入深度超过 1m 时，应尽可能垂直安装，或加装支撑架和保护套管。

2. 热电阻的安装注意事项

（1）热电阻应尽量垂直装在水平或垂直管道上，安装时应有保护套管，以方便检修和更换。

（2）测量管道内温度时，元件长度应在管道中心线上（即保护管插入深度应为管径的一半）。

（3）高温区使用耐高温电缆或耐高温补偿线。

（4）要根据不同的温度选择不同的测量元件。一般测量温度小于400℃时选择热电阻。

（5）接线要合理美观，表针指示要正确。

3. 热电偶与热电阻的安装方法

（1）首先应测量好热电偶和热电阻螺牙的尺寸，车好螺牙座。

（2）要根据螺牙座的直径，在需要测量的管道上开孔。

（3）把螺牙座插入已开好孔内，将螺牙座与被测量的管道焊接好。

（4）把热电偶或热电阻旋进已焊接好的螺牙座。

（5）按照接线图将热电偶或热电阻的接线盒接好线，并与表盘上相对应的显示仪表连接。注意接线盒不可与被测介质管道的管壁相接触，保证接线盒内的温度不超过0～100℃范围。接线盒的出线孔应朝下安装，以防因密封不良，水汽、灰尘等沉积造成接线端子短路。

（6）热电偶或热电阻安装的位置，应考虑检修和维护方便。

某电厂热电阻温度计安装示例如图2-9所示。

图2-9　热电阻温度计安装示例

五、热电阻常见故障现象分析与处理

热电阻常见故障现象分析与处理见表2-6。

表2-6　　　　　　　　热电阻常见故障现象分析与处理

序号	故障现象	可能原因	处理方法
1	仪表指示值比实际值低或示值不稳	保护管内有金属屑、灰尘，接线柱间脏污及热电阻短路（积水等）	除去金属屑，清扫灰尘、水滴等，找到短路点处理并加强绝缘等
2	显示仪表指示无穷大	工业热电阻或引出线断路及接线端子松动	更换电阻体，或焊接及拧紧接线端子螺丝等
3	显示仪表指示负值	显示仪表与热电阻接线有误，或热电阻有短路现象	改正接线，或找出短路处，加强绝缘
4	阻值与温度关系有变化	热电阻丝材料受腐蚀变质	更换电阻体（热电阻）

第三节　热电偶温度计

一、热电偶温度计简介

热电偶是当前应用最广泛的温度传感器之一，它一般用于测量 500℃ 以上的高温。火电厂中的主蒸汽温度、过热器管壁温度、高温烟气温度等都是用热电偶来测量的。

热电偶温度计是以热电偶作为感温元件，把被测的温度信号转换成电势信号，经温度变送器变换后或直接将信号经信号电缆传送到计算机房相应模块上，实现温度的测量。热电偶温度计属于接触式测温仪表，即感温元件直接与被测介质相接触，感受被测介质温度的变化而输出相应的电势。各种热电偶的外形常因需要而极不相同，但是它们的基本结构却大致相同，通常由热电极、绝缘套保护管和接线盒等主要部分组成，热电偶温度计通常和显示仪表、记录仪表及电子调节器配套使用。由于它具有能测量高温、性能稳定、准确可靠、结构简单、容易维护、便于信号远传和实现多点切换测量等优点，所以在生产和科研领域中得到了广泛应用。

二、热电偶测温原理

1. 测温原理

热电偶是通过把两根不同的导体或半导体线状材料 A 和 B 的一端焊接起来而形成的，A、B 就称为热电极（或热电偶丝），焊接起来的一端置于被测温度 t 处，称为热电偶的热端（或称测量端、工作端）；非焊接端称为冷端（或参考端、自由端），冷端则置于被测对象之外温度为 t_0 的环境中。

如把热电偶的两个冷端也连接起来则形成一个闭合回路，热电偶回路如图 2-10 所示，则当热端温度和冷端温度不相等，即 $t \neq t_0$ 时，回路中有电流流过，这说明在回路中产生了电动势。由于热电偶两个接点处的温度不同而产生的电动势称为热电（动）势，上述现象称为热电效应，或称塞贝克效应。热电偶就是利用热电效应来测量温度的。进一步的研究表明，热电势是由接触电势和温差电势组成的。

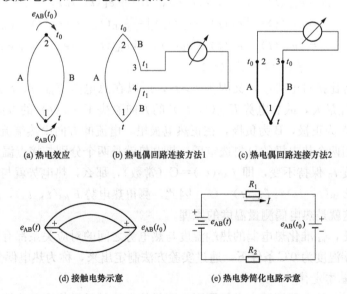

(a) 热电效应　　(b) 热电偶回路连接方法1　　(c) 热电偶回路连接方法2

(d) 接触电势示意　　　　　(e) 热电势简化电路示意

图 2-10　热电偶回路

(1) 接触电势。两种均质导体 A 和 B 接触时，由于 A 和 B 中的自由电子密度不同（设自由电子密度 $N_A > N_B$），导体 A 将通过接点向导体 B 进行自由电子扩散，则 A 失电子，B 积累电子，从而使接点两侧产生电位差，建立了静电场 E。静电场 E 的存在将阻止自由电子继续扩散。当扩散力和电场力的作用相互平衡时，电子的扩散处于动态平衡，最终在接点两侧之间产生电势，此电势称为接触电势，接触电势如图 2-11 所示。用符号 $e_{AB}(t)$ 表示，其中 t 为接点处的温度，接触电势的大小与接点温度 t 和 t_0 两种导体的性质有关，方向如图 2-10 所示。

(2) 温差电势。因导体的自由电子密度会随温度升高而增大，因此当同一导体两端温度不同时，温度高的一端自由电子密度将高于温度低的一端，因此在两端之间也会出现与接触电势中相似的自由电子扩散过程，最终在导体的两端间产生电位差，建立起电势，这种电势被称为温差电势（温差电势如图 2-12 所示），用符号 $e_A(t, t_0)$ 表示。其大小与导体两端温度 t、t_0 及导体性质有关，方向如图所示。为了便于分析问题，温差电势有时也写成下面的形式，即 $e_A(t, t_0) = e_A(t) - e_A(t_0)$。

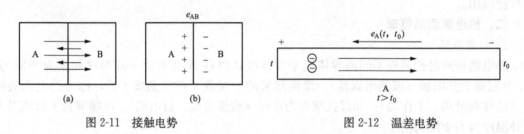

图 2-11　接触电势　　　　　　　图 2-12　温差电势

(3) 热电势。综上所述，在图 2-10 所示的热电偶回路中，当 $t > t_0$，$N_A > N_B$ 时，回路内将产生两个接触电势 $e_{AB}(t)$ 和 $e_{AB}(t_0)$、两个温差电势 $e_A(t, t_0)$ 和 $e_B(t, t_0)$。各电势的方向如图 2-10 所示。这时，回路的总电动势，即热电势 $E_{AB}(t, t_0)$ 是这些接触电势和温差电势的代数和，即

$$
\begin{aligned}
E_{AB}(t, t_0) &= e_{AB}(t) - e_A(t, t_0) - e_{AB}(t_0) + e_B(t, t_0) \\
&= e_{AB}(t) - [e_A(t) - e_A(t_0)] - e_{AB}(t_0) + [e_B(t) - e_B(t_0)] \\
&= [e_{AB}(t) - e_A(t) + e_B(t)] - [e_{AB}(t_0) - e_A(t_0) + e_B(t_0)] \\
&= f_{AB}(t) - f_{AB}(t_0)
\end{aligned}
\tag{2-2}
$$

由于温差电势比接触电势小，又因为 $t > t_0$，所以在总电势 $E_{AB}(t, t_0)$ 中，接触电势 $e_{AB}(t)$ 所占百分比最大，故总电势 $E_{AB}(t, t_0)$ 的方向取决于 $e_{AB}(t)$ 的方向。又因 A 的电子密度大，所以 A 为正极，B 为负极，在正热电极里，电流的方向由热端流向冷端。

上式表明，当两个热电极的材料选定后，热电势就是两个分别与接点温度有关的函数之差。如果冷端温度 t_0 保持不变，即 $f_{AB}(t_0) = C$（常数），那么，热电势就与热端温度 t 成一一对应关系，即 $E_{AB}(t, t_0) = f_{AB}(t) - C$。因此，测得热电势 $E_{AB}(t, t_0)$，就可以确定被测温度 t 的数值，这就是热电偶测量温度的原理。

为了使用方便，标准化热电偶的热端温度与热电势之间的对应关系都有函数表可查。这种函数表是在冷端温度为 0℃ 条件下，通过实验方法制定出来，称为热电偶分度表。

2. 热电偶的基本定律

在实际测温时，热电偶回路中必然要引入测量热电势的显示仪表和连接导线。因此，理

解了热电偶的测温原理之后，还要进一步掌握热电偶的一些基本定律，并在实际测温中灵活而熟练地应用。

（1）均质导体定律。由一种均质导体或半导体组成的闭合回路，不论其几何尺寸和温度分布如何，都不会产生热电势。

这条定律说明：

1）热电偶必须由两种材料不同的热电极组成；

2）热电势与热电极的几何尺寸（长度、截面积）无关；

3）由一种材料组成的闭合回路存在温差时，回路如果产生了热电势，便说明该材料是不均匀的。由此可检查热电极材料的均匀性。

（2）中间导体定律。在热电偶回路中，接入第三、四种，或者更多种均质导体，只要接入的导体两端温度相等，则它们对回路中的热电势没有影响。

根据这条定律，只要仪表处于稳定的环境温度中，我们就可以在热电偶回路中接入显示仪表、冷端温度补偿装置、连接导线等，组成热电偶温度测量系统，而不必担心它们会影响回路的热电势。

（3）中间温度定律。接点温度为 t、t_0 的热电偶产生的热电势，等于该热电偶在接点温度分别为 t、t_n 和 t_n、t_0 时产生的热电势之和，用公式表示：$E_{AB}(t, t_0) = E_{AB}(t, t_n) + E_{AB}(t_n, t_0)$。式中 t_n 为中间温度。

中间温度定律在测温中有以下两方面的应用，一是制定和使用热电偶分度表。当热电偶的冷端温度 $t_0 \neq 0$ 时，只要能测得热电势 $E_{AB}(t, t_0)$，且 t_0 已知，即可采用分度表求得被测温度 t 值。二是为使用补偿导线提供了理论依据，当在热电偶回路中分别引入与材料 A、B 有同样热电性质的材料 A′、B′（见图 2-13），即引入所谓的补偿导线，也就是 $E_{AB}(t_0', t_0) = E_{A'B'}(t_0', t_0)$，则回路总电势为 $E_{AB}(t, t_0) = E_{AB}(t, t_0') + E_{A'B'}(t', t_0)$。即只要 t、t_0 不变，接 A′、B′ 后不论接点温度如何变化，都不会影响总热电势，这就是引入补偿导线的原理。

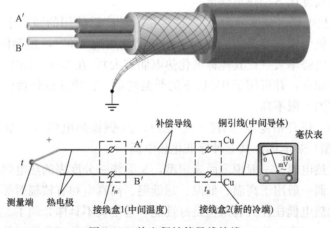

图 2-13　热电偶补偿导线接线

3. 标准化与非标准化热电偶

从应用的角度看，并不是任何两种导体都可以构成热电偶的。为了保证测温具有一定的准确度和可靠性，一般要求热电极材料满足下列基本要求：

①物理性质稳定，在测温范围内，热电特性不随时间变化；

②化学性质稳定，不易被氧化和腐蚀；

③组成的热电偶产生的热电势大和热电势率（温度每变化 1℃引起的热电势的变化）大，热电势与被测温度成线性或近似线性关系；

④电阻温度系数小，这样，热电偶的内阻随温度变化就小；

⑤复制性好，即同样材料制成的热电偶，它们的热电特性基本相同；

⑥材料来源丰富，价格便宜。

但是，目前还没有能够满足上述全部要求的材料，因此，在选择热电极材料时，只能根据具体情况，按照不同测温条件和要求选择不同的材料。

(1) 标准化热电偶。标准化热电偶是指定型生产的通用型热电偶，每一种标准化热电偶都有统一的分度表，同一型号的标准化热电偶具有互换性。目前，标准化热电偶有以下几种：

1) 铂铑 10-铂热电偶（分度号为 S），这是一种贵金属热电偶，其正极和负极分别是直径为 0.5mm 以下的铂铑合金丝（含铂 90％，铑 10％）和纯铂丝。它可以用于测高温，测温上限长期使用可达 1300℃，短期使用可达 1600℃。S 型热电偶的优点是热电特性稳定、易于复制、测温准确度高、在氧化性和中性介质中具有较高的物理、化学稳定性。缺点是价格贵、热电势率小、机械强度较差、高温时易受还原性气体（如氢、一氧化碳）、金属和非金属蒸气的侵害而变质。

2) 镍铬-镍硅热电偶（分度号为 K），这是一种应用很广泛的廉价金属热电偶，其正极和负极分别是直径为 0.3～0.2mm 的镍铬合金丝和镍硅合金丝、测温上限长期使用为 1200℃，短期使用可达 1300℃。K 型热电偶的优点是热电极中含有大量的镍，因此在高温下抗氧化性和抗腐蚀能力都很强，可以在氧化性和中性介质中长期使用。此外，K 型热电偶的热电势率大（比 S 型热电偶大 4～5 倍），热电特性近似为线性，并且易于复制，价格便宜。但它的测温准确度比 S 型热电偶低。

3) 镍铬-铜镍热电偶（分度号为 E），这也是一种广泛使用的廉价金属热电偶，其正极为镍铬合金丝，负极为铜镍合金丝。测温上限长期使用达 750℃，短期使用达 900℃。E 型热电偶的优点是热电势率大（比其他标准化热电偶都大），在 300～800℃范围内，热电特性的线性较好，价格便宜，并可用于 0℃以下的低温测量。它的缺点是负极中含铜量高，在高温下容易氧化，测温上限不高。

除以上几种外，还有铂铑 30-铂铑 6（B 型）、铜-铜镍热电偶（T 型）、铁-铜镍（J 型）和铂铑 13-铂（R 型）热电偶，共七种标准化热电偶。

(2) 非标准化热电偶。一般说来尚未定型，又无统一分度表的热电偶称为非标准化热电偶。非标准化热电偶一般用于高温、低温、超低温、高真空和有核辐射等特殊场合。在这些场合中，非标准化热电偶往往具有某些良好性能，这里就不具体介绍了。

需要指出的是，标准化热电偶和非标准化热电偶的划分并不是绝对的，随着科学技术的发展，有些非标准化热电偶在克服了自身的局限性后，就可能成为标准化热电偶，而有的标准化热电偶也可能被性能更为优良的非标准化热电偶所取代。

4. 热电偶的结构

热电偶广泛用于温度测量，根据其用途和安装位置的不同，各种热电偶的外形是极不相同的，但其基本结构通常均由热电极、绝缘管、保护套管和接线盒组成。从结构上看，热电偶可分为普通型、铠装型、薄膜型、表面型热电偶和浸入型热电偶等。其中最常见的是普通型和铠装型热电偶。

(1) 普通型热电偶。普通型热电偶通常由热电极、绝缘材料、保护套管和接线盒等主要部分构成，主要用于工业中测量液体、气体、蒸汽等的温度，其结构如图 2-14 所示。热电偶的两根热电极上套有绝缘瓷管，以防止两极间短路，两个冷端则分别固定在接线盒内的接线端子上，保护套管套在外面使热电极免受被测介质的化学腐蚀和外力的机械损伤。

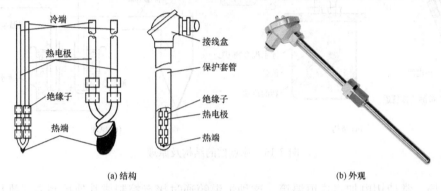

(a) 结构　　　　　　　　　　　(b) 外观

图 2-14　普通型热电偶的结构及外观

(2) 铠装型热电偶。铠装型热电偶的热电极、绝缘材料和金属保护套管三部分组合后，用整体拉伸工艺加工成一根很细的电缆式线材，其外径为 0.25~12mm，可自由弯曲。其长度可根据使用需要自由截取，并对测量端与冷端分别加工处理，即形成一支完整的铠装热电偶。铠装热电偶的测量端有多种结构型式，其结构如图 2-15 所示。各种结构可以根据具体要求选用。它突出的优点是小型化、寿命长、热惯性小和使用方便。

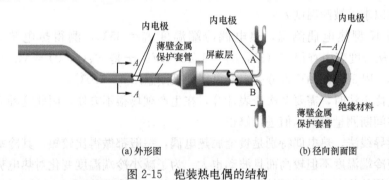

(a) 外形图　　　　　　　　　　(b) 径向剖面图

图 2-15　铠装热电偶的结构

5. 热电偶冷端温度的补偿方法

由热电偶测温原理已经知道，只有当热电偶的冷端温度保持不变时，热电势才是被测温度的单值函数。在实际应用时，由于热电偶的热端与冷端离得很近，冷端又暴露在空间，容易受到周围环境温度波动的影响，因而冷端温度难以保持恒定，为消除冷端温度变化对测量的影响，可采用下述几种冷端温度补偿方法。

（1）恒温法。该法是人为制成一个恒温装置，把热电偶的冷端置于其中，保证冷端温度恒定。常用的恒温装置有冰点槽和电热式恒温箱两种。

冰点槽的结构及原理如图 2-16 所示，把热电偶的两个冷端放在充满冰水混合物的容器内，使冷端温度始终保持为 0℃。为了防止短路和改善传热条件，两支热电极的冷端分别插在盛有变压器油的试管中。这种方法测量准确度高，但使用麻烦，只适用于实验室中。

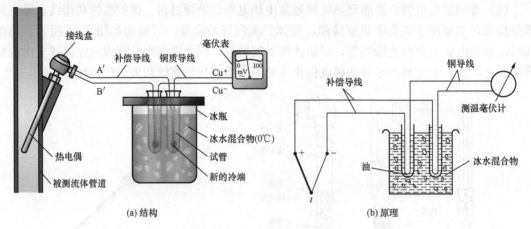

图 2-16　冰点槽的结构及原理

在现场，常使用电加热式恒温箱。这种恒温箱通过接点控制或其他控制方式维持箱内温度恒定（常为 50℃）。

（2）公式修正法。热电偶的冷端温度偏离 0℃ 时产生的测温误差也可以利用公式来修正。测温时，如果冷端温度为 t_0，则热电偶产生的热电势为 $E_{AB}(t, t_0)$。根据中间温度定律可知 $E_{AB}(t, 0) = E_{AB}(t, t_0) + E_{AB}(t_0, 0)$。因此可在热电偶测温的同时，用其他温度表（如玻璃管水银温度表等）测量出热电偶冷端处的温度 t_0，从而得到修正热电势 $E_{AB}(t, 0)$。将 $E_{AB}(t_0, 0)$ 和热电势 $E_{AB}(t, t_0)$ 相加，计算出 $E_{AB}(t, 0)$，然后再查相应的热电偶分度表，就可以求得被测温度 t。

例如，用 K 型热电偶测温，热电偶冷端温度 $t_0 = 35℃$，测得热电势 $E_K(t, t_0) = 34.604\text{mV}$。从分度表中查得 $E_K(35, 0) = 1.407\text{mV}$，于是 $E_K(t, 0) = 34.604 + 1.407 = 36.121(\text{mV})$，用 36.121mV 查分度表便可得到被测温度 $t = 870℃$。

使用公式修正法时，需要多次查表计算，在生产现场很不方便，因此这种方法只适用于实验室中或在间断测量时对示值进行修正。

（3）补偿导线法。热电偶特别是贵金属热电偶，一般都做得比较短，其冷端离被测对象很近，这就使冷端温度不但较高而且波动也大。为了减小冷端温度变化对热电势的影响，通常要用与热电偶的热电特性相近的廉价金属导线将热电偶冷端移到远离被测对象，且温度比较稳定的地方（如仪表控制室内）。这种廉价金属导线就称为热电偶的补偿导线。

在前面的热电偶补偿导线连接图 2-13 中，A′、B′ 分别为测温热电偶热电极 A、B 的补偿导线。在使用补偿导线 A′、B′ 时应满足的条件如下：①补偿导线 A′、B′ 和热电极 A、B 的两个接点温度相同，并且都不高于 100℃；②在 0～100℃ 内，由 A′、B′ 组成的热电偶和由 A、B 组成的热电偶具有相同的热电特性，即 $E_{AB}(t_0', t_0) = E_{A'B'}(t_0', t_0)$。

根据中间温度定律可以证明，用补偿导线把热电偶冷端移至温度 t_0 处和把热电偶本身延长到温度 t_0 处是等效的。

补偿导线在使用中注意事项如下：

1）补偿导线的选择。补偿导线一定要根据所使用的热电偶种类和所使用的场合进行正确选择。例如，K 型热电偶应该选择 K 型热电偶的补偿导线，根据使用场合，选择工作温度范围。通常补偿导线的工作温度为 $-20 \sim 100℃$，宽范围的为 $-25 \sim 200℃$。普通级误差为 $\pm 2.5℃$，精密级为 $\pm 1.5℃$。

2）接点连接。与热电偶接线端 2 个接点尽可能近一点，尽量保持 2 个接点温度一致。与仪表接线端连接处尽可能温度一致，仪表柜有风扇的地方，接点处要保护，不要使得风扇直吹到接点。

3）使用长度。因为热电偶的信号很低，为微伏级，如果使用的距离过长，信号的衰减和环境中强电的干扰耦合，足可以使热电偶的信号失真，造成测量和控制温度不准确，在控制中严重时会产生温度波动。

根据我们的经验，通常使用热电偶补偿导线的长度控制在 15m 内比较好，如果超过 15m，建议使用温度变送器进行传送信号。温度变送器是将温度对应的电势值转换成直流电流传送，抗干扰强。

4）布线。补偿导线布线一定要远离动力线和干扰源。在避免不了穿越的地方，也尽可能采用交叉方式，不要平行。

5）屏蔽补偿导线。为了提高热电偶连接线的抗干扰性，可以采用屏蔽补偿导线。对于现场干扰源较多的场合，效果较好。但是一定要将屏蔽层严格接地，否则屏蔽层不仅没有起到屏蔽的作用，反而增强干扰。

补偿导线虽然能将热电偶延长，起到移动热电偶冷端位置的作用，但本身并不能消除冷端温度变化的影响。为了进一步消除冷端温度变化对热电势的影响，通常还要在补偿导线冷端再采取其他补偿措施。

（4）补偿装置法。热电偶所产生的热电势 $E_{AB}(t, t_0) = f_{AB}(t) - f_{AB}(t_0)$，当热电偶的热端温度不变，而冷端温度从初始平衡温度 t_0 升高到某一温度 t_n 时，热电偶的热电势将减小，其变化量为 $\Delta E = E_{AB}(t, t_0) - E_{AB}(t, t_n) = E_{AB}(t_n, t_0)$，如果能在热电偶的测量回路中串接一个直流电压 U_{cd}（见图 2-17），且 U_{cd} 能随冷端温度升高而增加，其大小与热电势的变化量相等，即

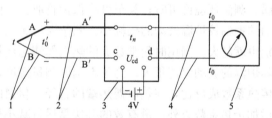

图 2-17　具有冷端温度补偿装置的热电偶测量线路
1—热电偶；2—补偿导线；3—补偿装置；
4—连接导线；5—显示仪表

$U_{cd} = E_{AB}(t_n, t_0)$，则 $E_{AB}(t, t_n) + U_{cd} = E_{AB}(t, t_0)$，也就是送到显示仪表的热电势 $E_{AB}(t, t_0)$ 不会随冷端温度变化而变化，那么，热电偶由于冷端温度变化而产生的误差即可消除。

怎样产生一个随温度而变化的直流电压 U_{cd} 呢？以前用冷端温度补偿器（由一个直流不平衡电桥构成）来产生一个随冷端温度变化的 U_{cd}；现在一般都在相应的温度显示仪表或温度变送器中设置热电偶冷端温度补偿电路，产生 U_{cd}，从而实现热电偶冷端温度自动补偿。

（5）软件处理法。对于计算机系统，不必全靠硬件进行热电偶冷端处理。例如冷端温度恒定但不为 0℃的情况，只需在采样后加一个与冷端温度对应的常数即可。

对于 t_0 经常波动的情况，可利用热敏电阻或其他传感器把 t_0 信号输入计算机，按照运算公式设计一些程序，便能自动修正。后一种情况必须考虑输入的采样通道中除了热电动势之外还应该有冷端温度信号，如果多个热电偶的冷端温度不相同，还要分别采样，若占用的通道数太多，宜利用补偿导线把所有的冷端接到同一温度处，只用一个冷端温度传感器和一个修正 t_0 的输入通道就可以了。冷端集中，对于提高多点巡检的速度也很有利。

6. 正确使用

正确使用热电偶不但可以准确得到温度的数值，保证产品合格，而且还可节省热电偶的材料消耗，既节省资金又能保证产品质量。安装不当、绝缘变差、热惰性、热阻等引入的误差是热电偶在使用中的主要误差。

（1）安装不当引入的误差。如热电偶安装的位置及插入深度不能反映炉膛的真实温度等，换句话说，热电偶不应装在太靠近门和加热的地方，插入的深度至少应为保护管直径的 $8\sim10$ 倍；热电偶的保护套管与壁间的间隔未填绝热物质致使炉内热溢出或冷空气侵入，因此热电偶保护管和炉壁孔之间的空隙应用耐火泥或石棉绳等绝热物质堵塞以免冷热空气对流而影响测温的准确性；热电偶冷端太靠近炉体使温度超过 100℃；热电偶的安装应尽可能避开强磁场和强电场，所以不应把热电偶和动力电缆线装在同一根导管内以免引入干扰造成误差；热电偶不能安装在被测介质很少流动的区域内，当用热电偶测量管内气体温度时，必须使热电偶逆着流速方向安装，而且充分与气体接触。

（2）绝缘变差而引入的误差。如热电偶绝缘了，保护管和拉线板污垢或盐渣过多致使热电偶极间与炉壁间绝缘不良，在高温下更为严重，这不仅会引起热电势的损耗而且还会引入干扰，由此引起的误差有时可达上百度。

（3）热惰性引入的误差。由于热电偶的热惰性使仪表的指示值落后于被测温度的变化，进行快速测量时这种影响尤为突出。所以应尽可能采用热电极较细、保护管直径较小的热电偶。测温环境许可时，甚至可将保护管取去。由于存在测量滞后，用热电偶检测出的温度波动的振幅较炉温波动的振幅小。测量滞后越大，热电偶波动的振幅就越小，与实际炉温的差别也就越大。当用时间常数大的热电偶测温或控温时，仪表显示的温度虽然波动很小，但实际炉温的波动可能很大。为了准确的测量温度，应当选择时间常数小的热电偶。时间常数与传热系数成反比，与热电偶热端的直径、材料的密度及比热成正比，如要减小时间常数，除增加传热系数以外，最有效的办法是尽量减小热端的尺寸。使用中，通常采用导热性能好的材料，管壁薄、内径小的保护套管。在较精密的温度测量中，使用无保护套管的裸丝热电偶，但热电偶容易损坏，应及时校正及更换。

（4）热阻误差。高温时，如保护管上有一层煤灰，尘埃附在上面，则热阻增加，阻碍热的传导，这时温度示值比被测温度的真值低。因此，应保持热电偶保护管外部的清洁，以减小误差。

三、热电偶校验

热电偶在测温过程中，由于测量端受到氧化、腐蚀、污染等影响，使用一段时间后，它的热电持性发生变化，增大了测量误差。为了保证测量准确，热电偶不仅在使用前要进行检测，而且在使用一段时间后也要进行周期性的检验。

1. 影响热电偶检验周期的因素

（1）热电偶使用的环境条件：环境条件恶劣的，检验周期应短些；环境条件较好，检验周期可长些。

（2）热电偶使用的频繁程度：连续使用的，检验周期应短些；反之，可长些。

（3）热电偶本身的性能：稳定性好的，检验周期长；稳定性差的，检验周期短。

2. 热电偶的检验项目

工业用热电偶的检验项目主要有外观检查和允许误差检验两项。

（1）外观检查。热电偶装配质量和外观应满足以下要求：

1）测量端焊接应光滑、牢固、无气孔和夹灰等缺陷，无残留助焊剂等污物；

2）各部分装配正确，连接可靠，零件无损、无缺陷；

3）保护管外层无显著的锈蚀和凹痕、划痕；

4）电极无短路、断路，极性标志正确。

外观质量通过目测进行观察；短路、断路可使用万用表检查。

（2）允许误差检验。允许误差检验一般采用比较法，即将被检热电偶与比它精确度等级高一等的标准热电偶同置于校验用的恒温装置中，在检验点温度下进行热电势比较。这种方法的检验准确度取决于标准热电偶的准确度等级、测量仪器仪表的误差、恒温装置的温度均匀性和稳定程度。比较法的优点是设备简单、操作方便，一次能检验多支热电偶，工作效率高。现将比较法简单介绍如下：

1）校验主要设备和仪器。

标准器：一等、二等标准铂铑10-铂热电偶各一支。测量范围为：−30～300℃的标准水银温度计一组，也可选用二等标准铂电阻温度计。

仪器设备：参考端恒温器，恒温器内温度为（±0.1℃）。油恒温槽，在有效工作区域内温差小于0.2℃。管式炉常用最高温度为1200℃，最高均匀温场中心与炉子几何中心沿轴线上偏离不大于10mm；在均匀温场长度不小于60mm，半径为14mm范围内，任意两点间温差不大于1℃。读数望远镜或3～5倍放大镜。

2）校验接线图。校验接线图如图2-18所示。

3）校验方法。

①将被校热电偶和标准热电偶一块放到检定炉中间，标准热电偶要用瓷套管套起来，与补偿导线的连接处置于冰点槽内。总数不应超过6支，校验点包括常用点在内，上限点应高于使用最高温度点5℃。

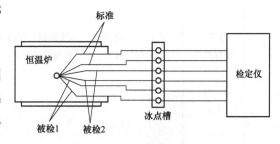

图2-18　热电偶校验接线

②为保证校验质量，热电偶自动检定装置应满足下列技术条件：除热电偶的装炉和接线外，检定炉的升温、恒温、测量和记录等整个过程可以全部自动进行，也可以部分地自动进行，但整个校验过程都必须能够按照预先给定的程序进行，且应准确可靠，不得有误动作。

③检定炉内温度与校验点温度相比较，其偏差不得超过±5℃。当检定炉达到恒温后，在测量和记录热电偶电势的过程中，温度波动应小于0.2℃/min。

④自动测量和自动记录热电势所用仪表的准确度，应与0.05级（或0.02级）直流低电势电位差计的准确度相同。

⑤自动测量和自动记录热电势所用仪表的分辨率，在校验廉金属热电偶时不大于$10\mu V$。

⑥校验多支热电偶的自动转换开关的寄生电势，在校验廉金属热电偶时应小于$1\mu V$。

⑦要有自动保护装置，如自动报警、自动切断电源装置等。

⑧打印功能包括打印标准电势、温度、每支被检热电偶各校验点的热电势、温度误差值。

⑨每个校验点升温、恒温、校验所用的时间约30min。

⑩可进行检定炉的温度测试。

工作过程：根据被检对象要求接好系统连线，然后按类型选择键（对应于热电偶型号）确定定标方式（用定标键选择整百度或温标定义的固定点），再通过键盘输入必要的参数。按下运行键，装置即开始自动检定工况。检定装置首先打印输入的参数，供校验人员核对，然后自动升温至第一个预定的校验点，待温度场稳定后，按第一～五点及第五～一点的顺序巡回采样，计算并打印出该点的校验结果，然后自动升温至第二个校验点，再进行校验打印，直至最后一个校验点打印完毕，这时检定装置的显示器显示出："END"，同时发出音响报警，经过一段时间后将自动切断检定炉电源。

3. 热电偶检修工艺方法与质量标准

热电偶检修工艺方法与质量标准见表2-7。

表 2-7　　　　　　　　　　　　热电偶检修工艺方法与质量标准

序号	检修项目	工艺方法	质量标准
1	热电偶外观检查	先验电，将热电偶的线解掉，包扎好，然后将热电偶拆下，检查热电偶保护套管	保护套管不应有弯曲、压偏、扭斜、裂纹、砂眼、磨损和显著腐蚀等缺陷，套管上的固定螺丝应光洁完整、无滑牙或卷牙现象；其插入深度、插入方向和安装位置及方式均应符合相应测点的技术要求，并随被测系统做1.25倍工作压力的严密性试验时，5min内应无泄漏；保护套管内不应有杂质，元件应能顺利地从中取出和插入，其插入深度应符合保护套管深度的要求；感温件绝缘瓷套管的内孔应光滑，接线盒、螺丝、盖板等应完整，铭牌标志应清楚，各部分装配应牢固可靠；热电偶测量端的焊接要牢固，呈球状，表面光滑，无气孔等缺陷；铂铑-铂等贵金属热电偶电极，不应有任何可见损伤，清洗后不应有色斑或发黑现象；镍铬-镍硅等廉金属热电偶电极，不应有严重的腐蚀、明显的缩径和机械损伤等缺陷
2	热电偶绝缘检查	将摇表接到热电偶信号线两端，观察其阻值；将摇表接到一根信号线和地之间，观察其阻值	热电偶信号线之间、信号线与地之间的阻值应不小于$100M\Omega$，对于铠装热电偶，则应不小于$1000M\Omega$

续表

序号	检修项目	工艺方法	质量标准
3	热电偶校验	经外观检查合格的新制热电偶，在检定示值前，应在最高检定点温度下，退火2h	
		热电偶的示值检定点温度，按热电偶丝材及电极直径粗细决定	见表2-8
		检定顺序，由低温向高温逐点升温检定	炉温偏离检定点温度不应超过±5℃
		直接测量标准与被检热电偶的热电动势	
		误差计算	见表2-9

热电偶电极直径与检定点温度对照见表2-8。

表 2-8　　　　　　　　　　**热电偶电极直径与检定点温度对照**

分度号	电极直径/mm	检定点温度/℃
K（铂铑-铂）	0.3	400 600 700
	0.5 0.8 1.0	400 600 800
	1.2 1.6 2.0 2.5	400 600 800 1000
	3.2	400 600 800 1000 (1200)
E（镍铬-镍硅）	0.3 0.5 0.8 1.0 1.2	100 300 400
	1.6 2.0 2.5	(100) 200 400 600
	3.2	(200) 400 600 700

工业用热电偶允许误差见表2-9。

表 2-9　　　　　　　　　　**工业用热电偶允许误差**

热电偶名称	分度号	I 级 温度范围/℃	I 级 允许误差	II 级 温度范围/℃	II 级 允许误差	III 级 温度范围/℃	III 级 允许误差
镍铬-镍硅（铝）	K	−40～1000	±1.5℃或±0.4%t	−40～1300	±2.5℃或±0.75%t	−200～167	±2.5℃或±1.5%t
镍铬-铜镍	E	−40～800	±1.5℃或±0.4%t	−40～900	±2.5℃或±0.75%t	−167～167	±2.5℃或±1.5%t

注　1. t 为测量端温度。

　　2. 表中允许误差两个值中取大值。

四、热电偶的安装

对热电偶的安装，应注意有利于测温准确，安全可靠及维修方便，而且不影响设备运行和生产操作。为了满足这些需求，需要考虑的问题很多，在此只将安装时经常遇到的一些主要问题列举如下。

1. 安装部位及插入深度

为了使热电偶热端与被测介质之间有充分的热交换，应合理选择测点位置，不能在阀门、弯头及管道和设备的死角附近装设热电偶。带有保护套管的热电偶有传热和散热损失，会引起测量误差。为了减少这种误差，热电偶应具有足够的深度。对于测量管道中流体温度的热电偶（包括热电阻和膨胀式压力表式温度计），一般都应将其测量端插入到管道中心，即装设在被测流体最高流速处，如图 2-19（a）、（b）、（c）所示。

对于高温高压和高速流体的温度测量（例如主蒸汽汽温），为了减小保护套对流体的阻力和防止保护套在流体作用下发生断裂，可采取保护管浅插方式或采用热套式热电偶装设结构。浅插方式的热电偶保护套管，其插入主蒸汽管道的深度应不小于 75mm；热套式热电偶的标准插入深度为 100mm。当测温元件插入深度超过 1m 时，应尽可能垂直安装，否则就有防止保护套管弯曲的措施，例如加装支撑架［见图 2-19（d）］或加装保护套管。

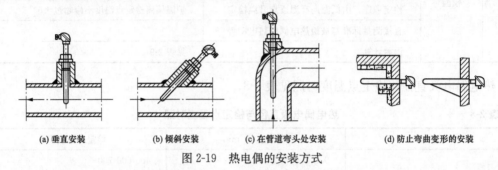

| (a) 垂直安装 | (b) 倾斜安装 | (c) 在管道弯头处安装 | (d) 防止弯曲变形的安装 |

图 2-19　热电偶的安装方式

在负压管道或设备上安装热电偶时，应保证其密封性。热电偶安装后应进行补充保温，以防因散热而影响测温的准确性。在含有尘粒、粉物的介质中安装热电偶时，应加装保护屏（如煤粉管道），防止介质磨损保护套管。

热电偶的接线盒不可与被测介质管道的管壁相接触，保证接线盒内的温度不超过 0～100℃范围。接线盒的出线孔应朝下安装，热电偶安装示意如图 2-20 所示。以防因密封不良，水汽灰尘与脏物等沉积造成接线端子短路。

图 2-20　热电偶
安装示意

2. 铠装热电偶的安装

铠装热电偶因其可弯曲和温度响应时间短的特点，铠装热电偶安装也有自己的特点和技术要求，以下为典型铠装热电偶安装图例及安装注意事项，供仪表工在安装铠装热电偶时参考使用。

（1）测量端弯曲成 90° 的铠装热电偶在管道垂直安装。铠装热电偶安装示例 1 如图 2-21 所示，铠装热电偶测量端宜位于管道中心处且弯曲段长度应大于热电偶直径 6 倍以上。

（2）铠装热电偶在管道倾斜安装。铠装热电偶安装示例 2 如图 2-22 所示，铠装热电偶在管道倾斜安装时，测量端宜位于管道中心处且保证铠装热电偶插入深度应为热电偶直径 10 倍以上，测量端须迎着介质流动方向。

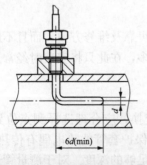　　　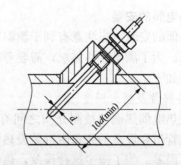

图 2-21　铠装热电偶安装示例 1　　　图 2-22　铠装热电偶安装示例 2

（3）铠装热电偶测量工件内部温度的安装。铠装热电偶安装示例 3 如图 2-23 所示，铠装热电偶测量工件内部温度时，铠装热电偶测量端宜与被测物表面接触，以提高测温准确性和响应速度。

（4）铠装热电偶在管道垂直安装。铠装热电偶安装示例 4 如图 2-24 所示，选型时要合理选择铠装热电偶插入深度，且宜使测量端位于管道中心处。

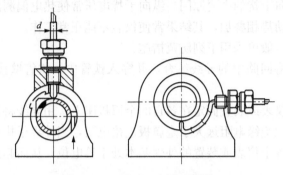
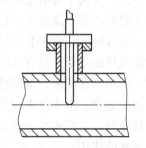

图 2-23 铠装热电偶安装示例 3　　　　　　　图 2-24 铠装热电偶安装示例 4

（5）铠装热电偶在弯曲管道安装。铠装热电偶安装示例 5 如图 2-25 所示，在弯曲管道安装铠装热电偶时，铠装热电偶测量端应处于管道中心处且迎着介质流动方向。

（6）铠装热电偶在容器上安装。铠装热电偶安装示例 6 如图 2-26 所示，铠装热电偶需要结合现场工况合理选择插入深度，最短插入深度不得低于热电偶直径 10 倍。

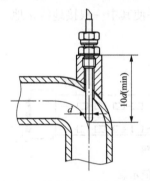
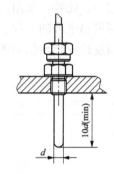

图 2-25 铠装热电偶安装示例 5　　　　　　图 2-26 铠装热电偶安装示例 6

（7）铠装热电偶埋入工件内部安装。铠装热电偶安装示例 7 如图 2-27 所示，铠装热电偶埋入工件内部测温时，宜使测量端埋入工件的长度不低于热电偶直径 10 倍。

（8）铠装热电偶测量物体表面温度的安装。铠装热电偶安装示例 8 如图 2-28 所示，铠装热电偶测量物体表面温度时，宜使测量端有不低于直径 10 倍的长度紧贴物体表面，也可以

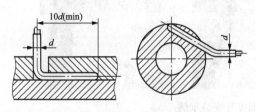
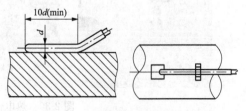

图 2-27 铠装热电偶安装示例 7　　　　　　图 2-28 铠装热电偶安装示例 8

在测量端焊接感温块，让感温块与物体表面紧密接触。

3. 外界干扰防范措施

外界干扰源的干扰电压通常通过电路的漏电电阻引到测温回路中；另外，干扰源还以电场或磁场的形式与测温回路相耦合。测温回路对地的漏电电阻和回路另一接地点间形成分路而引起平行干扰，是产生纵向干扰的主要原因；测温回路受低电压大电流电器设备及导线的电磁感应所产生的垂直干扰，是引起横向干扰的主要原因。纵向干扰电压常使热电偶测温电动势被分流，横向干扰电压则和测温电动势相叠加，其结果常使仪表不能正常工作。

为了提高测温回路的抗干扰能力，一般可采用下列防范措施：

（1）导线屏蔽：对于非交导线，可将回路中的导线绞合，并穿入铁管中，铁管壁接地，这对于防范外磁场干扰是有效的。

（2）测量装置屏蔽：将回路中各个仪表或装置固定在各自的金属板座上，用导线将这些金属板连接起来。由于仪表或装置的对地绝缘电阻远大于金属板连接电阻，当外界干扰电流通过金属板时，它沿连接导线流通，使各个仪表或装置的外壳基本处于等电位，从而起到了低阻屏短路的作用。

（3）合理接地：接地点应避免由于公共地线阻抗的交连而产生各自信号的相互耦合及干扰。在仪表信号输入端直接接地或用大电容接地，虽对消除对地干扰电压有一些作用，但不能消除线间干扰电压。若将热电偶的测量端接地，接地式热电偶示意如图 2-29 所示，则测量端电位几乎和地电位一致，这对于抑制对地干扰能取得较好的效果。

（4）热电偶浮空：热电偶及其测量回路浮空（对地绝缘电阻），是使热电偶避开纵向干扰电压的有效方法之一。此外，采用三线式热电偶并使其中一根接地线接地，也可减小纵向干扰电压对热电偶测量热电势的干扰。

某电厂热电偶温度计安装示例如图 2-30 所示。

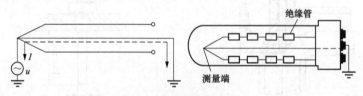

图 2-29　接地式热电偶示意

图 2-30　热电偶温度计安装示例

五、热电偶常见故障现象分析与处理

热电偶常见故障现象、原因与处理方法见表 2-10。

表 2-10　　　　　　　　　　热电偶常见故障现象、原因与处理方法

序号	故障现象	故障原因	处理方法
1	热电势比实际值小（显示仪表指示值偏低）	热电极短路	找出短路原因：如因潮湿造成短路，需要干燥热电极；如因绝缘子损坏导致短路，需更换绝缘子
		热电偶的接线柱处积灰造成短路	清扫积灰
		补偿导线线间短路	找出短路点，加强绝缘或更换补偿导线
		热电极变质	长度允许时剪去变质段，重新焊接，或者更换热电偶
		补偿导线与热电偶极性接反	重接热电偶和补偿导线
		补偿导线与热电偶不配套	更换配套的补偿导线
		冷端温度补偿器与热电偶不配套	更换配套的冷端温度补偿器
		冷端温度补偿器与热电偶极性接反	重接热电偶和冷端温度补偿器
		显示仪表按热电偶不配套	更换配套的显示仪表
		显示仪表未进行机械零点校正	正确进行仪表机械零点调整
		热电偶安装位置不当或插入深度不符合要求	按规定重新安装
2	热电势比实际值大（显示仪表指示值偏高）	补偿导线与热电偶不配套	更换配套的补偿导线
		显示仪表与热电偶不配套	更换配套的显示仪表
		冷端温度补偿器与热电偶不配套	更换配套的冷端温度补偿器
		有直流干扰信号	找到干扰源，消除直流干扰信号
3	热电势输出不确定	热电偶接线柱与热电极接触不良	拧紧接线柱螺钉
		热电偶测量线路绝缘破损，引起断续短路或接地	找出故障点，恢复绝缘
		热电偶安装不牢或外部振动	紧固热电偶，消除振动或采用减振措施
		热电极将断未断	修复或更换热电偶
		外界干扰（如交流漏电、电磁场等）	找出干扰源，采取屏蔽措施
4	热电势误差大	热电极变质	更换热电偶
		热电偶安装位置不当	更换安装位置
		保护套管表面积灰	消除积灰

以下为温度元件在生产应用中间歇性瞬间变化的情况也请注意。

（1）温度突然增大：此故障多为热电阻（热电偶）断路、接线端子松动、（补偿）导线断、温度失灵等故障的前兆，这时需要了解该温度所处的位置及接线布局，用万用表的电阻（热电偶毫伏）挡在不同的位置分别测量几组数据就能很快找出原因。

（2）温度突然减小：此故障多为热电偶或热电阻短路、导线短路及温度失灵等故障前兆。要从接线口、导线拐弯处等容易出故障的薄弱点入手，一一排查。现场温度升高，而总控指示不变，多为测量元件处有沸点较低的液体（水）所致。

（3）温度出现大幅度波动或快速震荡：此时应主要检查工艺操作情况。

流 量 测 量

  流量测量是工业测量的常见方法，在工业控制领域，如电力、冶金、化工、石油、食品等行业，获得了广泛应用。凡涉及质量互变的过程，都需要用到流量测量，流量仪表是进行流量测量的工具，根据测量原理的不同，测量仪表可以分为很多种类，随着现代测量方法的发展，流量仪表也从最初的差压式、容积式、电磁式等逐渐发展，不仅结构更加简洁，功能也日趋多样。流量仪表测量的精确与否，直接关系到工业控制过程的正确、稳定实现，与我国国民经济发展有着直接联系，所以，掌握常见流量仪表的原理，了解典型流量仪表在自动化系统中的应用，对提高工业自动化水平和仪表装备水平具有重要意义。

  流量测量方法和仪表的种类繁多，分类方法也很多。至今为止，可供工业用的流量仪表种类达 60 种之多。品种如此之多的原因就在于至今还没找到一种对任何流体、任何量程、任何流动状态以及任何使用条件都适用的流量仪表。

  流量测量方法大致可以归纳为以下几类：

  （1）利用伯努利方程原理，通过测量流体差压信号来反映流量的差压式流量测量法；

  （2）利用标准小容积来连续测量流量的容积式测量；

  （3）通过直接测量流体流速来得出流量的速度式流量测量法；

  （4）以测量流体质量流量为目的的质量流量测量法。

  四类流量仪表的工作原理及特点等见表 3-1。

表 3-1   四类流量仪表的工作原理及特点

类别	工作原理	仪表名称		可测流体种类	适用管径 /mm	测量精确度 /%	安装要求、特点
差压式流量计	流体流过管道中的阻力件时产生的压力差与流量之间有确定关系，通过测量差压值求得流量	节流式	孔板	液、气、蒸汽	50～1000	±1～2	需直管段，压损大
			喷嘴		50～500		需直管段，压损中等
			文丘里管		100～1200		需直管段，压损小
		均速管		液、气、蒸汽	25～9000	±1	需直管段，压损小
		转子流量计		液、气	4～150	±2	垂直安装
		靶式流量计		液、气、蒸汽	15～200	±1～4	需直管段
		弯管流量计		液、气	—	±0.5～5	需直管段，无压损
容积式流量计	直接对仪表排出的定量流体计数确定流量	椭圆齿轮流量计		液	10～400	±0.2～0.5	无直管段要求，需装过滤器，压损中等
		腰轮流量计		液、气			
		刮板流量计		液		±0.2	无直管段要求，压损小

续表

类别		工作原理	仪表名称	可测流体种类	适用管径/mm	测量精确度/%	安装要求、特点
速度式流量计		通过测量管道截面上流体平均流速来测量流量	涡轮流量计	液、气	4～600	±0.1～0.5	需直管段，装过滤器
			涡街流量计	液、气	150～1000	±0.5～1	需直管段
			电磁流量计	导电液体	6～2000	±0.5～1.5	直管段要求不高，无压损
			超声波流量计	液	>10	±1	需直管段，无压损
质量流量计	直接式	通过直接检测与质量流量成比例的量，测量质量流量	热式质量流量计	气	—	±1	
			冲量式质量流量计	固体粉料	—	±0.2～2	
			科氏质量流量计	液、气	—	±0.15	
	间接式	同时测体积流量和流体密度来计算质量流量	体积流量经密度补偿	液、气	—	±0.5	
			温度、压力补偿		—		

目前，应用较广的几种典型的流量测量设备有差压式流量计、电磁流量计、涡轮流量计、超声波流量计、转子流量计等，以下分别介绍。

第一节　差压式流量计

一、差压式流量计简介

差压式流量计是使用最广泛的一种流量测量仪表，同时也是目前生产中最成熟的流量测量仪表之一。它具有原理简明，设备简单，工作可靠，寿命长，应用技术成熟，容易掌握等特点。

差压式流量计是基于流体流动的节流原理，利用流体流经节流装置时产生的压力差而实现流量测量的。

通常是由能将被测流量转换成差压信号的节流装置和能将此差压转换成对应的流量值显示出来的差压计（或差压变送器）以及显示仪表所组成。

流体在有节流装置的管道中流动时，在节流装置前后的管壁处，流体的静压力产生差异的现象称为节流现象。

节流装置就是在管道中放置的一个局部收缩元件，应用最广泛的是孔板，其次是喷嘴、文丘里管。

二、差压式流量计的工作原理及结构组成

1. 差压式流量计的基本结构

差压式流量计（如图 3-1 所示）由节流装置、引压导管和二次装置（差压变送器和流量显示仪表）组成。节流装置将被测流体的流量转换成差压信号，信号管路把差压信号传输到差压变送器或差压计。差压计对差压信号进行测量并显示出来，差压变送器将差压信号转换为与流量相对应的标准电信号或气信号，通过显示仪表进行显示、记录与控制。节流装置安装于管道中产生差压，节流件前后的差压与流量呈开方关系；引压导管取节流装置前后产生的差压，传送给差压变送器；差压变送器产生的差压转换为标准电信号（4～20mA）送入显示仪表显示或控制装置中参加控制。

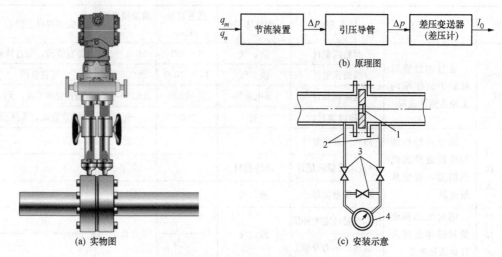

图 3-1　差压式流量计

1—节流元件；2—引压管路；3—三阀组；4—差压计

2. 工作原理

差压式流量计是根据安装于管道中流量检测件产生的差压、已知的流体条件和检测件与管道的几何尺寸来计算流量的仪表。

充满管道的流体，当它流经管道内的节流件（如孔板、喷嘴等）时，流速将在节流件处形成局部收缩，因而流速增加，静压力降低，于是在节流件前后便产生了差压 Δp。流体流量越大，产生的差压越大，这样可依据差压来衡量流量的大小。根据流动连续性方程（质量守恒定律）和伯努利方程（能量守恒定律）可得出差压与流体流量之间的关系式为 $q_m = \alpha A \sqrt{\Delta p \cdot \rho}$ 或 $q_v = \alpha A \sqrt{\Delta p / \rho}$。如果节流孔面积 A 和流体密度 ρ 一定，即可算出流量值 q_m 或 q_v，节流装置就是根据这个原理测量流体流量的。

3. 节流装置

节流装置按其标准化程度分标准节流装置和非标准节流装置。

按照标准文件设计、制造、安装和使用，无须经实流校准即可确定其流量值并估算流量测量误差称为标准节流装置。

成熟程度较差，尚未列入标准文件的检测件列入非标准节流装置。

标准节流装置（如图 3-2 所示）包括标准节流件、取压装置和前后直管道。节流件的形式有很多，有标准孔板、标准喷嘴、文丘利管、1/4 圆喷嘴等。还可以利用管道上的管件（弯头等）所产生的差压来测量流量，但由于差压值小，影响因素很多，很难测量准确。

现在，罗斯蒙特公司又推出一种新的流量孔板，称作"调整型板"，中间不是一个孔，而是 4 个小孔。其特点是前、后的直管段只要求 $2D$，并且和差压变送器组合安装在一起，非常方便。

三、差压式流量计调校

这种仪表的校验就是校验差压变送器。一般每年大修时校一次。

四、差压式流量计的安装

标准节流装置的流量系数是在节流件上游侧 $1D$ 处形成流体典型紊流流速分布的状态下

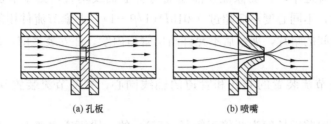

(a) 孔板　　　　　　　　　　　　　(b) 喷嘴

图 3-2　标准节流装置

取得的。如果节流件上游侧 $1D$ 长度以内有旋涡或旋转流等情况，则引起流量系数的变化，故安装节流装置时必须满足规定的直管段条件。

1. 节流件上下游侧直管段长度的要求

安装节流装置的管道上往往有拐弯、扩张、缩小、分岔及阀门等局部阻力出现，它们将严重扰乱流束状态，引起流量系数变化，这是不允许的。因此在节流件上下游侧必须设有足够长度的直管段。节流装置管段与管件如图 3-3 所示。在节流件 3 的上游侧有两个局部阻力件 1、2，节流装置的下游侧也有一个局部阻力件 5。在各阻力件之间

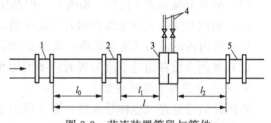

图 3-3　节流装置管段与管件

1—上游侧第二个局部阻力件；2—上游侧第一个局部阻力件；3—节流元件；4—差压信号传递导管；5—下游侧第一个局部阻力件

的直管段的长度分别为 l_0、l_1 和 l_2。如在节流装置上游侧只有一个局部阻力件 2，就只需 l_1 和 l_2 直管段。直管段必须是圆形截面，其内壁要清洁，并且尽可能光滑平整。

节流件上下游侧最小直管段长度与节流件上游侧局部阻力件形式和直径比 β 有关。如果节流件上游侧与敞开容器或直径大于 $2D$ 的容器相连时，由容器至节流装置的直管段应大于 $30D(15D)$。节流件前如安装温度计套管时，此套管也是一个阻力件，此时确定 l_1 原则：当温度计套管直径 $0.03D$ 时，$l_1 = 5D(3D)$；当套管直径为（$0.03 \sim 0.13$）D 时，$l_1 = 20D(10D)$。在节流件前后 $2D$ 长的管道上，管道内壁不能有任何凸出的对象，安装的垫圈都必须与管道内壁齐平，也不允许管道内壁有明显的粗糙不平现象。在节流件上游侧管道的 $0D$、$1/2D$、$1D$、$2D$ 处取与管道轴线垂直的 4 个截面，在每个截面上，以大致相等的角距离取 4 个内径的单测值，这 16 个单测值的平均值即为设计节流件时所用的管道内径。任意单测值与平均值的偏差不得大于 $\pm 0.3\%$，这是管道圆度要求。在节流件后的 l_2 长度上也是这样测量直径的，但圆度要求低，只要任何一个单侧值与平均值的偏差在 $\pm 2\%$ 以内就可以。在测量准确度要求较高的场合，为了满足上述要求，应将节流件、环室（或夹紧环）和上游侧 $10D$ 及下游侧 $5D$ 长的测量管先行组装，检验合格后再接入主管道，这种组装的节流装置目前我国已有生产厂可供订购。

2. 节流件的安装使用

安装节流件时必须注意它的方向性，不能装反。例如孔板以直角入口为"＋"方向，扩散的锥形出口为"－"方向，安装时必须使孔板的直角入口侧迎向流体的流向。

节流件安装在管道中时，要保证其前端面与管道轴线垂直，偏差不超过 l_0；还要保证其开孔与管道同轴，不同心度不应超过 $0.015D(1/\beta-1)$。夹紧节流件用的垫片，包括环室或法兰与节流件之间的垫片，夹紧后不允许凸出管道内壁。在安装之前，最好对管道系统进行冲洗和吹灰。

（1）必须保证节流装置的开孔和管道的轴线同心，并使节流装置端面与管道的轴线垂直。

（2）在节流装置前后长度为两倍于管径（$2D$）的一段管道内壁上，不应有凸出物和明显的粗糙或不平现象。

（3）任何局部阻力（如弯管、三通管、闸阀等）均会引起流速在截面上重新分布，引起流量系数变化。所以在节流装置的上、下游必须配置一定长度的直管。

（4）标准节流装置（孔板、喷嘴）一般都用于直径 $D \geqslant 50mm$ 的管道中。

（5）被测介质应充满全部管道并且连续流动。

（6）管道内的流束（流动状态）应该是稳定的。

（7）被测介质在通过节流装置时应不发生相变。

3. 差压计信号管路的安装

差压计信号管路（也称导压管）要正确地安装，防止堵塞与渗漏，否则会引起较大的测量误差。信号管路应按最短的距离敷设，一般总长度不超过 $60m$。对于不同的被测介质，导压管的安装也有不同的要求，分类讨论如下：

（1）测量液体的流量时，应该使两根导压管内都充满同样的液体而无气泡，以使两根导压管内的液体密度相等。

1）取压点应该位于节流装置的下半部，与水平线夹角 α 为 $0° \sim 45°$，测量液体流量时的取压点位置如图3-4所示。

2）引压导管最好垂直向下，如条件不许可，导压管也应下倾一定坡度（至少 $1:20 \sim 1:10$），使气泡易于排出。

3）在引压导管的管路中，应有排气的装置，测量液体流量时的连接如图3-5所示。

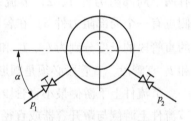

图3-4　测量液体流量时的取压点位置

（2）测量气体流量时基本原则如下：

1）取压点应在节流装置的上半部。

2）引压导管最好垂直向上，至少也应向上倾斜一定的坡度，以使引压导管中不滞留液体。

3）如果差压计必须装在节流装置之下，则需加装储液罐和排放阀，测量气体流量时的连接如图3-6所示。

（3）测量蒸汽的流量时，要实现上述的基本原则，必须解决蒸汽冷凝液的等液位问题，以消除冷凝液液位的高低对测量精确度的影响。测量蒸汽流量的连接如图3-7所示。

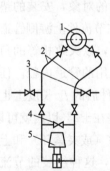
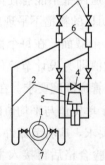

(a) 引压导管向下安装示意　　(b) 引压导管向上安装示意

图3-5　测量液体流量时的连接

1—节流装置；2—引压导管；3—放空阀；4—平衡阀；
5—差压变送器；6—储气罐；7—切断阀

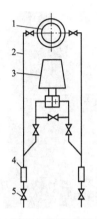

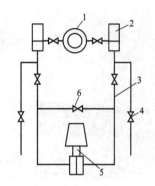

图 3-6 测量气体流量时的连接

1—节流装置；2—引压导管；

3—差压变送器；4—储液罐；5—排放阀

图 3-7 测量蒸汽流量的连接

1—节流装置；2—凝液罐；3—引压导管；

4—排放阀；5—差压变送器；6—平衡阀

由引压导管接至差压计或变送器前，必须安装切断阀 1、2 和平衡阀 3，差压计阀组安装示意如图 3-8 所示。

测量腐蚀性（或因易凝固不适宜直接进入差压计）的介质流量时，必须采取隔离措施。常用的两种隔离罐形式如图 3-9 所示。

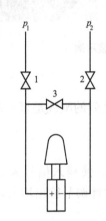

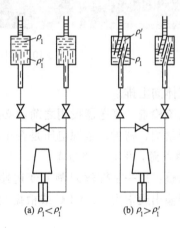

图 3-8 差压计阀组安装示意

1、2—切断阀；3—平衡阀

图 3-9 常用的两种隔离罐形式

汉川发电有限公司差压式流量计现场安装示例如图 3-10 所示。

五、差压式流量计的投用

1. 使用前的准备

（1）检查阀门的状态。通常情况下，该测量系统最多有 7 个阀门：高、低压侧引压阀；高、低压侧排污阀；三阀组（高、低压侧截止阀、平衡阀）。投用前，除了三阀组的平衡阀要全开以外，其他阀门都要全关。

（2）排液或排气。变送器测量部的导压管内若有积液或气体存在，会引起测量误差，必须排去。其方法：慢慢拧开排液螺钉，排去测压部内的残液或气体，排空后拧紧螺钉。液体

图 3-10　差压式流量计现场安装示例

向下排，气体向上排。

（3）系统检查。变送器投用之前，必须先检查仪器之间的配线是否正确；变换部、外端子箱盖是否紧固、密封；电源电压是否正确等。

2. 接通电源，做好投用准备

零点调整：用一字螺丝刀调节变送器上的调零螺钉，使输入信号为零时，仪表指示为零（变送器输出通常为 4mA DC 或根据实际选择）。顺时针调节输出增大，反时针调节输出减少。

3. 投用

（1）缓慢打开高、低压侧引压阀，将介质压力引入导压管。

（2）缓慢打开高压侧截止阀，将介质压力施加给变送器的高、低压两侧。

（3）关闭平衡阀。

（4）缓慢打开低压侧截止阀。投用结束。

4. 停机

（1）关闭低压侧截止阀。

（2）打开平衡阀。

（3）关闭高压侧截止阀。

（4）关闭高、低压侧引压阀。停机结束。

5. 仪表的维护

一般情况下，这种流量计没有什么维护工作量，只要取压口不堵就行，若堵了就要进行处理。

六、差压式流量计常见故障现象及处理和典型缺陷分析与处理

差压式流量计常见故障现象、原因及处理方法见表3-2。

表3-2   差压式流量计常见故障现象、原因及处理方法

序号	故障现象	故障原因	处理方法
1	指示为零或移动很小	平衡阀未全部关闭或泄漏	关闭平衡阀，修理或换新
		节流装置根部高低压阀未打开	打开
		节流装置至差压计间阀门、管路堵塞	冲洗管路，修复或换阀
		蒸汽导压管未完全冷凝	待完全冷凝后开表
		节流装置和工艺管道间衬垫不严密	拧紧螺栓或换垫
		差压计内部故障	检查、修复
2	指示在零下	高低压管路反接	检查并正确连接好
		信号线路反接	检查并正确连接好
		高压侧管路严重泄漏或破裂	换件或换管道
3	指示偏低	高压侧管路不严密	检查、排除泄漏
		平衡阀不严或未关紧	检查、关闭或修理
		高压侧管路中空气未排净	排净空气
		差压计或二次仪表零位失调或变位	检查、调整
		节流装置和差压计不配套，不符合设计规定	按设计规定更换配套的差压计
4	指示偏高	低压侧管路不严密	检查、排除泄漏
		低压侧管路积存空气	排净空气
		蒸汽等的压力低于设计值	按实际密度补正
		差压计零位漂移	检查、调整
		节流装置和差压计不配套，不符合设计规定	按规定更换配套差压计
5	标尺超出标尺上限	实际流量超过设计值	换用合适范围的差压计
		低压侧管路严重泄漏	排除泄漏
		信号线路有断线	检查、修复
6	流量变化时指示变化迟钝	连接管路及阀门有堵塞	冲洗管路、疏通阀门
		差压计内部有故障	检查排除
7	指示波动大	流量参数本身波动太大	高低压阀适当关小
		测压元件对参数波动较敏感	适当调整阻尼作用
8	指示不动	防冻设施失效，差压计及导压管内液压冻住	加强防冻设施的效果
		高低压阀未打开	打开高低压阀

第二节　超声波流量计

一、超声波流量计简介

目前的工业流量测量普遍存在着大管径、大流量测量困难的问题，这是因为一般流量计随着测量管径的增大会引来制造和运输困难、造价提高、能损加大、安装不便等问题，超声波流量计可避免这些问题。因为各类超声波流量计均可管外安装、非接触测流，仪表造价基本上与被测管道口径大小无关，而其他类型的流量计随着口径增加，造价会大幅度增加。

超声波流量计是近十几年来随着集成电路技术迅速发展才开始应用的一种非接触式仪表，适于测量不易接触和观察的流体以及大管径流量。它与水位计联动可进行敞开水流的流量测量。使用超声波流量计不用在流体中安装测量元件，故不会改变流体的流动状态、不产生附加阻力，仪表的安装及检修均可不影响生产管线运行，因而是一种理想的节能型流量计。

超声波流量计被认为是较好的大管径流量测量仪表，多普勒法超声波流量计可测双相介质的流量，故可用于下水道及排污水等脏污流的测量。在发电厂中，用便携式超声波流量计测量水轮机进水量、汽轮机循环水量等大管径流量，比过去的皮托管流速计方便得多。超声波流量计也可用于气体测量。管径的适用范围从 2cm 到 5m，从几米宽的明渠、暗渠到500m 宽的河流都可适用。

根据检测方式不同，超声波流量计可分为传播速度差法、多普勒法、波束偏移法、噪声法、相关法等不同类型的超声波流量计。

二、超声波流量计工作原理及结构

1. 超声波流量计工作原理

超声波在流动的流体中传播时就载上流体流速的信息。因此通过接收到的超声波就可以检测出流体的流速，从而换算成流量。

超声脉冲穿过管道从一个传感器到达另一个传感器，就像一个渡船的船夫在横渡一条河。

当气体不流动时，超声脉冲以相同的速度（声速，c）在两个方向上传播。如果管道中的气体有一定流速 v（该流速不等于零），则顺着流动方向的声脉冲会传输得快些，而逆着流动方向的声脉冲会传输得慢些。这样，顺流传输时间 t_D 会短些，而逆流传输时间 t_U 会长些。这里所说的长些或短些都是与气体不流动时的传输时间相比而言；在同一传播距离就有不同的传输时间，根据传输速度之差与被测流体流速之间的关系测出流体的流速，从而测出流量。即超声波流量计是利用声速差计算流体速度，并以流体速度乘以面积计算体积流量。通常超声波流量计的探头，即换能器与表体之间有一个入射角，从 60°到 45°。超声波在一对探头之间传播，如果没有流体，也就是 0 流量的情况下，来回的传播时间是一样的，那么相当于流速为零。一旦有流体，则超声波在一对探头之间来回的速度是不一样的。不管流体流向，都会产生声速差，如果设定一个方向为正常流向，那么正常声速应该是正数，如果声速差为负，则说明流向相反，也就是可以反向计量，两个方向的计量精确度是一样的。

超声波流量计（以下简称 USF）是通过检测流体流动时对超声束（或超声脉冲）的作用，来测量体积流量的仪表。我们主要针对用于测量封闭管道液体流量的 USF。封闭管道用 USF 按测量原理分类分为：①传播时间法；②多普勒效应法；③波束偏移法；④相关法；⑤噪声法。

我们将讨论用得最多的传播时间法和多普勒效应法的仪表。利用传播速度之差与被测流体流速的关系求取流速，称为传播时间法；多普勒（效应）法是利用在静止（固定）点检测从移动源发射声波产生多普勒频移现象，超声波测量原理如图 3-11 所示。

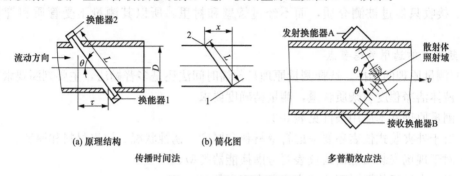

图 3-11　超声波测量原理

超声波流量计和电磁流量计一样，因仪表流通通道未设置任何阻碍件，均属无阻碍流量计，是适于解决流量测量困难问题的一类流量计，特别在大口径流量测量方面有较突出的优点。

2. 超声波流量计基本结构

超声波流量计主要由超声换能器（或由换能器和测量管组成的超声流量传感器）＋转换器组成，其外形及结构如图 3-12 所示。转换器在结构上可分为固定盘装式和便携式转换器，换能器和转换器之间由专用信号传输电缆连接，在固定测量的场合需在适当的地方装接线盒。夹装式换能器通常还需配用安装夹具和耦合剂。

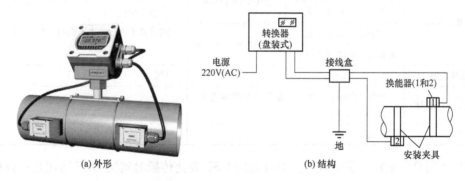

图 3-12　超声波流量计外形及结构

根据超声波换能器使用不同可分为：外贴式、管段式、插入式三种超声波流量计。

（1）外贴式。外贴式超声波流量计是生产最早，用户最熟悉且应用最广泛的超声波流量计，安装换能器无需管道断流，即贴即用，它充分体现了超声波流量计安装简单、使用方便的特点。

（2）管段式。某些管道因材质疏、导声不良，或者锈蚀严重，衬里和管道内空间有间隙等原因，导致超声波信号衰减严重，用外贴式超声波流量计无法正常测量，所以产生了管段式超声波流量计。

管段式超声波流量计把换能器和测量管组成一体，解决了外贴式流量计在测量中的这个难题。管段式超声波测量计测量精确度也比其他超声波流量计要高，但同时也牺牲了外贴式超声波流量计不断流安装这一优点，要求切开管道安装换能器。

（3）插入式。插入式超声波流量计介于上述二者中间。在安装上可以不断流，利用专门工具在有水的管道上打孔，把换能器插入管道内，完成安装。由于换能器在管道内，其信号的发射、接收只经过被测介质，而不经过管壁和衬里，所以其测量不受管质和管衬材料限制。

3. 超声波的选用考虑要点

（1）测量原理的选择。选择测量原理是传播时间法还是多普勒法，主要判断要素有：

1）液体洁净程度或杂质含量，测量精确度要求。

2）测量原理基本适用条件见表 3-3。

3）对于外夹装式仪表还要考虑管壁材料和厚度、锈蚀状况、衬里材料和厚度。

4）对于现场安装换能器式仪表要考虑换能器类型。

5）对于大管径传播时间法仪表要考虑声道数。

表 3-3 测量原理基本适用条件

条件	传播时间法		多普勒效应法
适用液体	水类（江河水、海水、农业用水等），油类（纯净燃油、润滑油、食用油等），化学试剂，药液等		含杂质多的水（下水、污水、农业用水等），浆类（泥浆、矿浆、纸浆化工料浆等），油类（非净燃油、重油、原油等）
适用悬浮颗粒含量	体积含量<1%（包括气泡）时不影响测量准确度		浊度>50～100mg/L
仪表基本误差	带测量管段式	$\pm(0.5-1)\%R$	$\pm(3\sim10)\%FS$ 固体粒子含量基本不变时$\pm(0.5\sim3)\%$
	湿式大口径多声道		
	湿式小口径单声道	$\pm1.5\%R\sim\pm3\%R$	
	夹装式（范围度 20：1）		
重复性误差	0.1%～0.3%		1%
信号传输电缆长度	100～300m，在能保证信号质量的前提下，可以小于 100m		<30m
价格	较高		一般较低

（2）适用悬浮颗粒含量的范围。多普勒法 USF 要比传播时间法 USF 适用悬浮颗粒含量上限高得多，而且可以测量连续混入气泡的液体。但是根据测量原理，被测介质中必须含有一定数量的散射体，否则仪表就不能正常工作。

传播时间法 USF 可以测量悬浮颗粒很少的液体，但不能测量含有影响超声波传播的连续混入气泡或体积较大固体物的液体。在这种情况下应用，应在换能器的上游进行消气、沉淀或过滤。在悬浮颗粒含量过多或因管道条件致使超声信号严重衰减而不能测量时，有时可以试着降低换能器频率，予以解决。

（3）测量精确度。传播时间法比多普勒法有较高的测量精确度，高精确度仪表均为多声道仪表。多普勒法 USF 性能因受一些原因所形成的因素影响，整体性能要比传播时间法 USF 低得多。

（4）声道设置和直管段要求。多普勒法 USF 通常只有单套发送和接收换能器；便携式外夹装换能器传播时间法 USF 通常也只有单声道，其他夹装式则也有用双声道者，带测量管段式有单声道和双声道以上，具体如下：

1）传播时间法。传播时间法采用多少声道的主要依据是测量精确度要求和安装仪表管段流动状况（取决于上游阻流件组成和直管段条件），以及管径大小。为了获得流体沿管道中心平行对称地流动，测量点上下游要有足够的长度直管段作有效整流。不能满足时应设置流动调整器。传播时间法 USF 直管段长度要求尚未有国际标准或国家标准规定值，应按制造厂提供的规定。

2）多普勒法。对多普勒法 USF 的直管段要求也没有国际标准和国家标准的规定值。人们对多普勒法 USF 直管段要求程度在看法上也迥然不同。一种看法认为：从原理上讲多普勒法仅测量"照射域"内散射体的流速，其测量值受流速分布影响比传播时间法大。为了尽量减少这种影响，除了采取其他一些方法外，还应保证照射测量域的上下游有足够长度的直管段，以得到较好的流动状态。例如日本电气计测工业会认为多普勒法 USF 所需直管段长度一般应是传播时间法的 1.5 倍。然而另一种看法认为：多普勒法 USF 本身测量精确度等性能较低，流速分布影响相对于总体测量精确度不重要，直管段要求反而降低。例如有仪表制造厂提出只要在测量点上下游保持大于（3～5）DN 的直管段。

（5）换能器类型的选择。

1）传播时间法。本类仪表可采用换能器的类型较多，各厂家换能器结构不同，适用的流体条件（温度、压力等）、管道条件（材质、形状、管径、直管长度等）和安装条件等也不相同。此外还与声道的设置方法有关，而声道的设置方法又与测量精确度和重复性等密切相关。气体用 USF 因固体和气体界面间超声波传播效率非常低，只能用直射式换能器。因此气体流量测量一般不采用外夹装式 USF。

2）多普勒法。本类仪表用的折射式换能器。目前国内产品大部分采用夹装式，但与传播时间法所用的夹装式换能的发射频率等技术性能不同，不能混用。然而两者适用管道条件是基本相同的。

（6）安装布置方面的考虑。

1）安装位置和流动方向。USF 的流量传感部分（超声流量传感器或超声换能器）一般均可安装于水平、倾斜或垂直管道。垂直管道最好选择自下而上流动的场所，若为自上而下，则其下游应有足够的背压，例如有高于测量点的后续管道，以防止测量点出现非满管流。

2）单向流还是双向流。通常为单向流，但也可通过较复杂电子线路，设计成双向流动，此时流量测量点两侧直管段长度均应按上游直管段的要求布置。

3）管道条件。外夹装式 USF 管道内表面积沉积层会产生声波不良传输和偏离预期声道路径和长度，应予避免；外表面因易于处理较少影响。

夹装式换能器和管道接触表面要涂上耦合剂。应注意粒状结构材料（例如铸铁、混凝土）的管道，很可能声波被分散，大部分声波传送不到流体而降低性能。

换能器安装处管道衬里或锈蚀层与管壁之间不能有缝隙。

4）上游流动扰动。与大部分其他流量仪表一样，USF 敏感于流过仪表的流速分布剖面，因此也要求相当长度的上游直管段。

5）防止声干扰。应注意由控制阀高压力降等所形成的声学干扰，特别在测量气体流量时尤为重要，设法避免之。

（7）经济因素方面的考虑。小口径 USF 与其他流量仪表相比价格较贵，然而非管段式 USF 价格并不明显增加。所以用于大口径、超大口径仪表有明显价格优势。多声道仪表有较复杂电子计算部件，价格要高些，因此在要求高精确度的中小管径上应用受到一些限制。然而扰动大而直管段布置受限制的场所，多声道系统可能是仅有的合理解决方案。

三、超声波流量计调校

用 FLB 便携式超声波流量计，对在线流量计进行比对测试，可以达到周期性到计量检定部门送检的目的。只要准确操作，尽量减少随机误差和附加误差，可以达到计量准确度 $\pm 2.5\%$ 的要求。

1. 测量点的选择与管道参数的准确测量

（1）测量点选择在管道上游 10 倍以上管径长度，下游 5 倍以上管径长度的直管段上，如果测量点上游有泵站或弯头，距离应达 35 倍以上的管径长度。同时，测量点处的管道不能有明显的下降坡度。测量点处无焊缝及距承插接口较远，无振动及电磁干扰源等。

（2）对管道直径和管壁厚度，要用大卡尺和测厚仪分别多点测量后取其平均值，管道内径误差 1% 会引起测量值产生 3% 的误差，所以必须准确测量。

（3）要了解清楚管内壁衬里材料及厚度，管壁内结垢情况，有条件时要直接测量其值。

2. 管道参数输入与探头的安装

（1）将测量出的管道直径、壁厚、材质及衬里加上结垢厚度，一起输入到流量计主机中，使其准确计算出探头安装距离。

（2）能够用 V 法安装探头时，尽量用 V 法安装，V 法与 Z 法比较，其声波传输距离增加一倍，对较小的管径来说，减少测量误差非常明显。DN15～200mm 的管道优先选用 V 法，DN200～6000mm 的管道优先选用 Z 法。

（3）测量点管壁，应打磨光亮，无较深的麻坑，严格按流量计计算出的安装距离安装探头，两个探头必须安装在同一轴线上。要将探头所用耦合剂（硅脂或黄油）涂抹均匀，无杂质及小气泡产生。

3. 探头调整与测量

（1）探头安装完毕后，观察信号接收强度值，轻微调整探头安装位置与距离，使信号接收强度值达到 2.0% 以上，经验是 2.4%～3.0% 为最佳。

（2）待流量计主机右上角的"R"角标不闪烁，测量值较稳定时，查看声波传播时间百分比数，该值应在 (100±3)% 之内，否则应调整探头安装位置与距离，使其越接近 100% 越好。开始比对测试前还应将探头安装的实际距离测量一下，并记录备查。

（3）检查被测在线流量计的管道参数输入是否准确，安装位置，探头安装距离及直管段长度等是否符合该流量计的技术要求，符合要求才可进行比对测试。

（4）用秒表同时记录两台流量计的瞬时流量和累积流量，测试时间不应小于 1h，对一天中流量变化较大的管道，应按流速范围分档测试。

4. 相对误差确定及修正

（1）用累积流量值，以 FLB 便携式超声波流量计测量的累积值为真值，计算相对误差，相对误差在 $\pm 2.5\%$ 以内为合格，根据被测在线流量计的测量精确度范围，可相应改变相对误差的允许值。

（2）相对误差在±5%以内时，可直接对被测在线流量计进行误差修正；相对误差大于±5%时，应找流量计生产厂商进行校验，或送计量检定部门进行标定。

5. 比对测试中易出现的问题及对策

（1）在周期性比对测试中，每次测得的相对误差值都不一样。在排除每次比对测试时，管内流量变化较大的情况下，多为测量点不固定、管道参数测量有误引起，应严格测量管道参数，正确安装探头，把相对误差在准许范围内的测量点，作为永久性测量点。可在比对测试完成后，在探头四周的管壁涂刷防腐漆，取下探头后，在安装探头的位置上抹上黄油，并贴上一块塑料布，用以保护测量点。下次测试时，揭掉塑料布，擦掉黄油，用手锤击打测量点，将管道内壁新近结的水垢震掉，按防腐漆所留下的标记，装上探头即可测量，既方便又准确。

（2）声波信号接收很弱或时有时无。在管内充满水的情况下，一种可能是管道内壁结垢太厚，另一种可能是管内含有大量气体，使声波经常被阻断。可先用手锤击打测量点，如果接收的信号强度值不断上升，则说明是管壁内结垢引起的，可继续击打测量点的管壁，使接收信号达到要求为止。如果击打测量点无效，则多为管内含有大量气体所致，排除气体，即可接收到符合要求的稳定的信号强度。

（3）信号接收强度值正常，但是角标"R"不断闪烁，测量值异常大。经常出现角标"H"，使测量中断，可能是因管道顶部聚集大量气泡，不断压缩管道内水流截面，使水流速增大，引起测量值异常，管内动压不断变化，使得声波经常被阻断一段时间。因此，在测量中角标"R"经常会与"H"转换。此时的解决办法是排除管内大量气泡。

（4）信号接收强度始终达不到2%以上，角标显示"H"，无法测量。可查看声波传播时间百分比数。如果该值在90%以下时，常见的为管内含有大量气体，使水流紊乱引起声波被折射或阻断，也应采取排除管内气体方法来解决。

四、超声波流量计安装

超声波流量计在安装之前应了解现场情况，包括：①安装传感器处距主机距离为多少；②管道材质、管壁厚度及管径；③管道年限；④流体类型、是否含有杂质、气泡以及是否满管；⑤流体温度；⑥安装现场是否有干扰源（如变频、强磁场等）；⑦主机安放处四季温度；⑧使用的电源电压是否稳定；⑨是否需要远传信号及种类。

根据以上提供的现场情况，厂家可针对情况进行配置，必要情况下也可特制机型。

1. 安装位置

选择安装管段对测试精确度影响很大，所选管段应避开干扰和涡流这两种对测量精确度影响较大的情况。一般选择管段应满足下列条件：

（1）避免在水泵、大功率电台、变频，即有强磁场和振动干扰处安装机器；

（2）选择管材应均匀致密，易于超声波传输的管段；

（3）要有足够长的直管段，安装点上游直管段必须要大于 $10D$（$D=$直径），下游要大于 $5D$；

（4）安装点上游距水泵应有 $30D$ 距离；

（5）流体应充满管道；

（6）管道周围要有足够的空间便于现场人员操作，地下管道需做测试井。

2. 测量点选择原则

超声波流量计的安装在所有流量计的安装中是最简单便捷的，只要选择一个合适的测量点，把测量点处的管道参数输入到流量计中，然后把探头固定在管道上即可。

为了保证测量精确度，选择测量点时要求选择流体流场分布均匀的部分（超声波流量计测量点选择如图 3-13 所示），一般应遵循下列原则：

（1）选择充满流体的材质均匀致密、易于超声波传输的管段，如垂直管段（流体向上流动）或水平管段，如图 3-13（a）所示。

（2）安装距离应选择上游大于 10 倍直管径、下游大于 5 倍直管径以内无任何阀门、弯头、变径等均匀的直管段，安装点应充分远离阀门、泵、高压电和变频器等干扰源，如图 3-13（b）所示。

（3）避免安装在管道系统的最高点或带有自由出口的竖直管道上（流体向下流动），如图 3-13（c）所示。

（4）对于开口或半满管的管道，流量计应安装在 U 形管段处，如图 3-13（d）所示。

（5）充分考虑管内壁结垢状况，尽量选择无结垢的管段进行测量。实在不能满足时，需把结垢考虑为衬里以求较好的测量精确度，如图 3-13（e）所示。

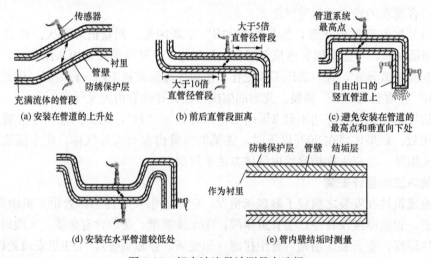

图 3-13　超声波流量计测量点选择

（6）要保证测量点处的温度和压力在传感器可工作范围以内。

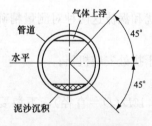

图 3-14　水平管换能器安装位置

（7）两个传感器必须安装在管道轴面的水平方向上，并且在轴线水平位置±45°范围内安装，以防止上部有不满管、气泡或下部有沉淀等现象影响传感器正常测量，水平管换能器安装位置如图 3-14 所示。如果受安装地点空间的限制而不能水平对称安装时，可在保证管内上部分无气泡的条件下，垂直或有倾角地安装传感器，单声道换能器垂直管道位置如图 3-15 所示。

（8）选择管材均匀密致，易于超声波传输的管段，应避开管道有接口和焊缝处，如图 3-16 所示。

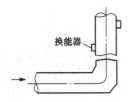

图 3-15 单声道换能器垂直管道安装位置

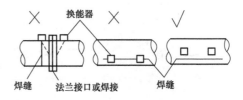

图 3-16 避开接口和焊缝示意

3. 探头安装

在安装探头之前，选择出管材致密部分进行探头安装，须把管外欲安装探头的区域清理干净，除去一切锈迹油漆，最好用角磨机打光，再用干净抹布蘸丙酮或酒精擦去油污和灰尘，最后在探头的中心部分和管壁涂上足够的耦合剂，最后把探头紧贴在管壁上捆绑好。

注意两个探头要安装在管道管轴的水平方向上，两探头水平对齐。

安装探头过程中，千万注意在探头和管壁之间不能有空气泡及沙砾。在水平管段上，要把探头安装在管道截面的水平轴上，以防管内上部可能存在气泡。如果受安装地点空间的限制而不能水平对称安装探头，可在保证管内上部分无气泡的条件下，垂直或有倾角地安装探头。

（1）探头安装方式。探头安装方式共有四种。这四种方式分别是 V 法、Z 法、N 法和 W 法。一般地在小管径时（DN15～200mm）可先选用 V 法；V 法测不到信号或信号质量差时则选用 Z 法，管径在 DN200mm 以上或测量铸铁管时应优先选用 Z 法。N 法和 W 法是较少使用方法，适合 DN50mm 以下细管道。

1）V 法（常用的方法）。V 法一般情况下是标准的安装方法，使用方便，测量准确，V 法安装立体图如图 3-17 所示。可测管径范围为 15mm 至大约 400mm；安装探头时，注意两探头水平对齐，其中心线与管道轴线水平。V 法安装超声波信号行程增加一倍，适用于小管径，管道条件好的流量测量。

图 3-17 V 法安装立体图

2）Z 法（最常用的方法）。当管道很粗或由于液体中存在悬浮物、管内壁结垢太厚或衬里太厚，造成 V 法安装信号弱，机器不能正常工作时，要选用 Z 法安装，Z 法安装立体图如图 3-18 所示。使用 Z 法安装时，超声波在管道中直接传输，没有折射（称为单声程），信号衰耗小。Z 法可测管径范围为 100mm 至 6000mm。实际安装流量计时，建议 200mm 以上的管道都要选用 Z 法（这样测得的信号最大）。Z 法安装主要适用于流体以管轴为对称轴沿管轴平行流动的情形。Z 方式安装的换能器超声波信号强度高，测量的稳定性也好。

3）N 法（不常用的方法）。N 法安装时，超声波束在管道中折射两次穿过流体三次（三个声程），适于测量小管径管道。N 法通过延长超声波传输距离，提高测量精确度（不常用方法）。

图 3-18　Z法安装立体图

4）W法（极不常用的方法）。同N法一样，W法也通过延长超声波传输距离的办法来提高小管测量精确度。适于测量50mm以下的小管。使用W法时，超声波束在管内折射三次，穿过流体四次（四个声程）。

（2）探头安装距离。探头间距以两探头的最内距离边缘为准。

1）将管道参数输入仪表，选择探头安装方式，得出安装距离；

2）在水平管道上，一般应选择管道的中部，避开顶部和底部（顶部可能含有气泡、底部可能有沉淀）；

3）V法安装：先确定一个点，按安装距离在水平位置量出另一个点；

4）Z法安装：先确定一个点，按安装距离在水平位置量出另一个点，然后测出此点在管道另一侧的对称点。

探头根据实际测量管道可分三种：S型传感器（15～100mm），M型传感器（50～700mm），L型传感器（300～6000mm）。

4. 管道处理

确定探头位置之后，在两安装点±100mm范围内，使用角磨砂轮机、锉、砂纸等工具将管道打磨至光亮平滑无蚀坑。

要求：光泽均匀，无起伏不平，手感光滑圆润。需要特别注意，打磨点要求与原管道有同样的弧度，切忌将安装点打磨成平面，用酒精或汽油等将此范围擦净，以利于探头粘接。

5. 接线

探头与仪表接线需参考产品手册探头与仪表的接线图。在接线中需要注意以下事项：

（1）安装时把欲安装传感器的管道区域清理干净，露出金属的原有光泽；

（2）信号电缆的屏蔽线可悬空不接，不要与正、负极（红、黑线）短路；

（3）传感器接好线后须用密封胶（耦合剂）注满，以防进水；

（4）传感器注满密封胶盖好盖后，须将传感器屏蔽线缆进线孔拧好锁紧；

（5）捆绑传感器时应将夹具（不锈钢带）固定在传感器的中心部分，使之受力均匀，不易滑动；

（6）传感器与管道的接触部分四周要涂满足够的耦合剂，以防空气、沙尘进入，影响超声波信号传输。

6. 检查安装

检查安装是指检查探头安装是否合适，是否能够接收到正确的、足够强的、可以使机器正常工作的超声波信号，以确保机器长时间可靠的运行。通过检查接收信号强度、总传输时间、时差以及传输时间比，可确定安装是否最佳。

安装的好坏直接关系到流量值的准确，流量计是否长时间可靠的运行。虽然大多数情形下，把探头简单地涂上耦合剂贴到管壁外，就能得到测量结果，但仍要进行下列的检查，以确保得到最好的测量结果并使流量计长时间可靠的运行。

（1）信号强度。信号强度（窗口菜单 M90 中显示）是指上下游两个方向上接收信号的强度。FV 系列使用 00.0～99.9 的数字表示相对的信号强度。00.0 表示收不到信号；99.9 表示最大的信号强度。

一般情况下，信号强度越大，测量值越稳定可信，越能长时间可靠的运行。

安装时应尽量调整探头的位置和检查耦合剂是否充分，确保得到最大的信号强度。系统能正常工作的条件是两个方向上的信号强度大于 60.0。当信号强度太低时，应重新检查探头的安装位置、安装间距以及管道是否适合安装或者改用 Z 法安装。

（2）信号质量（Q 值）。信号质量简称 Q 值（M90 中显示）是指收信号的好坏程度。FV 系列使用 00～99 的数字表示信号质量。00 表示信号最差；99 表示信号最好，一般要求在 60.0 以上。

信号质量差的原因可能是干扰大，或者是探头安装不好，或者使用了质量差、非专用的信号电缆。一般情形下应反复调整探头，检查耦合剂是否充分，直到信号质量尽可能大时为止。

（3）总传输时间、时差。窗口 93 中所显示的"总传输时间、时差"能反映安装是否合适，因为流量计内部的测量运算是基于这两个参数的，所以当"时差"示数波动太大时，所显示的流量及流速也将跳变厉害，出现这种情况说明信号质量太差，可能是管路条件差，探头安装不合适或者参数输入有误。

在通常情况下，时差的波动应小于±20％。但当管径太小或流速很低时，时差的波动可能稍大些。

（4）传输时间比。传输时间比用于确认探头安装间距是否正确。在安装正确的情况下传输比应为 100±3。传输时间比可以在 M91 中进行查看。

当传输比超出 100±3 的范围时，应检查参数（管外径、壁厚、管材、衬里等）输入是否正确、探头的安装距离是否与 M25 中所显示的数据一致、探头是否安装在管道轴线的同一直线上、是否存在太厚的结垢、安装点的管道是否椭圆变形等。

7. 操作步骤

（1）观察安装现场管道是否满足直管段前 10D 后 5D 以及离泵 30D 的距离（D 为管道内直径）。

（2）确认管道内流体介质以及是否满管。

（3）确认管道材质以及壁厚（充分考虑到管道内壁结垢厚度）。

（4）确认管道使用年限，在使用 10 年左右的管道，即使是碳钢材质，最好也采用插入式安装。

（5）前四步骤完成后可确认使用何种传感器安装。

（6）开始向表体输入参数以确定安装距离。

（7）精确测量出安装距离（非常重要）。外夹式可选安装传感器大概距离，然后不断调试活动传感器以达到信号和传输比最好的匹配。插入式使用专用工具测量管道上安装点距离，这个距离很重要，它直接影响表的实际测量精度，所以最好进行多次测量以求较高精度。

（8）安装传感器—调试信号—做防水—归整好信号电缆—清理现场线头等废弃物—安装结束—验收签字。

8. 安装时注意的问题

（1）输入管道参数必须正确、与实际相符，否则流量计不可能正常工作。

（2）安装时要使用足够多的耦合剂把探头粘贴在管道壁上，一边察看主机显示的信号强度和信号质量值，一边在安装点附近慢慢移动探头直到收到最强的信号和最大的信号质量值。管道直径越大，探头移动范围越大。然后确认安装距离是否与 M25 所给探头安装距离相吻合、探头是否安装在管道轴线的同一直线上。特别注意钢板卷成的管道，因为此类管道不规则。如果信号强度总是 0.00 字样说明流量计没有收到超声波信号，检查参数（包括所有与管道有关参数）是否输入正确、探头安装方法选择是否正确、管道是否太陈旧、是否其衬里太厚、管道有没有流体、是否离阀门弯头太近、是否流体中气泡太多等。如果不是这些原因，还是接收不到信号，只好换另一测量点试试，或者选用插入式传感器。

（3）确认流量计是否正常可靠的工作：信号强度越大、信号质量 Q 值越高，流量计越能长时间可靠工作，其显示的流量值可信度越高。如果环境电磁干扰太大或是接收信号太低，则显示的流量值可信度就差，长时间可靠工作的可能性就小。

（4）安装结束时，要将仪器重新上电，并检查结果是否正确。

某厂超声波流量计现场安装的江边取水流量测量和低压生消水泵出口流量测量如图 3-19、图 3-20 所示。

图 3-19　江边取水流量测量

图 3-20　低压生消水泵出口流量测量

五、超声波流量计常见故障现象、原因及处理方法和典型缺陷分析与处理

超声波流量计常见故障现象、原因及处理方法见表 3-4。

表 3-4　　　　　　　　　　超声波流量计常见故障现象、原因及处理方法

序号	故障现象	故障原因	处理方法
1	无信号	换能器与主机之间连线断开	重新连接
2	信号强度不够	出现的电源污染	净化电源
		换能器位置移动	重新调整换能器位置
3	瞬时流量稳定，但比实际值偏大	换能器出现故障	更换换能器
4	瞬时流量波动大	流体收到干扰，流态不稳	更换换能器位置
		主机阻尼系数设置太小	增加阻尼系数
5	瞬时与累计流量不一致	主机出现故障	更换主机
6	传感器是好的，但流速偏低或没有流速	由于管道外的油漆、铁锈未清除干净	重新清除管道，安装传感器
		管道面凹凸不平或超声波流量计安装在焊接缝处	将管道磨平或远离焊缝处
		管道圆度不好，内表面不光滑，有管衬式结垢。若管材为铸铁管，则有可能出现此情况	选择钢管等内表面光滑管道材质或衬里的地方
		传感器安装玻璃纤维的管道上	将玻璃纤维除去
		传感器安装在套管上，则会削弱超声波信号	将传感器移到无套管的管段部位上
		传感器与管道耦合不好，耦合面有缝隙或气泡	重新安装耦合剂
7	超声波流量计工作正常时，突然超声波流量计不能测量流量了	被测介质发生变化	改变测量方式
		被测介质由于温度过高产生汽化	降温
		被测介质温度超过传感器的极限温度	降温
		传感器下面的耦合剂老化或消耗了	重新涂耦合剂
		由于出现高频干扰使仪表超过自身滤波值	远离干扰源
		计算机内数据丢失	重新输入各项正确的参数
		计算机死机	重新启动计算机

第三节　电　磁　流　量　计

一、电磁流量计简介

电磁流量计（简称 EMF）是 20 世纪五六十年代随着电子技术的发展而迅速发展起来的新型流量测量仪表。电磁流量计是根据法拉第电磁感应定律制成，用来测量导电液体体积流量的仪表。由于其独特的优点，电磁流量计目前已广泛地被应用于工业过程中各种导电液体的流量测量，如各种酸、碱、盐等腐蚀性介质；电磁流量计在各种浆液流量测量中，形成了

独特的应用领域。

二、电磁流量计的基本工作原理及结构

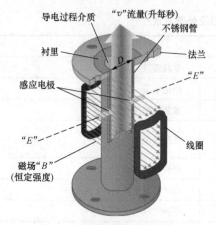

图 3-21　电磁流量计结构原理

电磁流量计测量原理是基于法拉第电磁感应定律，其结构原理如图 3-21 所示。在流过溶液的管道两侧有一对磁极（励磁线圈，产生磁场），另有一对电极安装在与磁力线和管道垂直的平面上，当导电流体以平均速度 v 流过直径为 D 的测量管道时切割磁力线，于是在电极上产生感应电势 E，此感应电势 E 与流体的平均速度 v 成正比（$E \propto v$）。测出此感应电势 E，就能换算出流速 v，也就能知道流量了。

其工作原理与变压器工作原理相似，即电源向励磁线圈提供电流，励磁电流经线圈产生磁场，该磁场作用于导电的介质中形成感应电势，最后从电极上获取与被测流体流速成正比的电压信号。

电磁流量计由电磁流量传感器和转换器两部分组成。传感器安装在工业过程管道上，它的作用是将流进管道内的液体体积流量值线性地变换成感应电势信号，并通过传输线将此信号送到转换器。转换器安装在离传感器不太远的地方，它将传感器送来的流量信号进行放大，并转换成与流量信号成正比的标准的 $4 \sim 20\text{mA}$ DC 信号输出，以进行显示、累积和调节控制。其基本结构及接线如图 3-22 所示。

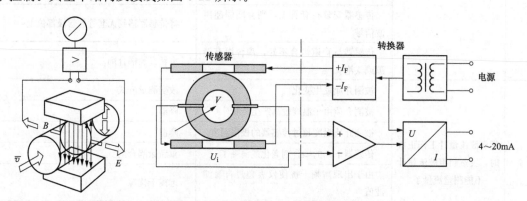

图 3-22　电磁流量计基本结构及接线

导电液体在磁场中做切割磁力线运动时，导体中产生感应电势，其感应电势：$E = kBvD$。式中：k 为仪表常数；B 为磁感应强度；v 为测量管道截面内的平均流速；D 为测量管道截面的内径。

测量流量时，导电性液体以速度 v 流过垂直于流动方向的磁场，导电性液体的流动感应出一个与平均流速成正比的电压，其感应电压信号通过二个或二个以上与液体直接接触的电极检出，并通过电缆送至转换器通过智能化处理，LCD 显示或转换成标准信号 $4 \sim 20\text{mA}$ DC 和 $0 \sim 1\text{kHz}$ 输出。

电磁流量计的使用场合：用于测量导电液体介质流量，介质温度不宜超过 $120℃$，压力不宜超过 1.6MPa，不宜在负压状态下使用，流速不得低于 0.3m/s，被测介质中不能含有较多的磁铁性物质和气泡，被测流体基本无压损，测量精确度可达 0.5%，量程比宽为 1:20，其测量原理为法拉第电磁感应定理。

三、电磁流量计调校

电磁流量计一般无法校正，只能送到制造厂校正。

四、电磁流量计安装

1. 电磁流量计的安装要求

（1）安装地点不能有大的振动源，并应采取加固措施来稳定仪表附近的管道；

（2）不能安装在大型变压器、电动机、机泵等产生较大磁场的设备附近，以免受到电磁场的干扰；

（3）传感器与管道连接时应保证满管运行，最好垂直安装；

（4）变送器外壳、屏蔽电缆、测量本体及两端的管道都要接地，接地极应单独设置，接地电阻应小于 10Ω，不能接到电气或公共接地网上；

（5）要求有前 5 倍后 3 倍管道直径的直管段。

2. 使用时应注意的一般事项

液体应具有测量所需的电导率，并要求电导率分布大体上均匀。因此流量传感器安装要避开容易产生电导率不均匀场所，例如其上游附近加入药液，加液点最好设于传感器下游。

使用时传感器测量管必须充满液体（非满管型例外）。有混合时，其分布应大体均匀。

液体应与地同电位，必须接地。如工艺管道用塑料等绝缘材料时，输送液体产生摩擦静电等原因，造成液体与地间有电位差。

3. 流量传感器安装

（1）安装场所。通常电磁流量传感器外壳防护等级为 IP65（GB/T 4208《外壳防护等级（IP 代码）》规定的防尘防喷水级），对安装场所有以下要求。

1）测量混合相流体时，选择不会引起相分离的场所；测量双组分液体时，避免装在混合尚未均匀的下游；测量化学反应管道时，要装在反应充分完成段的下游；

2）尽可能避免测量管内变成负压；

3）选择振动小的场所，特别对一体型仪表；

4）避免附近有大电机、大变压器等，以免引起电磁场干扰；

5）易于实现传感器单独接地的场所；

6）尽可能避开周围环境有高浓度腐蚀性气体；

7）环境温度在 $-25℃/-10\sim50℃/60℃$，一体形结构温度还受制于电子元器件，范围要窄些；

8）环境相对湿度在 10%～90%；

9）尽可能避免受阳光直照；

10）避免雨水浸淋，不会被水浸没。

如果防护等级是 IP67（防尘防浸水级）或 IP68（防尘防潜水级），则无需上述 8）、10）两项要求。

（2）直管段长度要求。为获得正常测量精确度，电磁流量传感器上游也要有一定长度直管段，但其长度与大部分其他流量仪表相比要求较低。90°弯头、T 形管、同心异径管、全开闸阀后通常认为只要离电极中心线（不是传感器进口端连接面）5 倍直径（5D）长度的直管段，不同开度的阀则需 10D；下游直管段为（2～3）D 或无要求；但要防止蝶阀阀片伸入到传感器测量管内。各标准或检定规程所提出上下游直管段长度也不一致，直管段长度要求见表 3-5，要求比通常要求高。这是由于为保证达到当前 0.5 级精确度仪表的要求。

表 3-5   直管段长度要求

扰流件名称		标准或检定规程号	
		ISO 6817	ISO 9104
上游	弯管、T 形管、全开闸阀、渐扩管	10D 或制造厂规定	10D
	渐缩管		
	其他各种阀		
下游	各类	未提要求	5D

如阀能开使用时，应按阀截流方向和电极轴成 45°安装，则附加误差可大为减少。

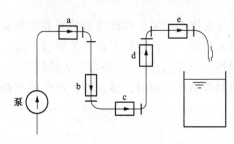

图 3-23　电磁流量计安装位置和流动方向
a、b、e—不良；c、d—良好

（3）安装位置和流动方向。传感器安装方向水平、垂直或倾斜（流体必须水平或倾斜向上方向流动）均可，不受限制，电磁流量计安装位置和流动方向如图 3-23 所示。但要保证测量管与工艺管道同轴。其轴线偏离不得超过 2mm。测量固液两相流体最好垂直安装，自下而上流动。这样能避免水平安装时衬里下半部局部磨损严重，低流速时固相沉淀等缺点。

在传感器邻近管道进行焊接或火焰切割时，要采取隔离措施，防止衬里受热，且必须确认仪表转换器信号线未连接，防止损坏转换器。水平安装时要使电极轴线平行于地平线，不要垂直于地平线，因为处于地部的电极易被沉积物覆盖，顶部电极易被液体中偶存气泡擦过遮住电极表面，使输出信号波动。

（4）旁路管便于清洗连接和预置入孔。为便于在工艺管道继续流动和传感器停止流动时检查和调整零点，应装旁路管。但大管径管系因投资和位置空间限制，往往不易办到。根据电极污染程度来校正测量值，或确定一个不影响测量值的污染程度判断基准是困难的。除前文所述，采用非接触电极或带刮刀清除装置电极的仪表可解决一些问题外，有时还需要清除内壁附着物，不卸下传感器就地清除。

对于管径大于 1.6m 的管系在 EMF 附近管道上，预置入孔，以便管系停止运行时清洗传感器测量管内壁。

（5）负压管系的安装。氟塑料衬里传感器须谨慎地应用于负压管系；正压管系应防止产生负压，例如液体温度高于室温的管系，关闭传感器上下游截止阀停止运行后，流体冷却收缩会形成负压，应在传感器附近装负压防止阀。有制造厂规定 PTFE 和 PFA 塑料衬里应用于负压管系的压力可在 200、1000、1300℃时使用的很好，绝对压力必须分别大于 27、40、50kPa。对于不导电管道，接地法兰夹装在传感器法兰和管道法兰之间。

（6）接地。传感器必须单独接地（接地电阻 100Ω 以下）。分离型原则上接地应在传感器一侧，转换器接地应在同一接地点。如传感器装在有阴极腐蚀保护管道上，除了传感器和接地环一起接地外，还要用较粗铜导线（16mm²）绕过传感器跨接管道两连接法兰上，使阴极保护电流与传感器之间隔离。

4. 转换器及其附件的安装规范

（1）转换器和传感器之间的信号电缆长度不能大于50m，且信号电缆必须用镀锌管套穿。如镀锌管在空中，应把镀锌管用导线可靠接地，接地电阻小于10Ω。

（2）供电电源为220V单向交流电，在仪表箱里面加装空气开关，避雷器和空气开关并联连接，导线从空气开关出来后接一个三相插座。

（3）避雷器接地。避雷器接地线采用长度不能超过1m，截面积大于6mm³的多股铜芯绝缘导线。如附近没有地网，应在避雷器附近做一个简易地网，方法如下：用三条长度为1.5m的扁钢或者角钢，按正三角形排列打入地下，上面用扁钢条把三条扁钢焊接起来，在其中一角焊接螺栓，然后把避雷器接地线接上即可。

科隆电磁流量计的现场安装示例如图3-24所示，ABB电磁流量计的现场安装示例如图3-25所示。

图 3-24　科隆电磁流量计的现场安装示例

图 3-25　ABB电磁流量计的现场安装示例

五、电磁流量计常见故障现象和典型缺陷分析与处理

电磁流量计在运行中产生的故障有两种：一是仪表本身故障，即仪表结构件或元器件损坏引起的故障；二是由外部原因引起的故障，如安装不妥流动畸变、沉积和结垢等。电磁流量计常见故障现象、原因与处理方法见表3-6。

表 3-6   电磁流量计常见故障现象、原因与处理方法

序号	故障现象	故障原因	处理方法
1	仪表无流量信号输出	仪表供电不正常	调整供电
		电缆连接不正常	重新连接
		液体流动状况不符合安装要求	检查液体流动方向和管内液体是否充满
		传感器零部件损坏或测量内壁有附着层	定期进行清理
		转换器元器件损坏	更换损坏的元器件
2	输出值波动	外界杂散电流等产生的电磁干扰	仪表接地、改善运行环境
		电源板松动	重新固定好电路板
3	流量测量值与实际值不符	变送器电路板损坏	更换电路板
		转换器的参数设定值不准确	重新设置
		当液体流速过低时,被测液体中含有微小气泡	保证管道内被测液体的流速在最低流量界限值之上
		信号电缆出现连接不好或绝缘性下降	重新连接或更换新电缆
4	输出信号超满度量程	信号电缆接线出现错误或电缆连接断开	检查重新连接
		转换器的参数设定不正确	重新输入
		转换器与传感器型号不配套	与厂方联系调换
5	零点不稳	液体电导率均匀性不好、电极污染	清理或重新调零
		信号回路绝缘下降	清理
6	指示在负方向超量程	回路开路,端子松动或电源断	检查接线端子、电源
		测量管线内无被测介质	检查管线有无介质,使管线充满工艺介质
		电极被绝缘物盖住	清洗电极
7	指示出现尖峰	在液体中含有高导电物质	使用 5s 衰减或更大
		电极有脏污物	清洗电极
8	指示无规律变化	电极完全被绝缘	清洗电极
		液体流量脉动大	加大阻尼
		电极泄漏液体,检测器受潮使电极和地之间绝缘变低	拆卸清洗电极,并使电极干燥

第四章

液 位 测 量

物位是指液体与气体、液体与液体、固态物质与气体之间的界面相对于容器底部或某一基准面的高度。容器中液体介质的高低称液位，容器中固体或颗粒状物质的堆积高度称料位。测量液位的仪表称液位计，测量料位的仪表称料位计，测量两种密度不同液体介质的分界面的仪表称界面计。上述三种仪表统称为物位仪表。

通过物位的测量，可以正确获知容器设备中所储原料、半成品或产品的体积或重量，以保证连续供应生产中各个环节所需要的物料或进行经济核算；通过物位测量，还可以了解容器内的物位是否在规定的工艺要求范围内，并可进行越限报警，以保证生产过程的正常进行，保证产品的产量和质量，保证生产安全。

物位测量仪表种类很多，大致可分为接触式和非接触式两大类。接触式物位仪表主要有直读式、差压式、静压式、浮力式、电磁式（包括电容式、电阻式、电感式）、重锤式、超声波、导波雷达式等物位仪表。非接触式物位仪表主要有核辐射式、声波式、光电式等物位仪表。

在工业生产过程中，液位往往是很重要的控制参数。对于一般储液装置内所储存液体的多少对生产过程的影响是不可忽视的。比如火电生产过程中的锅炉汽包内的水位就直接影响汽水系统循环的效果以及送出蒸汽的质量。以下主要介绍差压式、静压式、超声波和导波雷达液位计。

第一节　差压式液位计

一、差压式液位计简介

差压式液位计是利用容器内液位改变时，由液柱产生的静压也相应变化的原理而工作的，即根据流体的静压平衡原理而工作。用普通差压变送器可以测量容器内的液面，也可用专用的液面差压变送器测量容器液面，如单法兰液面（差压）变送器、双法兰液面（差压）变送器。其测量液面的原理完全一样，都是采用差压法进行测量。

用差压法测量液面又分常压容器（敞口容器）和压力容器（密闭容器）两种。

对于敞口容器，只需将差压变送器的负压室通入大气即可。对于密闭容器，差压式液位计的正压侧与容器底部相通，负压侧连接容器上面部分的气空间。如果不需要远传，可在容器底部或侧面液位零位处引出压力信号到压力表上，仪表指示的表压力直接反映对应的液柱静压，可根据压力与液位的关系直接在压力表上按液位进行刻度。

在使用差压式液位计进行测量时，要注意零液位与检测仪表取压口（差压式液位计的正压室）保持同一水平高度，否则会产生附加的静压误差。但是现场往往由于客观条件的限制不能做到这一点，因此必须进行量程迁移和零点迁移。

差压式液位计进行液位测量时无机械磨损，工作可靠，质量稳定，寿命长，结构简单，安装方便，便于操作维护，体积小且适合大多数常温常压的场合。

由于测量原理限制，差压式液位计是先测出压力再转化为液位，精确度不是很高，当容器内有蒸汽时会在负相引压管内冷凝成液体，造成严重测量误差，需要在引压管装储液罐，定期进行人工排液；天气寒冷时引压管内的液体容易凝固，需要进行伴热保温，投用时比较麻烦，须在变送器引压管中注满水或等水蒸气充满引压管后才能准确投用。

差压式液位适用于石油、化工、电力、轻工及医药等行业储罐介质液位的测量，这是目前使用最多的一种液面测量计。

密度和温度变化比较大工况的储罐，精确度会受到很大影响，如果有积垢或结晶，那么积垢或结晶附着在变送器模块上，变送器灵敏度就变低了，因此差压式流量计要求测量介质纯净。

二、差压式液位计基本工作原理与结构

1. 差压式液位计的工作原理

差压式液位计是根据流体静力学原理工作的，即容器内液位的高度 H 与液柱上下 A、B 两端面的静压差成比例，差压式液位计工作原理示意如图 4-1 所示。

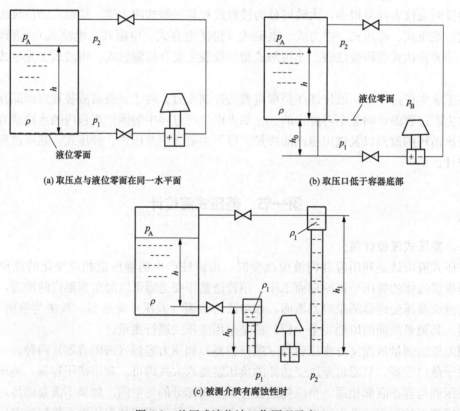

(a) 取压点与液位零面在同一水平面　　　　(b) 取压口低于容器底部

(c) 被测介质有腐蚀性时

图 4-1　差压式液位计工作原理示意

（1）取压点与液位零面在同一水平面（无迁移）。当取压点与液位零面在同一水平面，如图 4-1（a）所示，设被测介质的密度为 ρ，容器顶部为气相介质，气相压力为 p_A，p_B 是液位零面的压力，p_1 是正压取压口的压力，p_2 是负压取压口的压力，根据静力学原理可得

$$p_2 = p_A, p_1 = p_A + \rho g h$$

因此，差压变送器正负压室的压力差为

$$\Delta p = p_1 - p_2 = \rho g h$$

液位测量问题就转化为差压测量问题了。

但是，当液位零面与检测仪表的取压口不在同一水平高度时，会产生附加的静压误差。就需要进行量程迁移和零点迁移。

（2）当取压口低于容器底部时（正迁移）。当取压口低于容器底部时，如图 4-1（b）所示，当差压变送器的取压口低于容器底部的时候，差压变送器上测得的差压为

因为

$$p_2 = p_A$$

$$p_1 = p_B + h_0 \rho g = p_A + h \rho g + h_0 \rho g$$

所以

$$\Delta p = p_1 - p_2 = \rho g h + \rho g h_0$$

为了使液位的满量程和起始值仍能与差压变送器的输出上限和下限相对应，就必须克服固定差压 $\rho g h_0$ 的影响，采用零点迁移就可实现。

在无迁移情况下，实际测量范围是 $0 \sim (\rho g h_0 + \rho g h_{max})$，原因是这种安装方法时 Δp 多出一项 $\rho g h_0$。当 $h = 0$ 时，$\Delta p = \rho g h_0$，因此 $p_0 > 0 kPa$。为了迁移掉 $\rho g h_0$，即在 $h = 0$ 时仍然使 $p_0 = 0 kPa$，可以调整仪表的迁移弹簧张力。由于 $\rho g h_0$ 作用在正压室上，称之为正迁移量。迁移弹簧张力抵消了 $\rho g h_0$ 在正压室内产生的力，达到正迁移的目的。

由于 $\rho g h_0 > 0$，所以称为正迁移。

量程迁移后，测量范围为 $0 \sim \rho g h_{max}$，再通过零点迁移，使差压式液位计的测量范围调整为 $\rho g h_0 \sim (\rho g h_0 + \rho g h_{max})$。

（3）当被测介质有腐蚀性时（负迁移）。当被测介质有腐蚀性时，差压变送器的正、负压室之间就需要装隔离罐，如图 4-1（c）所示，如果隔离液的密度为 ρ_1（$\rho_1 > \rho$），则

因为

$$p_2 = p_A + h_1 \rho_1 g$$

$$p_1 = p_A + h \rho g + h_0 \rho_1 g$$

所以

$$\Delta p = p_1 - p_2 = \rho g h + \rho_1 g (h_0 - h_1)$$

将上式变换为

$$\Delta p = p_1 - p_2 = \rho g h - \rho_1 g (h_1 - h_0)$$

对比无迁移情况，Δp 多了一项压力 $-\rho_1 g (h_1 - h_0)$，它作用在负压室上，称之为负迁移量。当 $h = 0$ 时，$\Delta p = -\rho_1 g (h_1 - h_0)$，因此 $p_0 < 0 kPa$。为了迁移掉 $-\rho_1 g (h_1 - h_0)$ 的影响，可以调整负迁移弹簧的张力来进行负迁移以抵消掉 $-\rho_1 g (h_1 - h_0)$ 在负压室内产生的力，以达到负迁移的目的。

迁移调整后，差压式液位计的测量范围调整为：$-\rho_1 g (h_1 - h_0) \sim [\rho g h_{max} - \rho_1 g (h_1 - h_0)]$。

因 $\rho_1 g (h_0 - h_1) < 0$，所以称为负迁移。

当用差压式液位计来测量液位时，若被测容器是敞口的，气相压力为大气压，则差压计的负压室通大气就可以了，这时也可以用压力计来直接测量液位的高低。若容器是受压的，则需将差压计的负压室与容器的气相相连接。以平衡气相压力 p_A 的静压作用。

　　常压容器预留上、下两个孔，是测液位准备的。上孔可以不接任何加工件，也可以配一个法兰盘，中心开个小孔，通大气。下孔接差压变送器的正压室，差压变送器的负压室放空。

　　安装要注意的问题是下孔（一般是预留法兰）要配一个法兰，法兰管装一个截止阀，阀后配管直接接差压变送器的正压室即可。

　　若测有压容器，只要把上孔与负压室相连，这种安装也很简单，按照设计要求，配上两对法兰（包括垫片和螺栓），配上满足压力与介质测量要求的两个截止阀及配管。上孔接负压室，下孔接正压室即可。

　　以上两种是差压法测液面的基本形式。测量条件变化，安装略有变化。

　　2. 差压式液位计的结构

　　差压式液位计的差压变送器有普通差压变送器和微差压变送器，根据外形结构可分为单法兰式差压液位计、双法兰式差压液位计和平衡容器式差压液位计。

　　为了解决测量具有腐蚀性或含有结晶颗粒以及黏度大、易凝固等液体液位时引压管线被腐蚀、被堵塞的问题，应使用法兰式差压变送器。

　　（1）单法兰式差压液位计。单法兰液位变送器可对各种敞口容器进行液位、密度的测量，有平法兰和插入式法兰两种，它可以直接安装在管道或容器的法兰上。由于隔离膜片直接与液体介质相接触，无须将正压侧用导压管引出，因此可以测量高温、高黏度、易结晶、易沉淀和强腐蚀等介质的液位、压力和密度。

　　（2）双法兰式差压液位计。双法兰式差压液位计是测量变送器高低压侧之差的仪表，输出标准信号给 DCS 或 PLC 等系统，法兰式差压变送器测量结构及液位示意如图 4-2 所示。它与一般的压力变送器不同的是它有 2 个压力接口，差压变送器一般分为正压端和负压端，通常情况下，差压变送器正压端的压力应大于负压端才能测量。

　　双法兰式液位变送器是使用毛细管法兰变送器进行测量，它相当于将变送器测量元件中的隔离膜片延长到设备开口处，可以有效的消除黏稠、腐蚀或存在严重相变的介质对测量带来的影响。

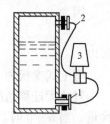

(a) 结构　　　　　　　　　　　　　　　　　(b) 测量液位示意

图 4-2　法兰式差压变送器测量液位示意

1—法兰式测量头；2—毛细管；3—变送器

　　（3）平衡容器式差压液位计。平衡容器式差压液位计主要是由平衡容器（又称为水位差压转换装置）、压力信号导管和差压变送器三部分组成。平衡容器是作为测量汽水管路中的压力用的。采用平衡容器为了防止压力突变时导致引压管内的液柱随之波动，减小其测量水位时的误差。

　　平衡容器分为单室平衡容器和双室平衡容器。单室平衡容器本身没有自我补偿能力。双室平衡容器是一种结构巧妙，具有一定自我补偿能力的水位测量装置。在基准杯的上方有一个圆环形漏斗结构将整个双室平衡容器分隔成上下两个部分，为了区别于单室平衡容器，故称为双室平衡容器。

　　1）单室平衡容器。单室平衡容器如图 4-3（a）所示，平衡容器的安装水位线是一定的，当水面要增高时，水便通过汽侧连通管溢流入密闭容器；要降低时，由蒸汽冷凝水来补充。因此当平衡容器中的水密度一定时，正压管压力为定值，负压管与密闭容器连通，输出压力的变化反映了容器内水位的变化。

　　现在单室平衡容器用得比较多，它把压力与密度的关系、温度与密度的关系等计算公式写入 DCS，温度和压力变化后，由压力变送器、温度变送器把信号传入 DCS 系统，系统会自动计算水位变化。测量前应根据所测介质的性质，把平衡容器的堵头拆开，灌入冷水或其他液体作为隔离液。单室的平衡容器一般用来测量大型锅炉的汽包液位或者压力变化很大的容器。

　　2）双室平衡容器。双室平衡容器如图 4-3（b）所示，蒸汽罩补偿式平衡容器（改进后的双室平衡容器）如图 4-3（c）所示，它由内外两层容室构成，平衡器的外层容室与锅炉汽包的蒸汽相连且充满了冷凝水；内层容室经平衡容器下侧导压管与锅炉汽包的水相连，使用的是连通器原理，所以内层容室水位高度随汽包水位而变化。这样结构的双层容器保证了外层容室的水温基本相等，因而可以减少由于温度不同所产生的测量误差。当水面高于平衡器上端导压管时，水经导压管流入锅炉汽包，使外层容室水位高度始终保持不变。内层容室经平衡器下侧导压管与锅炉汽包水位相连，其水位高度随汽包的水位变化而变化。如果蒸汽的压力、温度参数恒定时，差压变送器的输出信号仅与锅炉汽包的水位有关。

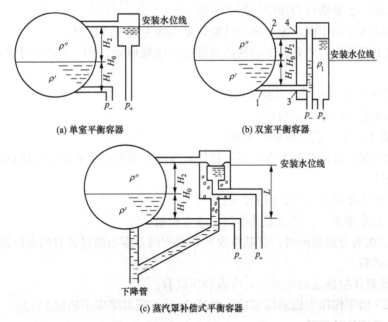

图 4-3　平衡容器的安装水位线与水位测点位置及汽包正常水位之间的关系
1—负取压测点；2—正取压测点；3—平衡容器负取压孔；4—平衡容器正取压孔

双室平衡容器机械的部分补偿了压力对水位测量的影响，在零水位及额定工况下较准确，当偏离零水位或额定压力时，往往出现过补偿和欠补偿。所以双室平衡容器一般用来测小型锅炉的汽包液位或者本身压力变化不大的容器。

三、差压式液位计调校

1. 水位平衡容器的检查

（1）检查水位平衡容器中点（零水位）与压力容器正常水位线，应处于同一水平面。

（2）增装或更换水位测量筒时，应核实水位测量筒的内部结构和安装尺寸。高压力容器水位测量宜建立专项记录（包括水位计平衡容器图纸、水位补偿公式、安装、调试及试运报告）。

（3）平衡容器与压力容器间的连接管应有足够大的流通截面，外部应保温，一次阀门应横装，以免内部积聚气泡影响测量。平衡容器与压力容器之间的连接管还至少有一定的坡度，汽侧连接管应向上向压力容器方向倾斜，水侧连接管应向下向压力容器方向倾斜。引至差压仪表的正、负压管应水平引出 400mm 后再向下并列敷设。

（4）平衡容器除顶部用作冷凝蒸汽的部分裸露外，其余部分应有良好保温。

（5）平衡容器经排污阀连接至压力容器下降管的排水管，应有适当的膨胀弯曲。

2. 差压式水位表检查项目与质量要求

（1）一、二次表外观应整洁，零部件齐全，编号清楚。二次表盘面清洁，刻度清晰，指针完好，动作灵活，无卡涩跳动现象。

（2）仪表阀门组或单个阀门应完好严密，手轮齐全，标志正确清楚，操作灵活。

（3）仪表内所有转动部分，其动作不得有卡涩、晃动和杂音。

（4）记录表减速齿轮啮合应良好。同步电动机无渗油漏油现象，可逆电动机带动主轴运转灵活，不窜动，手推指针走动应轻便无卡涩。

（5）表内接线正确牢固，编号齐全清楚，牵引线无破损或伤痕。

（6）表内电气线路对外壳、测量线路对外壳的绝缘电阻，用 500V 绝缘表测量，应不低于 10MΩ。

3. 差压式水位表校验项目与技术标准

（1）基本误差和回程误差校准。

1）校准点不少于 5 点，包括常用点。

一、二次表配套校准的基本误差应不超过允许综合误差，重要仪表常用点误差应不超过允许综合误差的 1/2。

回程误差应不超过允许综合误差的绝对值。

允许综合误差等于一、二次表基本误差的方和根。

2）一、二次表分别校准时，其基本误差和回程误差应不超过各自的允许误差。

（2）静压试验。

1）对于经解体检修过的差压计，应做静压试验。

2）以 1.25 倍工作压力做静压试验，保持 5min，压力降应不超过 2%。

四、差压式液位计安装

以下主要以平衡容器式差压液位计安装为例进行说明。

1. 平衡容器安装前的工作

（1）平衡容器安装水位线的确定。平衡容器制作后，应在其外表标出安装水位线。单室平衡容器的安装水位线应为平衡容器汽侧取压孔内径的下缘线。双室平衡容器的安装水位线应为平衡容器正、负取压孔间的平分线。蒸汽罩补偿式平衡容器的安装水位线应为平衡容器正压恒位水槽的最高点（参见图 4-3 所示）。

（2）水位测点位置的确定。水位的正、负取压点一般已由制造厂确定并安装好取压装置，此时需检查容器内部装置是否影响压力的取出。如果制造厂未安装，可根据显示仪表的全量程选择测点高度：

1）对于零水位在刻度盘中心位置的显示仪表，以汽包的正常水位线向上加上仪表的正方向最大刻度值，为正取压测点高度；汽包正常水位线向下加上仪表的负方向最大刻度值，为负取压测点高度。设水位计负方向最大刻度值为 H_1，正方向最大刻度值为 H_2，水位正、负取压测点位置如图 4-3 所示。安装水位测点时，正、负压测点应在同一垂直线上。

2）对于零水位在刻度起点的显示仪表，应以汽包的云母水位计零水位线为负取压测点高度；汽包的零水位线向上加上仪表最大刻度值为正取压测点高度。

（3）平衡容器安装高度的确定。

1）对于零水位在刻度盘中心位置的显示仪表，如采用单室平衡容器，其安装水位线应和汽包的正取压测点高度一致；如采用双室平衡容器，其安装水位线应和汽包的正常水位线相一致；如采用蒸汽罩补偿式平衡容器，其安装水位线应比负取压口高出 L 值，如图 4-3 所示。

2）对于零水位在刻度盘起点位置的显示仪表，如采用单室平衡容器，其安装水位线应比被测容器的云母水位计的零水位线高出仪表的整个刻度值；如采用双室平衡容器，其安装水位线应比被测容器的零水位线高出仪表的整个刻度值的 1/2。

2. 平衡容器的安装及要求

安装水位平衡容器时，应遵照下列要求：

（1）水位取压测点的位置和平衡容器的安装高度按上述原则确定。

（2）平衡容器与汽包壁之间的连接管应尽量缩短，水侧取样管应严格按水平位置敷设，如图 4-4 所示。安装时要保证 B 点高度与 A 点高度一致。连接管上避免安装影响介质正常流通的元件，如接头、锁母及其他带有缩孔的元件。

（3）在平衡容器前装取源阀门应横装（阀杆处于水平位置），以避免阀门积聚空气泡而影响测量准确度。

（4）一个平衡容器一般供一个变送器或一只水位表使用。

（5）平衡容器必须垂直安装，不得倾斜，垂直度偏差小于 2mm。

（6）当容器的正、负取压测点垂直距离小于平衡容器汽、水两管的距离时，只要保证水侧连通管 A、B 点在同一高度，可以将汽侧连通管 C、D 做直线向上倾斜安装，但不应存在弯曲，以防积水，影响运行。

（7）平衡容器至差压变送器的两根导管，在引出处应有 1m 以上的水平段，以减小输出差压的附加误差。

（8）平衡容器及连接管安装后，水侧连通管应加保温。但为使平衡容器内蒸汽凝结加快，汽侧连通管与平衡容器上部应不加保温。

（9）工作压力较低（如凝汽器、除氧器等）的平衡容器安装时，可在平衡容器顶部加装水源管（中间应装截止阀）或灌水丝堵，以保证平衡容器内有充足的凝结水，以便能较快地

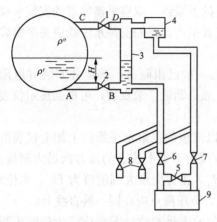

图 4-4　单室平衡容器与差压
变送器配接时的安装示意

1—汽侧一次阀；2—水侧一次阀；3—凝结水管；
4—平衡容器；5—平衡阀；6—负压二次阀；
7—正压二次阀；8—排污阀；9—差压变送器

投入水位表。如图 4-4 中凝结水管 3 用于投运时向平衡容器内充水或冲洗导压管。

3. 差压式液位计的安装应符合的规定

（1）单法兰式液位计的仪表连接头（管嘴）距罐底距离应大于 300mm，且处在易于维护的方位。

（2）双法兰远传式差压液位计的安装高度不宜高于容器上的下取压法兰口，并精确计算出零点和负迁移量；对传导毛细管应用角钢或钢管进行固定，环境温度变化大的场所应采取绝热保温措施。

（3）采用差压变送器测液位的安装应符合以下要求：

1）上下取压仪表连接头（管嘴）之间距离应大于所需测量范围；下取压仪表连接头（管嘴）距罐底距离不小于 200mm，且避开液体抽出口；上取压仪表连接头（管嘴）应避开气相喷入口，无法避开时应采取防冲措施；

2）测量易挥发或易冷凝介质液位时，应在负压侧（气相）加隔离罐或在正负压两侧均加隔离罐，并精确计算出零点和负迁移量；

3）测量蒸汽锅炉汽包液位时，应安装温度自补偿式平衡容器，并宜对导压管进行伴热和隔热保温。

（4）采用插入式反吹法测量液位时，插入导压管的端部距罐底距离至少 200mm，并切削成斜坡状。

差压式液位计现场安装示例如图 4-5 所示。

图 4-5　差压式液位计现场安装示意

五、差压式液位计常见故障现象和典型缺陷分析与处理

差压式液位计常见故障现象、原因与处理方法见表 4-1。

表 4-1 差压式液位计常见故障现象、原因与处理方法

序号	故障现象	故障原因	处理方法
1	液位突然变大或变小	变送器引压系统堵塞、泄漏、集气、缺液等	按照停表顺序先停表；关闭正负压根部阀；打开正负压排污阀泄压；打开双室平衡容器灌液丝堵；打开正负压室排污丝堵；此时液位指示最大。 排掉介质，清理堵塞之后按照如下方法投入：关闭排污阀；关闭正负压室排污丝堵；用相同介质缓慢灌入双室平衡容器中，此时微开排污丝堵排气；直至灌满为止，此时打开正压室丝堵，变送器指示应回零位。然后按照投表顺序投用变送器
2	液位波动频繁，变化较大	介质液位波动大或汽化严重	调整工艺稳定液位
		上引压线或下引压线不畅通	清理引压系统
		介质有结晶	清理引压系统，改善保温，防止结晶
		毛细管内或引压管传压介质跑损	更换毛细管或变送器；紧固引压系统接头防止跑压
		膜盒损坏	更换变送器
		伴热温度过高	采取措施降低伴热

很多现场在出现液位异常波动的问题经过判断查找，并不是仪表本体的问题，经常是由于液位控制系统的调节性能造成。这时要和工艺人员结合检查进料、出料情况，确定工艺状况正常后，可通过调整液位控制回路的 PID 参数来稳定液位数值。具体方法：调节阀投手动状态，先调整设定值与测量值一致，使液位波动平稳下来，再慢慢调整调节阀开度，使液位缓慢上升或下降，达到工艺要求，再调整设定值与测量值一致，待参数稳定后调节阀投自动。总之，一旦发现仪表参数有些异常，首先与工艺人员结合，从工艺操作系统和现场仪表系统两方面入手，综合考虑，认真分析，特别要考虑被测参数和控制阀之间的关联，将故障分步分段判定，也就很容易找出问题所在，对症下药解决问题。

第二节 静压式液位计

一、静压式液位计简介

静压式液位计是在引进国外技术并吸取了国外同类产品的先进工艺和关键零部件基础上发展起来的一个新产品，产品小巧、轻便、灵敏而有高性能，具有便利的安装和使用方便等优点。

静压液位变送器主要应用于城市给排水、水处理厂、水库、河流、海洋、储油罐、装有糊状物的罐及石油、化工、冶金、电力等部门的液位及其他敞开式容器液体的液位测量，被测液体无论是水、油、酸、碱、盐及黏稠性液体，都能高精确度地测量。更能体现它性能的优越性和测量的高精确度，是最新工业过程控制系统中理想的液位变送器。该变送器既可采用投入式的使用方法也可采用法兰安装方式，可用于测量敞开式容器的液位高度，使用极为方便。

因静压式液位计进行液位测量时不受被测介质气泡、沉积、电气特性影响，无材料疲劳磨损。因此水、油和糊状物都可进行高精确度测量。同时可减少工厂安装或检修的停工期，

维护费用低。其传感器体积小，可适应很小的安装空间，只要将变送器的传感器投入到被测介质中，即可正常工作。

静压式液位计主要由三部分组成：带有膜片的全密封压力传感器、延伸电缆及零点和增益调整线路变送单元，使本产品具有坚固的机械性、高抗腐蚀性、多方面的适应性。变送单元采用恒流源激励传感器中的电桥，使温度补偿技术通过变送线路得以充分的体现，该线路除具有通常的零点和满量程调整功能外，还选用了先进的高精确度专用运算放大器。

静压式液位计备有 316 不锈钢、聚四氟乙烯、金属陶瓷、硅晶片等接液材质，可用于各类酸、碱、盐溶液、原油、污泥、矿浆及结晶等液体进行检测。

静压式液位计采用广角度表头现场显示，或液晶数字显示，观察方便。

二、静压式液位计基本工作原理与结构

1. 静压式液位计的工作原理

静压式液位计是基于所测液体静压与该液体的高度成比例的原理，采用性能优异的隔离型扩散硅敏感元件或陶瓷电容压力敏感传感器，将静压转换为电信号，再经过温度补偿和线性修正，转化成标准电信号（一般为 4~20mA/1~5V DC）。

静压式液位计适用于石油化工、冶金、电力、制药、供排水、环保等系统和行业的各种介质的液位测量。精巧的结构，简单的调校和灵活的安装方式为用户轻松地使用提供了方便。4~20mA、0~5V、0~10mA 等标准信号输出方式由用户根据需要任选。

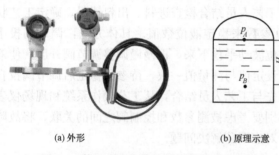

(a) 外形　　　　　(b) 原理示意

图 4-6　静压式液位计外形及测量原理示意

静压式液位计基于容器内的液面高度时，由液柱重量形成的静压力成比例关系，当被测介质密度不变时，通过测量参考点的压力可测量液位。如图 4-6 所示，A 点为实际液面，B 点为零液位，H 为液面的高度。根据流体静压力学的原理，A 和 B 两点的静压力为 $\Delta p = p_B - p_A = H\rho g$。$p_A$、$p_B$ 为容器中 A、B 两点的静压力。由于液体密度一定，所以 Δp 与液位 H 成正比例关系，测得差压 Δp 就可以得知液位 H 的大小。

图 4-7 所示为用于测量开口容器液位高度的三种静压式液位计。图 4-7（a）为压力表式液位计，它利用引压管将压力变化值引入高灵敏度压力表中进行测量。压力表的高度与容器底等高，压力表中的读数直接反映液位的高度。如果压力表的高度与容器底部不等高，当容器中液位为零时，表中读数不为零，为容器底部与压力表之间的液体的压力差值，该差值称为零点迁移。压力表式液位计使用范围较广，但要求介质洁净，黏度不能太高，以免阻塞引压管。图 4-7（b）为法兰式液位计。压力变送器通过装在容器底部的法兰，作为敏感元件的金属膜盒经导压管与变送器的测量室相连，导压管内封入沸点高、膨胀系数小的硅油，使被测介质与测量系统隔离。法兰式液位计将液位信号转换为电信号或气动信号，用于液面显示或控制调节。由于采用了法兰式连接，而且介质不必流经导压管，因此可检测有腐蚀性、易结晶、黏度大或有色等介质。图 4-7（c）为吹气式液位计。将一根吹气管插入至被测液体的最低面（零液位），使吹气管通入一定量的气体，吹气管中的压力与管口处液柱静压力相等。用压力计测量吹气管上端压力，就可以测量液位。由于吹气式液位计将压力检测点移至

顶部，其使用维修都很方便，很适合于地下储罐、深井等场合。

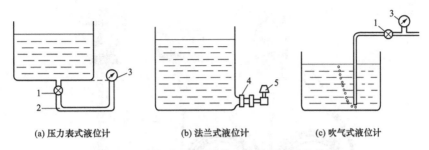

(a) 压力表式液位计　　　(b) 法兰式液位计　　　(c) 吹气式液位计

图 4-7　测量开口容器液位高度的压力式液位计
1—旋钮阀；2—导压管；3—压力表；4—法兰；5—压力变送器

对于密闭容器中的液位测量，除可应用上述三种液位计外，还可用差压法进行测量，它在测量过程中需消除液面上部气压及气压波动对示值的影响。

2. 静压式液位计的基本结构

静压式液位计的构造简单、装置便当、易于运用，可以接受一定时间的过载运转，并且顺应腐蚀性的工作环境，对腐蚀性介质有较好的抵御性能。静压式液位计的价钱适中，配合较长的运用寿命，足以满足企业对液位计的经济性需求。

静压投入式液位变送器一般采用扩散硅或陶瓷敏感元件的压阻效应，将静压转成电信号，经过温度补偿和线性校正。转换成 4～20mA DC 标准电流信号输出。静压投入式液位变送器是静压液位测量，液体介质中某一个深度产生的压力就是测量点以上的介质自身的重量所产生的。它与介质的密度和当地的重力加速度成正比。所以静压投入式液位传感器测量的物理量其实是压力，通过传感器的标定单位也可以得知。而实际的液位必须通过知道密度和重力加速度这两个参数后，通过换算获得。这样的换算在工业领域中通常是通过二次仪表或者 PLC 进行的。

静压投入式液位计是利用液态静压来测量液位，它把这一压力转换成 4～20mA DC 标准电流信号输出。静压投入式液位计主要由集气器、引压管、连接体和内部封装的压力传感器组成，静压投入式液位计的基本构成如图 4-8 所示，整个部分形成一个气密的系统，系统中空气不允许逸出，当集气器的引压管垂直插入被测液体中，集气器的压力通过引压管进入安装在壳体内的差压传感器转换成 4～20mA DC 标准电流信号输出。对压力容器，在差压测量用的安装接头内有一个参考压力输入口，这个与差压传感器相连并且通过减去容器中压力来补偿容器压力，使得测量结果对应液位。

一种两线制静压投入式液位计由一个内置毛细软管的特殊导气电缆、一个抗压接头和一个探头组成。静压投入式液位计的探头构造是一个不锈钢筒芯，底部带有膜片，并由一个带孔的塑料外壳罩住。液位测量实际上就是在测探头上的液体静压与实际大气压之差，然后再由陶瓷传感器（附着在不锈钢薄膜上）和电子元件将该压差转换成 4～20mA DC 输出信号。

静压投入式液位计的特点：

(1) 采用有导气管的高品质电缆；可带现场显示。

(2) 两种传感器可选，多种应用工况，陶瓷传感器大孔设计，防堵塞，防腐蚀。

(3) 采用进口硅压阻传感器，精确度高，稳定性好。

（4）直接投入到被测液体中，安装简单。

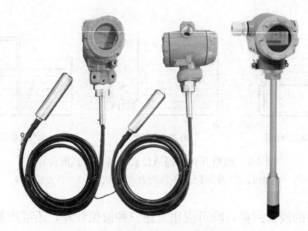

图 4-8　静压式液位计的基本构成

三、静压式液位计调校

静压投入式液位变送器在出厂时已按铭牌标注量程精确校正，只要介质的密度等参数符合铭牌要求，一般无需调整。如需要调整量程或零位，可以按以下方法调校：

（1）拧下保护盖，外接标准 24V DC 电源及电流表（要求 0.2％级以上精确度）即可调整。

（2）在静压投入式液位变送器没有液体的情况下，调节零点电阻器，使之输出电流 4mA。

（3）将静压投入式液位变送器加液到满量程，调节满程电阻器，使之输出电流 20mA。

（4）反复以上步骤两三次，直到信号正常。

（5）请分别输入 25％、50％、75％的信号校核静压投入式液位变送器误差。

（6）对于非水的介质，静压投入式液位变送器用水校验时，应按实际使用的介质密度产生的压力进行换算。如：介质密度为 1.3 时，校验 1m 量程时要用 1.3m 水位标定。

（7）调节完毕，拧紧保护盖。

（8）静压投入式液位变送器的校验周期为每年一次。

静压投入式液位计调试标定注意事项：

（1）干标与湿标：干标直接输入高度量程，湿标需要将被测液体放到量程最高最低标定。

（2）如果不是水，必须输入介质密度。默认为水。

（3）如果不是线形标准罐，如锥底罐，需要做线性化处理。

（4）输入量程，4～20mA DC 对应值小于最大能力值。

四、静压式液位计安装

1. 静压式液位计安装要求

静压式液位计的安装要求如下：

（1）禁止使用硬物接触压力传感器的膜片。

（2）安装位置要远离出入口及振动源。

（3）应按照厂家规定的接线方式进行接线。

（4）安装过程中不能堵塞导气管。

（5）安装中如果发现异常，应该立即关掉电源，或及时与厂家联系，不能私自对液位计进行重装。

2. 静压投入式液位变送器使用与安装的注意事项

（1）静压投入式液位变送器运输、储存时应恢复原包装，存放在阴凉、干燥、通风的库房内。

（2）使用中发现异常，应关掉电源，停止使用，进行检查。

（3）接供电电源时应严格按照接线说明进行连接。

3. 静压式液位变送器安装方式

静压投入式液位计稳定性好，精确度高，传感器部分可直接投入到液体中，变送器部分可用法兰、支架和螺纹安装。静压投入式液位计的安装方式如图 4-9 所示，安装使用极为方便，固态结构，无可动部件，高可靠性，使用寿命长。从水、油到黏度较大的糊状都可以进行高精确度测量，不受被测介质起泡、沉积、电气特性的影响，宽范围的温度补偿。静压投入式液位计具有电源反相极性保护及过载限流保护。

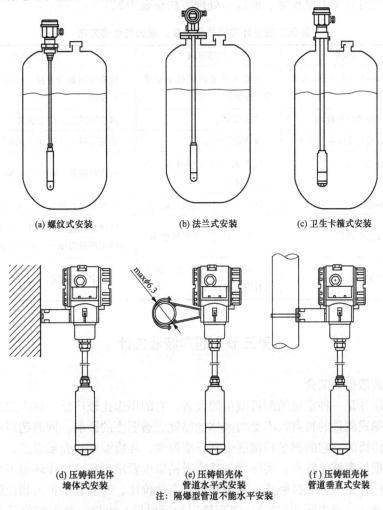

(a) 螺纹式安装　　　　(b) 法兰式安装　　　　(c) 卫生卡箍式安装

(d) 压铸铝壳体　　　　(e) 压铸铝壳体　　　　(f) 压铸铝壳体
墙体式安装　　　　　管道水平式安装　　　　管道垂直式安装
注：隔爆型管道不能水平安装

图 4-9　静压投入式液位计的安装方式

4. 静压投入式液位变送器的安装

静压投入式液位变送器应安装在静止的深井、水池中，通常把内径 $\phi45$ 左右的钢管（不同高度打若干小孔，以便水通畅进入管内）固定于水中，然后将静压投入式液位变送器放入钢管中即可使用。变送器的安装方向为垂直，静压投入式安装位置应远离液体出入口及搅拌器。在有较大振动的使用场合，可在静压投入式液位变送器上缠绕钢丝，利用钢丝减振，以免拉断电缆线。测量流动或有搅拌的液体的液位时，通常把内径 $\phi45$ 左右的钢管（在液体流向的反面不同高度打若干小孔，以便水通畅进入管内）固定于水中，然后将静压投入式液位变送器放入钢管中即可使用。

在敞口的容器中测量静态液位时，把静压投入式液位传感器直接投入到容器底部，在容器开口处用尼龙带或三脚可调安装架等将电缆线（接线盒）固定即可。在流动的液体中测量液位时，因介质波动较大，可以在液体中插入一根 $\phi45$ 的钢管，同时在水流方向的反面不同高度的管壁上打若干小孔，使液体流入管内；另一种方法是在液体底部加装阻尼装置，以过滤泥沙和消除动态压力和波浪对测量的影响。

五、静压式液位计常见故障现象分析处理和典型缺陷分析与处理

静压式液位计常见故障现象、原因与处理方法见表 4-2。

表 4-2　　　　　　　静压式液位计常见故障现象、原因与处理方法

序号	故障现象	故障原因	处理方法
1	输出 0mA（4～20mA 而言）	电源未接通，接线不正确或线路开路	检查线路是否开路，接线是否正确，电流是否接通
2	输出缓慢或没有输出	进压孔堵塞	清洗取压孔，注意膜片切勿触摸或碰撞
3	输出信号与实际液位不符	液体密度改变	重新测量密度按 $P=\rho gh$ 修正
4	通电后输出小于零位输出标定值	负载太大或接线有误，供电电压太小	检查负载及接线是否正确
5	输出不稳	放大芯片松动或接点松动	轻轻将芯片勒紧，紧固接线端子
6	变送器输出总是 4mA	浮体/引压管/连接体泄漏	解决部件连接处的密封问题，根据所测介质使用四氟带或 567 胶进行密封
7	输出总是大于 20mA	在测量带压容器时，仪表没有设置补偿气口	与厂家联系更换

第三节　超声波液位计

一、超声波液位计简介

超声波液位计是一种常见的测量液位的设备，它的用途比较广泛。超声波液位计具有安装方便、非接触式测量的特点，不受到液体的黏度、透明度的影响。同时超声波液位计因为是通过空气来传播的，它的测量精确度受到环境温度、环境湿度、介质温度、介质压力、风速等影响。根据超声波的特点，实际比较适合对精确度要求不高，工作环境不恶劣的场合。

超声波液位计是一种非接触式、高可靠性、高性价比、易安装维护的物位测量仪器，它可以发射能量波（一般为脉冲信号），遇到障碍物反射后，由接收装置接收反射信号。根据

测量能量波运动过程的时间差来确定物位变化情况。由电子装置对微波信号进行处理，最终转化成与物位相关的电信号。

二、超声波液位计基本工作原理与结构

1. 超声波液位计的基本工作原理

超声波物位计是众多物位测量仪表中较为常见的一种，其英文名称为 ultrasonic level transmitter，是一种由单片机控制的物位测量仪表，是由微处理器控制的数字物位仪表。由于其具有测量范围广、测量数值精准度高、测量反应灵敏、响应频率快等优点，它被广泛应用于许多工业领域。

超声波物位计多用于连续性测量，主要利用声波碰到液面产生反射波的原理，测出从发射波发出到反射波返回整个过程所需要的时间，超声波液位计的工作原理如图 4-10 所示。实际应用中，就是将超声波物位计垂直安装于液体表面，当超声波物位计工作时，会向液面发射一个超声波脉冲，经过一段时间，超声波物位计的传感器就会接到被液面返回的信号，根据超声波物位计发出和接收超声波的时间差，从而计算出液面到传感器的距离，即可计算出液位的具体高度。

在上述工作原理中，声音在介质中的速度为 c，回波与发射脉冲的时间差为 t，然后根据公式 $D = c \times t / 2$，再计算传感器与物面之间的距离 D。超声波物位计的测量原理请结合图 4-10 理解，计算公式：$L = H - D$，其中 H 为空罐距离，F 为量程（满罐距离），L 为液位，B 为测量盲区，D 为传感器外壳平面到液面之间的距离（空距）。

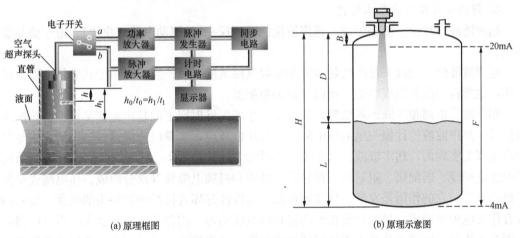

(a) 原理框图　　　　　　　　　(b) 原理示意图

图 4-10　超声波液位计的工作原理

B—盲区；D—空距；L—液位；H—安装高度；F—满罐距离

超声波液位计是利用波在介质中的传播特性，具体地说，超声波在传播中遇到相界面时，有一部分反射回来，另一部分则折射入相邻介质中。但当它由气体传播到液体或固体中，或者由固体、液体传播到空气中时，由于介质密度相差太大而几乎全部发生反射。因此，在容器底部或顶部安装超声波发射器和接收器，发射出的超声波在相界面被反射。并由接收器接收，测出超声波从发射到接收的时间差，便可测出液位高低。

超声波液位计按传声介质不同，可分为气介式、液介式和固介式三种；按探头的工作方式可分为自发自收的单探头方式和收发分开的双探头方式。相互组合可以得到六种液位计的方案。图 4-11 所示为单探头超声波液位计。

单探头液位计使用一个换能器，由控制电路控制它分时交替作发射器与接收器。双探头式则使用两个换能器分别作发射器和接收器，对于固介式，需要有两根金属棒或金属管分别作发射波与接收波的传输管道。

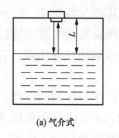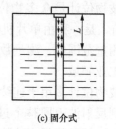

       (a) 气介式   (b) 液介式   (c) 固介式

图 4-11　单探头超声波液位计

超声波液位测量有许多优点：

（1）与介质不接触，无可动部件，电子元件只以声频振动，振幅小，仪器寿命长；

（2）超声波传播速度比较稳定，光线、介质黏度、湿度、介电常数、电导率、热导率等对检测几乎无影响，因此适用于有毒、腐蚀性或高黏度等特殊场合的液位测量；

（3）不仅可进行连续测量和定点测量，还能方便地提供遥测或遥控信号；

（4）能测量高速运动或有倾斜晃动的液体的液位，如置于汽车、飞机、轮船中的液位。

2. 超声波液位计的基本结构

超声波液位计由三部分组成：超声波换能器（探头）、驱动电路（模块）、电子液晶显示模块。

超声波液位计的探头是产生超声波和接收其回波的一种传感器，由于其能将电能转换成声能，也能将声能转换成电能，所以又称为换能器。

超声波是由高频电脉冲激励超声探头而产生的，反射回来的超声能量又被探头转换为电压信号。超声波液位计探头里的压电陶瓷具有压电效应，实现电声能量最常用的方法是利用超声波探头实现的，超声波液位计的基本结构如图 4-12 所示，超声波液位计探头的结构主要由压电陶瓷、匹配层、阻尼块、保护膜、外壳和高频电缆线等部分组成。压电陶瓷是探头的核心元件，它的作用是发射和接收超声波，其性能好坏直接影响到探头的质量。陶瓷两面敷有作为电极的银层，目的是使供给陶瓷片的电压均匀，陶瓷片上电极接火线引至电路，底面则接地线口与电路的公共点相接以便形成回路。超声波液位计的探头需要通过高频电缆线与超声波驱动电路板进行连接，这种专用的高频电缆线具有屏蔽外部各种干扰噪声等对超声波探头的驱动脉冲和回波信号干扰的作用。超声波液位计探头的匹配层能够在探头与工作负载之间起到匹配声阻抗的作用，可以有效拓宽探头的工作频带，进一步提高超声波分辨率和工作适应能力。阻尼块是由一些阻尼材料配置而成，黏附在压电陶瓷后面，主要起到吸收压电陶瓷背面的超声波，以减少噪声的作用。探头的外壳体由塑料制成，主要有固定和保护整个探头元件的作用。保护膜必须满足耐磨性能好，强度高，材质声衰减小，透声性能好，厚度合适的要求，以达到保护压电陶瓷和电极，防止磨损和碰坏的作用。

超声波液位计探头作为组成超声波液位计的关键部件，其性能好坏直接影响发射超声波的强度、接收回波信号的强度、物位计量程，决定着超声波物位计能否正常稳定地工作。超

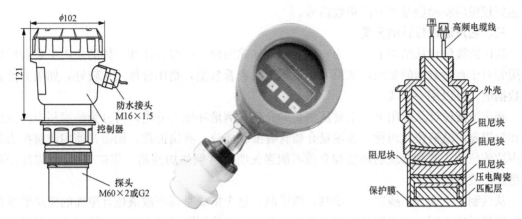

图 4-12 超声波液位计的基本结构（单位：mm）

声波液位计探头的主要性能指标有以下六种：灵敏度、工作频率、频率响应、品质因素、方向特性、电阻抗等，下面分别介绍各个性能指标。

（1）灵敏度：灵敏度是指超声波回波经探头转换后输出的回波信号电压的峰-峰值和施加在探头上的驱动脉冲电压的峰-峰值的比值。灵敏度是衡量超声波探头电能和声能相互转换效率的一种度量。

（2）工作频率 f：超声波液位计探头的工作频率是由压电陶瓷的谐振频率，也就是探头发射的超声波的频率所决定的。超声波液位计探头工作在此频率下输出的能量最大，传播距离也最远。

（3）频率响应：超声波液位计探头的频率响应是指某一反射物体，探头收到回波信号的频率特性，超声波液位计探头的频谱图可以通过频率分析仪测得，从而得到中心频率、带宽等参数。

（4）品质因素 Q：超声波液位计探头的品质因素 Q 由电路部分的品质因素和机械部分的品质因素综合决定。

（5）方向特性：主瓣的尖锐程度决定着超声波探索区域范围，因此方向特性直接决定着超声波液位计的工作范围和量程，超声波液位计探头的方向特性如图 4-13 所示。主瓣角是超声波方向特性中最重要的指标，超声波的频率越高，主瓣角越小，超声波探头的声能越集中，其声速范围也越窄。

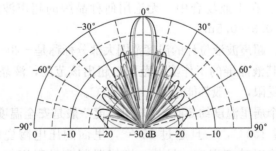

图 4-13 超声波液位计探头的方向特性

（6）阻抗特性：由于超声波液位计探头的特性，要求其与驱动电压之间实现阻抗匹配，以达到理想的驱动能量和回波接收信号。

三、超声波液位计的分类

超声波液位计从结构上可分为一体式和分体式两种。一般分体和一体的使用主要看后期使用者对于查看数据的要求，如果测量现场无法查看数据，则用分体式比较好，如果方便查看数据的，可以用一体式。

超声波液位计从应用上，主要从测量的介质和测量环境去分类，可分为防腐超声波液位计和防爆超声波液位计两种。若测量介质含有酸碱成分，有腐蚀性，则需要使用防腐探头的超声波液位计；若测量现场环境和介质不能遇见明火（例如加油站、煤矿等），则需使用防爆型超声波液位计。

从线制上主要分二线制、三线制、四线制。这个主要是超声波液位计里面的变送器所带的接线端子的不同。二线制只能接电源的正负极；三线制除了接电源外，第三个端子是配合接地的；四线制是除电源线外，还可以接输出信号线，让超声波液位计读取的数据传输到外部设备上。使用者需根据自己使用的功能，酌情选择。

除了以上三种分类外，还有一种多变灵活的分类方式，是按照使用者的需求分类。这种可以把它称为定制分类法。比如，使用现场存在大功率变频器，会对超声波液位计产生干扰，这就需要抗干扰型的超声波液位计去解决问题。再如，现场在野外，读取数据很不方便。这就需要利用无线网络，将读取的数据传到控制中心，这就少不了无线远传液位计的协助。

总体来看，无论如何分类，其最终目的就是要达到使用者的要求，并且能够长期稳定的监测液位数据变化。相信随着未来使用者对液位监测的需求越来越多，还会出现其他的新式超声波液位计。

四、超声波液位计的主要技术指标

（1）量程和盲区。量程和盲区是反映超声波液位计的两个重要指标。其中，量程反映的是换能器的灵敏度，代表的是液位计能测量的最大范围。也就是说，量程越大，灵敏度越高。大部分的厂家标称的量程都是针对平整液面来说，但在实际测量的时候，液位波动，表面有漂浮物，有粉尘、蒸汽，这些都有可能导致量程不能达到标称值。超声波液位计的盲区就好比人的视野盲区。视野盲区是指视线不能到达的区域，而对于超声波液位计而言，超声波所不能到达并且将声波反射回来的区域就称为测量盲区，简称盲区。超声波液位计的盲区与其量程也有联系，一般量程小的超声波液位计，则其盲区小；量程大，则其盲区也大。在工业场合中，无论用何种品牌的超声波液位计都会存在一定的测量盲区，但通常在 $0.3\sim0.5m$。

（2）温度和精确度。超声波液位计的温度范围大部分标称是 $-20\sim60℃$。这也是用液晶显示的大部分液位计，其液晶屏的工作温度范围，超出该范围，液晶显示都会无法正常显示。如果不是液晶显示受限，一般都能做到 $-40\sim80℃$。

另外，压电陶瓷有个居里温度约 $300℃$。居里温度一般是安全温度，一般情况下，换能器的工作温度很难超过 $150℃$，一旦超过 $150℃$，里面的压电陶瓷就很容易损坏，因此 $150℃$ 可以看成是一个绝对破坏温度。另外，换能器制造过程用的部分材料，也不能在 $100℃$ 以上的温度长时间工作。所以这就使得 $100℃$ 成为大部分换能器的极限温度。

之所以要把精确度和温度放在一起考虑，是因为在空气中，温度的测量误差为 $1℃$ 时，其对声速的影响是 0.6m/s，在 20℃，1 个大气压下，声速约为 340m/s。所以，在温度变化较快的场合，测量的误差也会增大。

此外，对测量精确度影响较大的还有气体成分。譬如，在一些挥发性液体的场合，液体的挥发导致空气成分发生变化，接着导致气体声速的变化，最后引起测量误差。

（3）供电方式和信号输出方式。供电方式一般有交流电源 95～230V AC，24V DC 四线制，24V DC 二线制三种。通信方式：485 通信，Hart 通信，GPRS 通信等。输出方式有显示界面、电流 4～20mA、电压 1～5V。

五、超声波物位计的应用

超声波物位计应用广泛，一般适用于表面规则平整的液体液位测量，在水处理、化工、电力、冶金、石油、半导体等行业有着广泛应用，特别适用于有腐蚀（酸、碱）的介质、有污染的场合、或易产生黏附物的物质场合下的液位测量。

在应用过程中，如何正确选择适合的超声波物位计，还有以下事项需要注意：

（1）如要测量腐蚀性介质，则需选用防腐蚀探头的超声波物位计；

（2）如要测量易燃易爆的介质，则需选用具有防爆性能的超声波物位计；

（3）一般地，超声波物位计不适用于温度变化跨度较大、液面不平整波动较大的介质；

（4）由于超声波的传播需要借助介质，所以超声波物位计无法在真空环境中使用；

（5）蒸汽和粉尘均会对超声波物位计的声波传导产生一定阻碍，影响测量效果，所以，如果蒸汽和粉尘较多的工况下，超声波物位计也不能使用。

六、超声波液位计应用时应注意的问题

（1）当拿到超声波液位计时，要先查看一下仪表的盲区，它和超声波液位计的安装高度有着密切的关系，安装高度必须满足：最高液位时的液位面距离液位计的距离应大于盲区值。

（2）超声波液位计测量距离的功能是检查测量功能是否正常的重要依据，测量距离功能完好，说明该液位计完好。根据超声波液位计的量程（更确切的说应该是测量距离的能力，即发射功率，量程只是和输出信号有关的一个电参数）。比如：仪表测量距离能力是 5m，当发射平面（液面）离开超声波液位计发射口的距离是 5m 加盲区的值时，测得距离应该等于实际距离，说明仪表完好。这就是安装设置时为什么要求在低液位时进行，在高液位设置完好，不一定在低液位运行正常。

（3）注意测量周围环境，比如：储存罐内是否有梯子、管道，以及管壁是否有小台阶（很不平整现象）等，必要时可以启用虚假目标学习（或称为遇阻学习）功能，以便仪表识别该假目标。

（4）如果仪表用在寒冷的北方，可以选配附加严寒自适应功能，可以在 -40℃ 时不死机。

（5）在真空状态下不能测量，因为声音的传播需要介质，真空中没有介质，声音是机械波，机械波是由于物体振动产生的，而机械波的传播要靠介质，如空气、水等。

（6）不可在超低温工况下测量。

（7）测量介质雾化时，会影响其测量的准确性。

（8）气体流动影响其测量的准确性。

（9）工况压力必须低于 3kg/cm²。

（10）储槽内如有泡沫现象，会造成测量误差。

七、超声波液位计调校

1. 超声波液位计的单机测试

根据 GB 50093—2013《自动化仪表工程施工及质量验收规范》12.2.11 要求，储罐液位计、料位计可在安装完成后，直接模拟物位进行校准。

一般在安装前无需对它进行校正。但是在安装前可以对它进行通电测试，用 HART475 手操器对它进行量程、位号、单位、显示之类的参数进行规划。这样做的目的可以减少后面回路测试时的工作量，还可以检查出来这台表在运输途中有没有受到颠簸以致损坏。

工厂在建设初期，条件比较恶劣，一般采用 24V DC 电源给仪表供电用于单机测试。这样接线仪表回路是没有电阻的，所以必须在回路中串入 250Ω 电阻，或者用可调电阻箱供给阻值，否则无法与仪表通信，超声波液位计校验线路如图 4-14 所示。

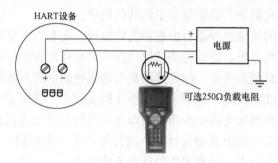

图 4-14　超声波液位计校验线路

接线注意事项：

通常情况下超声波液位计有二线制与四线制两种接法，超声波液位计校验接线如图 4-15 所示。图 4-15 左侧为二线制接法：1 号端子接负极，2 号端子接正极。右侧为四线制接法：1 号端子接电源正极，2 号端子接电源负极，5 号端子接显示正极，6 号端子接显示负极。

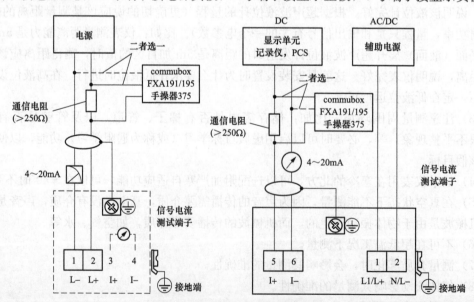

图 4-15　超声波液位计校验接线

二线制接线时注意仪表端子与电源线正负极不能接反，否则变送器无数据显示。

四线制接线时注意电源端子与显示端子不能接错，需按照顺序接入仪表端子。

2. 超声波液位计标定

超声波在空气中的传播速度为 340m/s，如果能测出超声波在空气中的传播时间，就能算出其传播的距离。超声波测量液位，就是通过测定超声波传播的时间间隙来测出声波传送的距离。

具体方法：见图 4-10。由安装于被测容器顶部的超声波探头向液面发射一束超声波，声波被液面反射后，由探头接收。

控制器测得传播时间 t，根据声速 $c=340m/s$，即可得出空距 D。空罐距离为 H，物位高度为 L。

计算公式为：$D=H-L$。其中 $D=c \times t/2$。

由于温度对声速有影响，需测出空气温度 t 以修正声速。

修正公式：$c=331.46 \times t(℃)$

B 为盲区，是指从超声波探头向下开始的一小段距离无法正常检测反射回波，这是因为超声波液位计在发射超声波脉冲时，不能同时检测反射回波，而且由于发射的超声波脉冲具有一定的时间宽度，且发射完超声波后传感器还有余振，期间超声波液位计不能检测反射回波。在测量液位时，如果被测的最高液位进入盲区，超声波液位计将不能正确检测液位实际高度，会出现误差。当碰到类似情况时，可以根据需要将液位计加高安装，或者降低液面。

所以超声波液位计量程：$0 \sim (H-B)$。

八、超声波液位计安装

1. 超声波液位计的安装要求

（1）在安装超声波液位计时，应根据超声波液位计的量程进行安装。在安装时，应注意超声波液位计探头的发射位置到最低液位的距离，不得大于超声波液位计所能测量的整个范围。

（2）在安装超声波液位计时，应注意使探头发射面与被测液面保持平行，这样声波就可以垂直发射到被测液面，以保证最大能量的返回和测量的精确度。

（3）安装时，应注意液位计所具有的盲区。根据盲区的范围决定最高液面与探头发射面的距离，应大于超声波液位计的盲区。

（4）传感器的安装位置应尽量避开正下方进、出料口等液面剧烈波动的位置。

（5）若池壁或罐壁不光滑，仪表需离开池壁或罐壁 0.3m 以上。

（6）若传感器发射面到最高液位的距离小于选购仪表的盲区，需加装延伸管，延伸管管径大于 120mm，长度 0.35～0.50m，垂直安装，内壁光滑，罐上开孔应大于延伸管内径。或者可以将管子直接到罐底，管径大于 80mm，管底留孔便于液体流入。

2. 超声波液位计的安装原则

（1）在传感器发射超声波脉冲时，都具有一定的发射角，因此从传感器下沿到被测介质表面之间与其发射超声波波束的区域内应尽量清除障碍物，并于安装时尽可能避开罐内原有设施，如：人梯、限位开关、加热设备、支架等等。

（2）传感器所发射的波束辐射范围内，不能有障碍物，不可与加料料流相交。安装时应尽量避开池内或容器内设施，如扶梯、管路、搅拌器等。如果无法避免障碍物的干扰，则建议安装时对超声波液位计进行"虚假回波"设置。

（3）由于声束角的存在，安装超声波液位计时注意最高料位不得进入仪表的测量盲区，且仪表探头距罐壁必须保持一定的距离，并尽可能使换能器的发射方向与液面垂直。超声波液位计测量范围（工作范围）和最大的测量间距如图 4-16 所示（①为满；②为空，即最大测量间距；③为测量范围）。

（4）若将超声波液位计安装于沟槽，首先需要注意支架的承重能力，其次要使得发射角远点不要超越 A 点边界（沟槽超声波液位计安装如图 4-17 所示），最后要确保安装高度在该超声波液位计的量程范围之内。

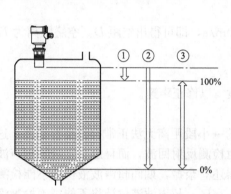

图 4-16 超声波液位计测量范围和最大测量间距 　　　图 4-17 沟槽超声波液位计安装

（5）对于拱形罐而言，超声波液位计应偏离罐顶中心位置安装，以避免形成多次反射回波，导致测量出现偏差。正确的安装位置应在灌顶半径的 1/2 或 2/3 处，拱形罐上超声波液位计安装位置如图 4-18 所示。

（6）锥形罐的安装较为简单，超声波液位计的最佳安装位置是锥形罐容器的顶部中央位置，以保证能够测量到容器最底部的位置，实现测量范围最大化，锥形罐上超声波液位计最佳安装位置如图 4-19 所示。

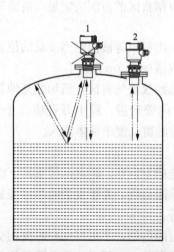 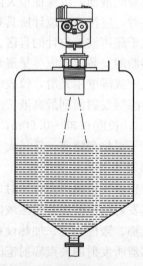

图 4-18 拱形罐上超声波液位计安装位置 　　　图 4-19 锥形罐上超声波液位计
1—错误的安装位置；2—正确的安装位置 　　　　　　　最佳安装位置

（7）应注意避开液体出入口和振动较大的位置安装，如安装在轻振动区域，可安装橡胶垫圈减振。露天安装应加装防护罩，以遮阳挡雨。

（8）超声波液位计一般采用螺纹或法兰安装，由于吊装易受风的影响而产生晃动，不建议吊装。

（9）不要在同一个容器里安装多个超声波液位计，以避免彼此干扰而产生测量误差。

（10）安装地点应尽可能远离易产生强电磁干扰的设备。应尽量避免安装在液面容易堆积泡沫、漂浮物或剧烈波动的地方，因为会影响回波质量，产生虚假回波，从而影响测量精确度。必要时可加装导波管，其长度至最低液位即可，应保证管内外液体能自由、同步升降，内壁要光滑。

（11）应在液位计的标称环境温度下使用。尽量不要使用在有水蒸气的场合，如果有蒸汽，易形成水珠附着在探头表面，对正常测量造成影响。

（12）当容器上有接管无法缩短使得探头发射面不能伸出容器内壁时，或者探头发射面到最高液位的距离小于盲区，导致无法正确检测时，需加装延伸管，延伸管应与液面垂直，内壁要光滑。

严格遵循上述安装原则安装，就可有效避免安装中产生的一系列问题，就能充分发挥超声波液位计声波方向性好、强度易控制、不与被测介质直接接触等优点，更好地用于液位测量。

3. 超声波液位计安装方式

超声波液位计一般有螺纹、法兰和支架三种安装方式，一体化超声波液位计安装方式如图 4-20 所示。分体式超声波液位计安装方式如图 4-21 所示。开敞环境下一般采用支架安装方式，用仪表自带法兰固定。池或罐在安装位置上割一个直径 60m 的圆孔，将仪表探头放入，然后将法兰自下而上旋紧。安装必须保证仪表的探头面与被测液面水平。

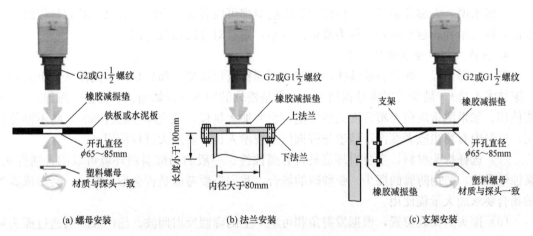

图 4-20　一体化超声波液位计安装方式

注：仪表自带塑料螺母。可以根据用户要求定制各种规格的法兰。为了防止支架颤抖，
　　支架要厚实。支架与池壁固定处，需考虑减振措施。推荐支架臂长 30～50cm。

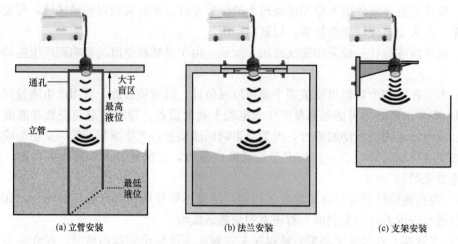

图 4-21　分体式超声波液位计安装方式

安装注意事项：

（1）仪表在室外安装建议加装遮阳板以延长仪表使用寿命。

（2）电线、电缆保护管要注意密封、防止积水。

（3）仪表虽然自身带有防雷器件，但仪表在多雷地区使用时，建议在仪表的进出线端另外安装专用的防雷装置。

（4）仪表在特别炎热、寒冷的地方使用，即周围环境温度有可能超出仪表的工作要求时，建议在液位仪周围加设防高、低温装置。

不推荐使用吊装方式安装，因为吊装易受风的影响，引起测量误差。安装时，还要考虑盲区的影响，要在物理上保证最高液面到探头表面的距离大于盲区。为避开盲区，在用加长导管安装的时候，必须注意探头辐射面两端与导管端面两端形成的夹角要大于换能器的锐度角（锐度角：波束两侧出现第一个极小值之间的夹角）。

一般来说，大部分超声波液位计用的换能器都可以看成一个圆形活塞。对大量程的产品来说，波束角并非越小越好，因为波束角越小，垂直对准液面就越困难。

4. 分体式超声波液位计安装

（1）选择量程。如果测量液体，可以按照标称量程选型。如果是测量固体（请事先咨询厂家技术人员），最少需要将量程加大，如果是松软的物体（比如面粉、棉花、海绵），将不能使用。如果测量液位有覆盖面大的气泡，也要加大量程，气泡厚度超过 5cm，将不推荐使用。空气中有粉尘或者蒸汽，请事先咨询厂家技术人员，要加大量程使用。

（2）选择探头材料，主要看环境是否有腐蚀性。一般的弱酸弱碱环境可以用普通探头，腐蚀性强的，要用防腐的探头。强酸碱的场合，我们还要考虑是否会形成雾气，会形成雾气的场合要求加大量程使用。

（3）探头的安装位置，根据发射角和可能产生的虚假反射回波。超声波波束通过探头聚焦，脉冲束的发射就好像手电筒的光束一样，不同类型不同量程的探头的发射角如下：23.54°（05A 探头），27.38°（12B 探头），23.96°（20C 探头）。在发射角内的任何物体，如：管道、容器支架和其他装置，都会造成很强的虚假回波，特别是发射内距离探头最近的几米处，比如：距离探头 6m 的虚假回波要比距离探头 18m 的强 9 倍，分体式超声波液位计探头安装位置如图 4-22 所示。

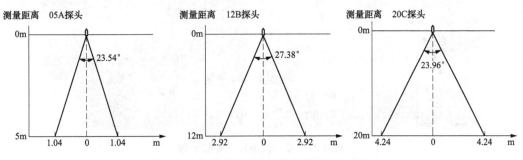

图 4-22　分体式超声波液位计探头安装位置

请注意：尽量使探头的轴线垂直于介质表面，并且避免在波束角内有任何装置，比如：管道和支架等。

（4）分体式超声波液位计安装注意事项。

1）探头的安装应垂直于被测面，如图 4-23 所示。

2）探头的安装应远离下料口、避开障碍物，如图 4-24 所示。

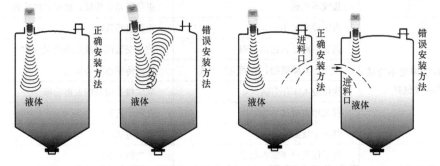

图 4-23　探头应垂直于被测面　　　图 4-24　探头应远离下料口且避开障碍物

3）探头不适于强烈搅拌的实时测量，如图 4-25 所示。

4）要提高探头安装位置，防止最高液面进入盲区，如图 4-26 所示。

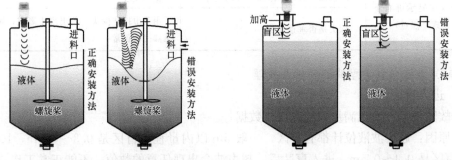

图 4-25　探头不适于强烈搅拌的实时测量　图 4-26　防止最高液面进入盲区的探头安装位置

某厂超声波液位计安装示例如图 4-27 所示。

图 4-27　超声波液位计安装示例

九、超声波液位计常见故障和典型缺陷分析与处理

1. 超声波液位计常见故障现象分析处理

超声波液位计常见故障现象、原因及处理方法见表 4-3。

表 4-3　　　　　　　　　超声波液位计常见故障现象、原因及处理方法

序号	故障现象	故障原因	处理方法
1	屏幕没显示	电源电压不对	检查电源电压
		接线不正确	正负极是否接反，烧坏正确接线
2	数字固定不变或比实际液位高	盲区设定太小	重新设置盲区
		测量距离是否超出量程	改变安装位置或重新设置参数
		探头下有障碍物，有固定反射面	提高传感器安装位置
		物位进入工作盲区	减少接受增益的发射功率
		仪表增益过高	查明干扰源
		其他干扰源	检查电源电压
3	示值不准，数字跳动	盲区设置处于临界状态	适当加大盲区
		传感器是否垂直安装	检查并重新安装
		有干扰噪声或液面本身有波动	查明原因
		输出电流不稳定	正确接线
4	出现回波提示信号（在显示屏右下角出现小黑点）	检查接线（分体）	加大功率
		反射面不好，如泡沫、波动大等	重新安装
		探头是否垂直安装	用毛巾捂住探头，若出现小黑点，则表明传感器回波正常

2. 超声波液位计典型缺陷分析及处理

(1) 进入盲区。

1) 故障现象：出现满量程或者任意数据；

2) 原因：超声波液位计都有盲区，一般 5m 以内量程，盲区是 0.3～0.4m，10m 以内量程，盲区是 0.4～0.5m，进入盲区后，超声波会出现任意的数值，不能正常工作。

3) 解决方法：安装的时候就要考虑盲区的高度，安装好之后探头离最高水位之间的距离必须大于盲区。以上原因可能导致超声波液位计的不正常工作，所以在购买超声波液位计

的时候，一定要把现场的工况和有经验的客服说，方便帮您选型，建议您怎么安装，保证超声波液位计正常工作。

（2）现场容器里面有搅拌，液体波动比较大，影响超声波液位计的测量。

1）故障现象：无信号或者数据波动厉害；

2）原因：超声波液位计测量几米距离，都是指平静的水面，比如 5m 量程的超声波液位计，一般是指测量平静的水面最大距离是 5m，实际出厂会做到 6m，遇到容器里面有搅拌的情况下，水面不是平静的，反射信号会减弱到正常信号的一半以下；

3）解决方法：选用更大量程的超声波液位计，如果实际量程是 5m，那就要用 10m 或者 15m 的超声波液位计来测量，如果不换超声波液位计，而且罐子内液体无黏性，还可以安装导波管，把超声波液位计探头放在导波管内测量液位计高度，因为导波管内的液面基本是平稳的，建议把二线制超声波液位计改为四线制的。

（3）液体表面有泡沫。

1）故障现象：超声波液位计一直在搜索，或者显示"丢波"状态；

2）原因：泡沫会明显吸收超声波，导致回波信号非常弱，因此当液体表面 40％以上面积覆盖了泡沫，超声波液位计发射的信号就会被吸收绝大部分，造成液位计接收不到反射的信号，这个跟泡沫的厚度没有太大大关系，主要跟泡沫的覆盖面积有关；

3）解决方法：安装导波管，把超声波液位计探头放在导波管内测量液位计高度，因为导波管内的泡沫会减少很多，更换为雷达液位计来测量，雷达液位计对 5cm 以内的泡沫都可以穿透。

（4）现场有电磁干扰。

1）故障现象：超声波液位计数据无规律跳动，或者干脆显示无信号；

2）原因：工业现场会有很多电动机、变频器还有电焊都会对超声波液位计测量造成影响，电磁干扰会超过探头接收到的回波信号；

3）解决方法：超声波液位计必须可靠接地，接地后，电路板上的一些干扰，会通过地线跑掉，而且这个接地是要单独接地，不能跟其他设备共用一个地，电源不能跟变频器、电动机同一个电源，也不能从动力系统电源上直接引电，安装地点要远离变频器、变频电动机、大功率电动设备，如果不能远离，就要在液位计外面装金属的仪表箱来隔绝屏蔽，这个仪表箱也要接地。

（5）现场水池或者罐子内温度高，影响超声波液位计测量。

1）故障现象：水面离探头近的时候可以测量到，水面离探头远就测量不到，水温低的时候超声波液位计测量都正常，水温高了超声波液位计就测量不到；

2）原因：液体介质在 30～40℃以下一般不会产生蒸汽和雾气，超过这个温度容易产生蒸汽或雾气，超声波液位计发射的超声波在发射过程中穿过蒸汽会衰减一次，从液面反射回来的时候又要衰减一次，造成最后回到探头的超声波信号很弱，所以测量不到，而且在这种环境下，超声波液位计探头容易结水珠，水珠会阻碍超声波的发射和接收；

3）解决方法：要把量程加大，实际罐子高度是 3m，要选择 6～9m 的超声波液位计，可以减少或削弱蒸汽或者雾气对测量的影响，探头要用聚四氟乙烯或者 PVDF 做，做成物理密封型的，这样的探头发射面上不容易凝结水珠，其他材质的发射面，水珠都比较容易凝结。

第四节　导波雷达液位计

一、导波雷达液位计简介

导波雷达液位计是一种微波液位计，根据测量能量波运动过程的时间差来确定液位变化的情况。由电子装置对微波信号进行处理，最终转化成与液位相关的电信号。这里的能量波是脉冲能量波，能量辐射水平低（频率一般比智能雷达液位计低）。

导波雷达液位计是依据时域反射原理（TDR）为基础的雷达液位计，微波发生器产生的电磁脉冲以光速沿钢缆或探棒传播，当遇到被测介质表面时，波导体与被测介质（液体或固体）表面接触时，由于波导体在气体中和被测介质中的导电性能大不相同，这种波导体导电性的改变使波导体的阻抗发生骤然变化，从而产生一个液位反射原始脉冲，并沿相同路径返回到脉冲发射装置，发射装置与被测介质表面的距离同脉冲在其间的传播时间成正比，经计算得出介质高度。

另外，高导电性介质（例如水等）液位产生较强的反射脉冲，而低导电性介质（如烃类）产生反射较弱，低导电性介质使得某些电磁波能沿着探头（波导体）穿过液面继续向下传播，直至完全消散或被一种较高导电性的介质反射回来，这就使我们有可能采用雷达物（液）位计测量两种液体的界面（如油/水界面）等。

导波雷达液位计可测量液位及料位，可满足不同温度、压力、介质的测量要求，最高测量温度可达 800℃，最大压力可达 5MPa，并可应用于腐蚀、冲击等恶劣场合。

在液体应用中，相对于非接触的雷达仪表，接触式的导波雷达，其测量更不易受到液面波动、泡沫等的影响，而且也具有很强的抗结露和黏附的能力，此外导波雷达还可以测量油水界面，这些特性使得导波雷达在液体应用中，具有它独特的优势，特别是在石化、化工行业，以及电力行业的汽机系统中，有着广泛而重要的应用。

二、导波雷达液位计基本工作原理与结构

1. 导波雷达液位计的工作原理

导波雷达液位计是一种微波液位计，它是微波（雷达）定位技术的一种运用。它是通过一个可以发射能量波（一般为脉冲信号）的装置发射能量波，能量波在波导管中传输，能量波遇到障碍物反射，反射的能量波由波导管传输至接收装置，再由接收装置接收反射信号。

导波雷达液位计是依据时域反射原理（TDR）为基础的雷达液位计，采用高频振荡器作为电磁脉冲发生体，发射电磁脉冲，沿导波缆或导波杆向下传播，当遇到被测介质表面时，雷达液位计的部分电磁脉冲被反射回来，形成回波。并沿相同路径返回到脉冲发射装置，通过测量发射波与反射波的运行时间，经 $t = 2d/c$ 公式，计算得出液位高度。导体雷达液位计工作原理如图 4-28 所示。

根据图 4-28（a）所示，导波雷达液位计发射电磁脉冲时，在通过导波缆顶部的时候，由于距发射端较近，会产生一个虚假回波，可通过滤除虚假回波，来消除干扰。电磁脉冲沿导波缆向下传播时，当信号到达被测介质表面时，回波一部分会被反射，并在回波曲线上产生一个阶跃性变化。另外一部分信号仍然会继续向下传播，直到损耗在不断发射中。液位计通过检测出液位回波和顶部发射回波之间的时间差，再根据这个时间差，经过智能化信号处理器进行计算就可以得到液位的高度。

从图 4-28（b）可以看出，在空罐的时候，没有液位就不会检测到液位回波信号，但是顶部虚假回波同样会存在，电磁脉冲传输到导波缆的底部，罐底会产生一个回波。假如罐体内有两种不相溶的介质，由于密度不同，两种介质会分为上下两层。如果这两种介质的介电常数相差极大，那么就可以通过回波信号的不同来判断两种介质的界面，进而计算出两种介质的高度以及界面的高度。由于电磁脉冲是通过导波缆向下传播，信号衰减比较小，因而可以测量低介电常数的介质。一般情况下被测介质的相对介电常数越大，反射回来的脉冲信号就越强。也就更容易区分出虚假回波。更容易得到真实液位。比如水比甲醇更容易测量。

介质的相对介电常数是表征介质极化的一个物理量，它是由介质本身的属性决定的。因此，介质不同，相对介电常数也不同。被测介质的介电常数大小直接影响高频脉冲信号的反射率。当电磁脉冲到达介质表面时，电磁波会发生反射和折射。相对介电常数越大，则反射的损耗越小，相反相对介电常数越小，则发射的损耗越大，信号衰减的越严重。当被测介质的电导率大于 10mS/cm，则会全部反射回来，即回波信号越强。由于过小的相对介电常数会导致信号极度衰减。因而每一种导波雷达液位计都具有一项最小相对介电常数，确保其能够正常使用。不同公司的导波雷达液位计在结构设计上不同，对最小相对介电常数的要求也不同。

(a) 原理示意   (b) 实物图

图 4-28 导波雷达液位计工作原理

导波微波物位仪表用于对液体、浆料及颗粒料等介电常数比较小的介质进行接触连续测量，适用于温度、压力变化大、有惰性气体或蒸汽存在的场合。

导波雷达既可用在几何尺寸狭小的容器中，也可用在旁通管和各种尺寸的储罐中。由于导波雷达非依赖"平坦"表面才反射回波，因此导波雷达液位计适合测量多种粉末和谷物，以及因旋涡造成液面倾斜的液体。其具体典型应用：小型氨水储罐、液化天然气和液化石油气储罐、埋地储罐、蒸汽和沸腾的湍流工况、油水界面、蒸馏塔、汽包液位和固体仓。

2. 导波雷达液位计的结构

导波雷达液位计主要由雷达变送器、过程密封件和导波杆三部分组成，其基本结构如图 4-29 所示。表头内部安装雷达变送器，采用一次压铸成型的双室结构，带 LCD 显示，大多数情况下可以向任意方向旋转，便于现场观察。根据不同的环境条件选择相应表头材质，常规条件下可以选择聚氨酯涂层，沿海地区可以考虑 316SS 等耐腐蚀性不锈钢。导波杆共分为两类五种，即硬杆类，包括同轴、单杆和双杆三种；软缆类，包括单缆和双缆两种。

　　导波雷达液位计配备不同的探头，以满足各种应用要求。硬杆类导波雷达液位计测量范围较小，制造商推荐可选范围一般在 0～6m，而软缆类导波雷达液位计测量范围较大，制造商推荐可选范围通常在 0～50m 内，甚至可以达到 80m，所以导波杆长度可根据测量要求，自由定制选择。

　　硬杆类中的单杆式探头能量传输效率较低，外界干扰敏感，是受物体接近程度影响较大的探头，应避免靠近干扰物安装，如设备内壁或容器内构件等。适合测量小量程的液体和粉末状或小颗粒固体料位。同轴式探头能量集中在小口径的金属管内，能量传输效率高，不受液面湍动的影响，抗干扰能力强，安装空间要求低，可以近容器内金属构件安装或者与其他液位仪表装在同一旁通管内，且不会相互影响。其结构特点决定了其更适用于低黏度的清洁介质、超低介电常数液体或界位测量，而在挂料和结晶的应用场合容易产生测量误差，因此不适用高黏度的、易挂料、易结垢的场合的液位测量，如重油型加工处理装置中的原料罐、地下污油罐等。

图 4-29　导波雷达液位计基本结构

　　软缆类中的单缆式探头底部配有重锤，主要用于测量大量程的液体和固体料位。

　　硬杆类型中的双杆、软缆类型中的双缆与单杆、单缆相比，增加为平行双探头，导波雷达液位计能量集中在两个探头之间，测量能力、抗干扰、抗黏附能力高于单探头，灵敏度低于同轴探头。

　　3. 导波雷达液位计主要功能

　　(1) 计算并显示液位值及单位。

　　(2) 计算并显示液位百分比、输出电流值。

　　(3) 实现 LCD 显示和按键操作。

　　(4) 液位计参数（介电常数、杆类型、杆长、阻尼时间、液位偏移量、法兰类型等）设置。

　　(5) 内部和外部数据存储保存（防止数据掉电丢失）。

　　(6) 导波雷达物位计还可实现 HART 通信协议、4～20mA 电流信号远传或者 RS485 通信等。

　　(7) 标定参数设定。

　　(8) 系统错误自我诊断菜单的实现。

　　(9) 设置仪表密码（可以随时切换为用户、管理员和厂家操作模式）。

　　4. 导波雷达液位计的特点

　　(1) 可以测量具有极低介电常数的液体，可低到 1.4。被测液体的介电常数只会影响回波信号的幅度大小，并不会干扰液位运算的结果。导波雷达液位计回波信号的幅度相对比较大，可以测量的液体种类更多。

　　(2) 可以测量不同介质的分界位。

　　(3) 功耗非常低、安全性更高，更适合于石化行业。由于有导波杆来集能量，其发射到导波杆的信号的能量可以极小。另外功耗低可使用回路供电，不再使用交流电供电，可以节省相当大的安装费用。这对于石化领域的应用显然更安全、更适合。

（4）适合于高温高压的工况使用条件。在特殊情况下，也许会需要在高温高压下进行测量，常温下最高可以耐 34.5MPa 的高压。当导波杆用不锈钢和陶瓷构成时，可使用的温度 400℃（需要做高温高压的处理），最高压力 43MPa。

（5）抗干扰强。由于使用了导波杆结构，就不会出现罐体内部的多重反射回波，设计实现起来更简单、结果更精确。

（6）变化的介质密度、雾气态和泡沫对测量均无影响。在有显著的挥发气体、泡沫、液位不停变动、超低的液位，介电常数发生变化的更复杂情况下同样都可以实现测量。

总之，导波雷达液位计能够在多种极其复杂条件下使用，可以测量极低介电常数的液体，综合性能好于其他一般液位测量技术。近年来国产仪器仪表行业飞速发展，现在已有的国产品牌比较好的有嘉可仪表 JK 系列导波雷达液位计等。

导波雷达液位计还可实现 HART 协议通信 4～20mA 电流信号远传或者 RS485 通信等。

三、导波雷达液位计调校

导波雷达液位计在使用前要对其进行调试，保证在使用过程中不会出现问题，也不会对最终的测量结果有影响。

通过 HART 手持编程器调校，测量范围为 4～20mA 对应值，HART 手持编程器有其调整的范围，不适用于所有的产品。

通过手持调整模块调校，其功能相当于一个分析处理仪表。编程器由按键和一个液晶显示屏组成，可以显示调整菜单和参数设置。

通过调试软件调校，导波雷达液位计是可以通过软件进行调试的。过程：主要是采用 HART 软件进行调试，需要一个仪表驱动器。其中，使用软件调试时，给雷达仪表加电 24V DC，同时在连接 HART 适配器前端加一个 250Ω 的电阻。如果一体式 HART 电阻的供电仪表，其内部电阻 250Ω，就不需要附加外部电阻，这时 HART 适配器可以和 4～20mA DC 线并联。导波雷达液位计校验接线如图 4-30 所示。

以上就是相对较为常见的导波雷达液位计的调试方法和手段，用户可以对应自己的实际情况，判断自己最合适的使用方法，最后进行操作。切记选择方法时一定要谨慎，否则容易出现错误。

操作步骤：

（1）选择仪表单位"m"，应工艺要求，在显示屏显示值项选择液位计显示屏显示单位为"%"。

（2）选择探头总长度，探头总长度既可以手动输入，也可以让传感器系统自动测量，如聚丙烯回收精制区污水池深度为 6m，污水池顶部混凝土厚度为 0.2m，保温箱高度为 0.8m，则需将探头总长度截成 7m。

（3）确定探头类型，选择缆式 4mm 重锤型。

（4）选择介质类型和介质特性，由于是测量污水池液位，所以选择介电常数大于 10 的含水介质。

（5）选择液位最大设定值，即污水池液位为100％时，探头从基准面（过程接头的密封面）沿钢缆到液面的距离。

（6）选择液位最小设定值，即污水池液位为0％时，探头从基准面（过程接头的密封面）沿钢缆到底端重锤的距离。

（7）输入阻尼时间，为保证仪表趋势图能平滑有序，将阻尼时间调整为2s。

（8）线性化调整，由于污水池是立方体结构，污水池容量与高度呈线性关系，因而选择线性"linear"。

（9）对电流输出方式进行选择，选择4~20mA。

（10）参数设定完成后，对回路进行调试，取4、8、12、16、20mA五个点分别进行上行程和下行程调试。

（11）确认检查仪表指示无问题，并与DCS画面显示一致后，投用仪表，清理现场。

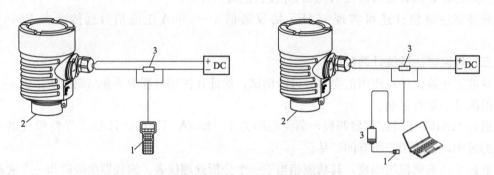

图4-30　导波雷达液位计校验接线

1—HART适配器；2—导波雷达变送器；3—250Ω的电阻

四、导波雷达液位计安装

导波雷达液位计在使用过程中，微波会沿导波杆向下传导，尽量避免导波杆周围出现金属干扰或物料堆积的情况发生。若仪表安装不当，会导致一些问题的发生。

1. 导波雷达液位计安装要求

安装导波雷达液位计时，应确保缆或杆不接触整个范围内的内部障碍物，因此应尽量避开罐内的设施，如人梯、限位开关、加热设备、支架等。还应注意，电缆或杆不得与进料流相交。

2. 导波雷达液位计安装位置选择

（1）固体物料安装位置。固体物料安装位置如图4-31所示。

1）尽量远离出料口和进料口。

2）金属罐在整个量程范围内不碰罐壁及罐底。

3）建议安装在料仓直径的1/4或1/6处，与罐壁的最小距离为测量范围的1/10。

4）缆式或杆式探头离罐壁最小距离大于等于300mm。

5）探头底部距罐底大于等于30mm。

6）探头距罐内障碍物最小距离大于等于200mm。

7）如果容器底部是锥形，可以安装在罐顶中央。

（2）液体物料安装位置。液体物料安装位置如图 4-32 所示。

1）可以测量介电常数大于等于 1.8 的任何介质。

2）一般用于测量黏度小于等于 500cst 而且不容易产生黏附的介质。

3）杆式雷达最大量程可以达到 6m。

4）对蒸汽和泡沫有很强的穿透能力，测量不受影响。

5）泡沫较大的液体测量环境，应选择单杆式导波雷达液位计测量。

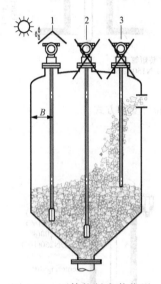
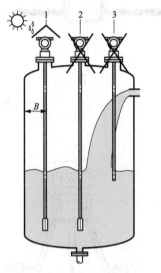

图 4-31　固体物料安装位置　　　　图 4-32　液体物料安装位置

3. 导波雷达液位计安装前的准备工作

（1）确保在连接过程的正下方没有干扰体。否则会导致测量误差。

（2）预留足够的安装空间。

（3）避免强烈阳光照射信号转换器。如有必要，安装防护罩。

（4）避免振动大的安装场合。

（5）多个导波雷达液位计可以安装在同一个容器上。

4. 导波雷达液位计安装方式

导波雷达液位计正确的安装方式可保证仪表长期稳定和高精确度测量。

导波雷达液位计安装方式有焊接头螺纹安装和管口法兰安装，导波雷达液位计安装方式如图 4-33 所示。若仪表安装短管高度大于 200mm，那么管壁会对信号产生较大影响，导致测量故障，这时，需要加装一个喇叭形的法兰安装附件 FAU20，短管导波雷达液位计安装如图 4-34 所示。尽量避免安装短管直径大于 250mm。如果需要安装短管直径大于 250mm，则需要联系生产厂家。

如果安装短管在 50～250mm，高度大于 150mm，为防止探测器碰到管口边缘，须加装一个对中圆盘 FAU30。对中圆盘 FAU30 由两个部分组成：一个外径等于管口内径的圆盘，一个高度等于管口高度的金属杆。

如果安装在塑料容器上，必须使用一个大于 DN50 的金属法兰或大于 DN200 的金属片，在塑料容器上的导波雷达液位计安装如图 4-35 所示。

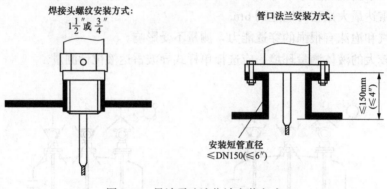

图 4-33　导波雷达液位计安装方式

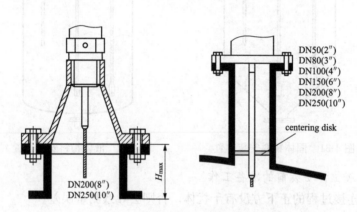

图 4-34　短管导波雷达液位计安装

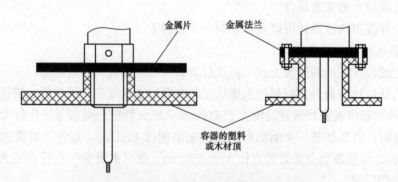

图 4-35　在塑料容器上的导波雷达液位计安装

在水泥顶上的导波雷达液位计安装如图 4-36 所示。

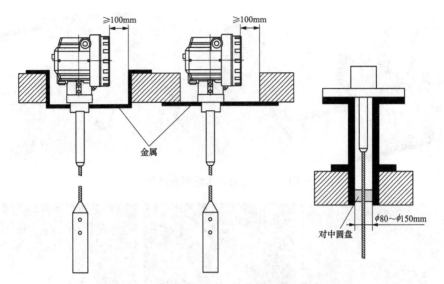

图 4-36　在水泥顶上的导波雷达液位计安装

5. 导波雷达液位计安装技巧

（1）确定被测材料的流向后，安装点应选择管道中的最低位置。如果由于管道中的流体空位而导致指示器不在零位置引起错误，则应当在桩充满流体的任何时候选择安装点。

（2）直线长度应保持在 5D 的前方和 3D 的后方。为了获得仪器的测量精确度，传感器上游侧的液位发展长度不小于 5D，下游侧面不小于 3D（D 是传感器的公称直径）。如果上游侧有两个或多个天使头或其他挡板，则前直线长度应大于 10D。

（3）信号电极在水平方向上。为了使电极轴在水平安装时平行于水平线，底部的电极将被沉淀物覆盖，电极表面将被有时存在于气泡中的气泡摩擦。测量介质，波动输出信号。

（4）尽可能避免振动源和磁源（大功率电动机和电压互感器）。由于导波雷达液位计的测量感应电压很小而且电压很低，外部导波雷达很容易受到影响噪音。因此，在安装过程中进行接地（跨接）连接更可靠。

某电厂用导波雷达液位计测量凝汽器液位、江边取水滤网前液位、小机油箱液位的安装示意如图 4-37～图 4-39 所示。

图 4-37　凝汽器液位测量

图 4-38　江边取水滤网前液位

图 4-39　小汽轮机油箱液位

五、导波雷达液位计常见故障现象与处理和典型缺陷分析与处理

1. 导波雷达液位计常见故障现象与处理

导波雷达液位计常见故障现象、原因与处理方法见表 4-4。

表 4-4　　　　　　　　　导波雷达液位计常见故障现象、原因与处理方法

序号	故障现象	故障原因	处理方法
1	液位、输出值波动	组态参数不正确	重新组态探头长度和偏差，调整阻尼系数
		实际液位波动	依靠其他设备确认准确液位
2	不论液位高低，输出为同一数值	组态参数不正确	重新确认探头长度，调整偏置值，达到精确数值
3	无液位信号	组态数据问题：介质介电常数不合适，液位在顶部过渡区，组态时没有设置；探头长度组态数据不对	重新检查如下组态数据：检查介质介电常数；液位在顶部过渡区，组态时没有设置；检查探头长度组态
		线路板连接不好	重新插拔线路板
4	输出或最大，或最小，不精确	介质不纯，如油带水	检查介质
		有泡沫或黏稠物造成导波杆堵塞	清理导波杆
		探头顶部密封处有杂物	清理导波杆顶部杂物

2. 典型缺陷分析与处理

（1）对于天线结疤的处理。介电常数很小的挂料在干燥状态下对测量无影响，而介电常数很高的挂料则对测量有影响。可用压缩空气吹扫（或清水冲洗），且冷却的压缩空气可降低法兰和电器元件的温度。还可用酸性清洗液清洗碱性结疤，但在清洗期间不能进行料位测量。

（2）探头结疤和频繁故障处理方法。第一个办法是将探头安装位置提高，但有时因安装条件限制不能提高的情况下，就应采用将料位测量值与该槽的泵联锁的办法，解决这一难题：将最高料位设定值减小 0.5m 左右，当料位达到该最高值时，即可停进料泵或开启出料泵。

（3）关于泡沫对测量的影响。干泡沫和湿泡沫能将雷达波反射回来，对测量无影响；中性泡沫则会吸收和扩散雷达波，因而严重影响回波的反射甚至没有回波。当介质表面为稠而厚的泡沫时，测量误差较大或无法测量，在这种工况下，雷达料位计不具有优势，这是其应用的局限性。

（4）被淹相应的处理方法。解决这种问题的办法是将雷达料位计改为导波管式测量。仍在原开孔处安装导波管式雷达料位计，导波管高于排汽管 0.2m 左右，这样一来，即使出现料浆从排汽管溢出的恶劣工况，也不会使料位计天线被料浆淹没，而且避免了搅拌器涡流的干扰及大量蒸汽从探头处冒出，减少了对探头的损害，同时由于导波管聚焦效果好，接收的雷达波信号更强，取得了很好的测量效果。使用导波管测量方式，可以改善表计测量条件，提高仪表测量性能，具有很高的推广应用价值。

第五章

位 移 传 感 器

位移是指物体的某个表面或某点相对于参考表面或参考点位置的变化。位移有线位移和角位移两种。线位移是指物体沿着某一条直线移动的距离；角位移是指物体绕着某一定点旋转的角度。在机械工程中经常要精确测量零部件的位移或位置，并且力、压力、扭矩、速度、加速度、温度、流量等参数也可转换为位移进行测量。

位移传感器主要用于设备位移测量与位置定位，位移传感器质量的优劣直接决定了机械设备测量精确度与控制效果的好坏。在生产过程中，位移的测量一般分为测量实物尺寸和机械位移两种。按被测变量变换的形式不同，位移传感器可分为模拟式和数字式两种。模拟式又可分为物性型和结构型两种。常用位移传感器以模拟式结构型居多，包括电位器式位移传感器、电感式位移传感器、自整角机、电容式位移传感器、电涡流式位移传感器、霍尔式位移传感器等。数字式位移传感器的一个重要优点是便于将信号直接送入计算机系统。这种传感器发展迅速，应用日益广泛。位移是和物体在运动过程中位置的移动有关的量，位移的测量方式所涉及的范围是相当广泛的。小位移通常用应变式、电感式、差动变压器式、涡流式、霍尔传感器来检测，大的位移常用感应同步器、光栅、容栅、磁栅等传感技术来测量。其中光栅传感器因具有易实现数字化、精确度高（目前分辨率最高的可达到纳米级）、抗干扰能力强、没有人为读数误差、安装方便、使用可靠等优点，在机床加工、检测仪表等行业中得到日益广泛的应用。

第一节 位移传感器简介

一、位移传感器的常用测量方法

位移测量时，应当根据不同的测量对象，选择适当的测量点、测量方向和测量系统。位移测量系统是由位移传感器、相应的测量放大电路和终端显示装置组成。位移传感器选择恰当与否，对测量精确度影响很大，必须特别注意。

针对位移测量的应用场合，可采用不同用途的位移传感器，表 5-1 中列出了常用位移传感器的主要特点和使用性能。

表 5-1　　　　　　　　　　　　常用位移传感器一览表

类别			测量范围	准确度	直线性	特点
电阻式	滑线式	线位移	1～300mm	±0.1%	±0.1%	分辨率较好，可用于静态或动态测试。机械结构不牢固
		角位移	0～360°	±0.1%	±0.1%	

类别		测量范围	准确度	直线性	特点
电阻式	变阻器 线位移	1～1000mm	±0.5%	±0.5%	结构牢固，寿命长，但分辨力差，电噪声大
	变阻器 角位移	0～60 转	±0.5%	±0.5%	
应变式	非粘贴	±0.15%应变	±0.1%	±1%	不牢固
	粘贴	±0.3%应变	±(2%～3%)	—	
	半导体	±0.25%应变	±(2%～3%)	满刻度 ±20%	牢固，使用方便，需温度补偿和高绝缘电阻
电感式	自感式 变气隙型	±0.2mm	±1%	±3%	只宜用于微小位移测量
	自感式 螺管型	1.5～2mm	—	—	测量范围较前者宽，使用方便可靠，动态性能较差
	自感式 特大型	300～2000mm	—	0.15%～1%	
	差动变压器	±0.08～75mm	±0.5%	±0.5%	分辨率好，受到杂散磁场干扰时需屏蔽
	电涡流式	−250～−2.5mm	±(1%～3%)	<3%	分辨率好，受被测物体材料、形状、加工质量影响
	同步机	360°	±(0.1°～7°)	±0.5%	可在 1200r/min 的转速下工作，坚固，对温度和湿度不敏感
	微动同步器	±10°	±1%	±0.05%	线性误差与变压比和测量范围有关
	旋转变压器	±60°	—	±0.1%	
电容式	变面积	10^{-3}～1000mm	±0.005%	±1%	介电常数受环境湿度、温度的影响
	变间距	10^{-3}～10mm	±1%	—	分辨率很高但测量范围很小，只能在小范围内近似保持线性
霍尔元件		±1.5mm	0.5%	—	结构简单，动态特性好
感应同步器	直线性	10^{-3}～10^4mm	2.5μm/250mm	—	模拟和数字混合测量系统，数字显示。（直线式感应同步器的分辨率可达1μm）
	旋转式	0～360°	±0.5°	—	
计量光栅	长光栅	10^{-3}～1000mm（还可接长）	3μm/1m	—	同上，长光栅分辨率 0.1～1μm
	圆光栅	0～360°	±0.5 角秒	—	
磁尺	长磁尺	10^{-3}～10^4mm *	5μm/1m	—	测量时工作速度可达 12m/min
	圆磁尺	0～360°	±1 角秒	—	
角度编码器	接触式	0～360°	10^{-6}rad	—	分辨率好，可靠性高
	光电式	0～360°	10^{-6}rad	—	

二、位移传感器的分类及原理

1. 按工作原理分

（1）电位器式位移传感器。它通过电位器元件将机械位移转换成与之成线性或任意函数关系的电阻或电压输出。普通直线电位器和圆形电位器都可分别用作直线位移和角位移传感器。但是，为实现测量位移目的而设计的电位器，要求在位移变化和电阻变化之间有一个确定关系。电位器式位移传感器的可动电刷与被测物体相连。物体的位移引起电位器移动端的电阻变化。阻值的变化量反映了位移的量值，阻值的增加还是减小则表明了位移的方向。通常在电位器上通一电源电压，以把电阻变化转换为电压输出。

1）线绕式电位器：由于其电刷移动时电阻以匝电阻为阶梯而变化，其输出特性也呈阶梯形。如果这种位移传感器在伺服系统中用作位移反馈元件，则过大的阶跃电压会引起系统振荡。因此在电位器的制作中应尽量减小每匝的电阻值。另外，电位器式传感器易磨损。它的优点：结构简单，输出信号大，使用方便，价格低廉。

2）导电塑料位移传感器：用特殊工艺将 DAP（邻苯二甲酸二烯丙脂）电阻浆料覆在绝缘机体上，加热聚合成电阻膜，或将 DAP 电阻粉热塑压在绝缘基体的凹槽内形成的实心体作为电阻体。特点：平滑性好、分辨力优异、耐磨性好、寿命长、动噪声小、可靠性极高、耐化学腐蚀。它可用于宇宙装置、导弹、飞机雷达天线的伺服系统等。

3）金属玻璃铀位移传感器：用丝网印刷法按照一定图形，将金属玻璃铀电阻浆料涂覆在陶瓷基体上，经高温烧结而成。特点：阻值范围宽，耐热性好，过载能力强，耐潮，耐磨等都很好，是很有前途的电位器品种，但其接触电阻和电流噪声大。

4）金属膜位移传感器：金属膜电位器的电阻体可由合金膜、金属氧化膜、金属箔等分别组成。特点：分辨力高、耐高温、温度系数小、动噪声小、平滑性好。

优点：便宜、结构简单、输出精确度较高、线性和稳定性好且滞后、蠕变小。

缺点：外界环境变化较大时对传感器影响大，如温度等对其影响较大，分辨率不高。

（2）磁致伸缩位移传感器。它通过内部非接触式的测控技术精确地检测活动磁环的绝对位置来测量被检测产品的实际位移值。

磁致伸缩位移传感器是利用磁致伸缩原理，通过两个不同磁场相交产生一个应变脉冲信号来准确地测量位置的。测量元件是一根波导管，波导管内的敏感元件由特殊的磁致伸缩材料制成。测量过程是在传感器的电子室内产生电流脉冲，该电流脉冲在波导管内传输，从而在波导管外产生一个圆周磁场，当该磁场和套在波导管上作为位置变化的活动磁环产生的磁场相交时，由于磁致伸缩的作用，波导管内会产生一个应变机械波脉冲信号，这个应变机械波脉冲信号以固定的声音速度传输，并很快被电子室所检测到。

这个应变机械波脉冲信号在波导管内的传输时间和活动磁环与电子室之间的距离成正比，通过测量时间，就可以高度精确地确定这个距离。由于输出信号是一个真正的绝对值，而不是比例的或放大处理的信号，所以不存在信号漂移或变值的情况，更无需定期重标。

磁致伸缩位移传感器是根据磁致伸缩原理制造的高精确度、长行程绝对位置测量的位移传感器。它采用内部非接触的测量方式，由于测量用的活动磁环和传感器自身并无直接接触，不至于被摩擦、磨损，因而其使用寿命长、环境适应能力强、可靠性高、安全性好，便于系统自动化工作，即使在恶劣的工业环境下（如容易受油渍、尘埃或其他的污染场合）也能正常工作。传感器采用了高科技材料和先进的电子处理技术，因而它能应用在高温、高压和高振荡的环境中。传感器输出信号为绝对位移值，即使电源中断、重接，数据也不会丢失，更无须重新归零。由于敏感元件是非接触的，就算不断重复检测，也不会对传感器造成任何磨损，可以大大地提高检测的可靠性和使用寿命。行程可达 3m 或更长，标称精确度为 0.05% F.S，行程 1m 以上传感器精确度可达 0.02% F.S，重复性可达 0.002% F.S，因此它得到广泛的应用。

（3）光栅式位移传感器。光栅式位移传感器指采用光栅叠栅条纹原理测量位移的传感器。光栅是在一块长条形的光学玻璃上密集等间距平行的刻线，刻线密度为 10～100 线/

mm。由光栅形成的叠栅条纹具有光学放大作用和误差平均效应，因而能提高测量精确度。

传感器由标尺光栅、指示光栅、光路系统和测量系统四部分组成。标尺光栅相对于指示光栅移动时，便形成大致按正弦规律分布的明暗相间的叠栅条纹。这些条纹以光栅的相对运动速度移动，并直接照射到光电元件上，在它们的输出端得到一串电脉冲，通过放大、整形、辨向和计数系统产生数字信号输出，直接显示被测的位移量。

传感器的光路形式有两种：一种是透射式光栅，它的栅线刻在透明材料（如工业用白玻璃、光学玻璃等）上；另一种是反射式光栅，它的栅线刻在具有强反射的金属（不锈钢）或玻璃镀金属膜（铝膜）上。这种传感器的优点是量程大和精确度高。

光栅式传感器应用在程控、数控机床和三坐标测量机构中，可测量静、动态的直线位移和整圆角位移。在机械振动测量、变形测量等领域也有应用。

优点：检测范围大，检测精度高，响应速度快。

缺点：接触式测量，测量速度一般为 1.5m/s 以内，只能用于静态测量。

（4）LVDT 位移传感器。LVDT 位移传感器是线性差动变压式位移传感器的简称，LVDT 位移传感器工作原理是在一个空心的骨架上绕了三组线圈，一组初级线圈两组次级线圈，当给初级线圈通电时空心的骨架内会形成一个磁场，在一个导磁的铁芯插入中空的骨架里面时，由于切割磁感应线原理两个次级线圈会形成一个微弱的交流电压，当铁芯移动到某个次级线圈的位置多一点时这个次级线圈输出的电压相对于另一个线圈的电压要大一些，按照这个规律把两个次级线圈输出的电压值经过放大，再把两个电压值相减，得出一个差值，这个差值与铁芯在空心骨架里面移动位移是成正比例线性关系的，这个差值再经过处理可以处理成 0~5V、0~10V、4~20mA 等模拟量信号或者 Modbus SSI 等数字量信号，也是我们使用的 LVDT 正常输出的信号。

优点：非接触原理，使用寿命长；响应速度快；高线性度；重复性好；量程覆盖范围宽；低故障；低功耗；输入、输出多样性；动态特性好，可用于高速在线检测，进行自动测量、自动控制；可在潮湿、粉尘等恶劣环境下使用；特殊条件下可工作，如耐高压、高温，耐辐射，全密封在水下工作；体积小、价格低，性能价格比高。

缺点：对于超大行程（超过 1m）来说，生产难度大，传感器和拉杆之和长度将达 2m 以上，使用不方便，且线性度也不高。

（5）激光位移传感器。激光位移传感器是利用激光技术进行测量的传感器。它由激光器、激光检测器和测量电路组成的测量仪表。能够精确非接触测量被测物体的位置、位移等变化。可以测量位移、厚度、振动、距离、直径等精密的几何测量。

优点：激光有线性度好的优良特性，同样激光位移传感器相对于我们已知的超声波传感器有更高的精确度。

缺点：激光的产生装置相对比较复杂且体积较大，因此会对应用范围要求较苛刻。要求测量空间较大，不太适用于小空间。

（6）电涡流式位移传感器。电涡流传感器能静态和动态地非接触、高线性度、高分辨力地测量被测金属导体距探头表面距离。它是一种非接触的线性化计量工具。电涡流传感器能准确测量被测体（必须是金属导体）与探头端面之间静态和动态的相对位移变化。在高速旋转机械和往复式运动机械状态分析，振动研究、分析测量中，对非接触的高精确度振动、位移信号，能连续准确地采集到转子振动状态的多种参数。如轴的径向振动、振幅以及轴向位置。

优点：体积更小、可靠性好、测量范围宽、灵敏度高、分辨率高；高分辨率和高采样率；可自行调整零位、增益和线性；可选择延长电缆、温度补偿等功能；可测铁磁和非铁磁所有金属材料；具有多传感器同步功能；不受潮湿、灰尘的影响，对环境要求低；在大型旋转机械状态的在线监测与故障诊断中得到广泛应用。

（7）电容式位移传感器。电容式位移传感器是一种非接触电容式原理的精密测量仪器。电容式位移传感器的电容器极板多为金属材料，极板间衬物多为无机材料，如空气、玻璃、陶瓷、石英等；因此可以在高温、低温强磁场、强辐射下长期工作，尤其是解决高温高压环境下的检测难题。在国内研究所、高等院校，工厂和军工部门得到广泛应用，成为科研、教学和生产中一种不可缺少的测试仪器。

该传感器还可与控制室中的二次仪表或控制器相连，在线、连续、实时地检测各种数据然后直接显示，远程控制和报警。实现数据存储、积算、传输和控制功能。广泛应用于各种注塑机中。

电容式位移传感器尤其适合缓慢变化或微小量的测量，主要用于解决压电微位移、振动台，电子显微镜微调，天文望远镜镜片微调，精密微位移测量等测量问题。

优点：具有一般非接触式仪器所共有的无摩擦、无损磨和无惰性特点外，还具有信噪比大，灵敏度高，零漂小，频响宽，非线性小，精确度高，稳定性好，抗电磁干扰能力强和使用操作方便等优点。

缺点：量程比较小，一般只有几十个毫米，容易受外界干扰和分布参数的影响。

（8）霍尔式位移传感器。霍尔位移传感器主要由两个半环形磁钢组成的梯度磁场和位于磁场中心的锗材料半导体霍尔片（敏感元件）装置构成。此外，还包括测量电路（电桥、差动放大器等）及显示部分。

霍尔位移传感器是两个结构相同的直流磁路系统共同形成一个沿 x 轴的梯度磁场。为使磁隙中的磁场得到较好的线性分布，在磁极端面装有特殊形式的极靴。用它制作的位移传感器灵敏度很高。霍尔片置于两个磁场中，细心调整它的初始位置，即可使初始状态的霍尔电势为零。它的位移量较小，适于测量微位移和机械振动等。

霍尔测位移有两种：一种是用线性霍尔测元件与磁铁之间的距离，根据线性霍尔元件的输出信号可判断出与磁铁的间距，此种方式应用有测试纸张厚度，金属材料形变等微小位移，也有油门踏板等距离稍大的应用；另一种是用开关型霍尔元件做机械的角度或者位移定位。比如汽车换挡杆的挡位检测，换挡杆到相应位置时下面有个霍尔传感器，此时就能感应到挡位。这类应用非常多。

霍尔位移传感器的特点：

1）传感器的控制电流为 $1\sim5mA$，功耗小、灵敏度高、分辨率高；

2）原理简单、实现方法容易、可靠性高、重复性好；

3）体积小、重量轻、寿命长；

4）检测电路稳定可靠，测试结果稳定到 5 位读数，精确度高；

5）硬件的补偿可以基本上消除温度对传感器的影响；

6）易于推广到其他非电量如振动、流量、压力、差压等领域的测试，具有一定的推广应用价值。

优点：输出变化量大、灵敏度高、分辨力高、质量轻、惯性小、反应速度快；霍尔元件的频响范围宽，适合做动态位移测试。

（9）超声波位移传感器。超声波位移传感器是采用超声波回波测距原理，运用精确的时差测量技术，检测传感器与目标物之间距离的传感器。

优点：非接触式测量，比较卫生，测量准确，无接触，防水，可以检测腐蚀性很高的介质。可应用于液位、物位检测，特有的液位、料位检测方式，可保证在液面有泡沫或大的晃动，不易检测到回波的情况下有稳定的输出。

缺点：超声波的发生接收对环境的要求比较高，在环境比较恶劣的情况下，超声波传感器不怎么适用。

2. 按运动方式分

（1）直线位移传感器。直线位移传感器的功能在于把直线机械位移量转换成电信号。为了达到这一效果，通常将可变电阻滑轨定置在传感器的固定部位，通过滑片在滑轨上的位移来测量不同的阻值。传感器滑轨连接稳态直流电压，允许流过微安培的小电流，滑片和始端之间的电压与滑片移动的长度成正比。将传感器用作分压器可最大限度降低对滑轨总阻值精确性的要求，因为由温度变化引起的阻值变化不会影响到测量结果。

（2）角度位移传感器。角度位移传感器应用于障碍处理：使用角度传感器来控制你的轮子可以间接的发现障碍物。原理：如果马达角度传感器构造运转，而齿轮不转，说明你的机器已经被障碍物给挡住了。此技术使用起来非常简单，而且非常有效；唯一要求就是运动的轮子不能在地板上打滑（或者说打滑次数太多），否则你将无法检测到障碍物。一个空转的齿轮连接到马达上就可以避免这个问题，这个轮子不是由马达驱动而是通过装置的运动带动它；在驱动轮旋转的过程中，如果惰轮停止了，说明你碰到障碍物了。

3. 按检测材质分

（1）霍尔式位移传感器。霍尔式位移传感器利用霍尔效应把被测位移转换为霍尔电势输出的一种装置。保持霍尔器件的控制电流恒定，而使霍尔器件在一个均匀梯度的磁场中移动，输出的霍尔电势变化则与位移量成正比。它可用来测量 ± 0.5mm 的小位移，特别适用于测量微位移、机械振动等，以及测量能转换成微位移的其他非电量，如力、压力、应变和加速度等。这种传感器体积小，重量轻，惯性小，频响高，工作可靠，使用寿命长，有着广阔的应用前景。

（2）光电式位移传感器。它根据被测对象阻挡光通量的多少来测量对象的位移或几何尺寸。特点是属于非接触式测量，并可进行连续测量。光电式位移传感器常用于连续测量线材直径或在带材边缘位置控制系统中用作边缘位置传感器。

三、位移传感器的选型

位移传感器的选型，要满足下列指标的要求：

1. 灵敏度方面的技术指标

对于一个仪器来说，一般都是灵敏度越高越好的，因为越灵敏，对周围环境发生的加速度的变化就越容易感受到，加速度变化大，很自然地输出的电压的变化相应地也变大，这样测量就比较容易，而测量出来的数据也会比较精确。

2. 零点温度

环境温度的变化引起的零点平衡变化。一般以温度每变化 10℃ 时，引起的零点平衡变化量对额定输出的百分比来表示，即传感器不受压时的输入由温度变更引起的漂移。

3. 带宽方面的技术指标

带宽指的是传感器可以测量的有效的频带，比如，一个传感器有上百 Hz 带宽就可以测量振动了，一个具有 50Hz 带宽的传感器就可以有效测量倾角了。

4. 输出方式的技术指标

数字输出和模拟输出两种方式。数字式传感器向仪表输入的是数字信号，如数量、重量等；模拟式传感器向仪表输入的是模拟量信号，如电压、电流等。

5. 量程方面的技术指标

测量不一样的事物的运动所需要的量程都是不一样的，要根据实际情况来衡量。

6. 极限过载

传感器能承受的不使其丧失工作能力的最大负荷。即当工作超过此值时，传感器将会受到永久损坏。

7. 传感器增益

即传感器的原始信号输出放大倍率。

位移传感器种类繁多，应用领域不断扩大，同时有越来越多的创新技术被运用到传感器中，如基于 OEM 的 LVDT 技术、超声波技术、磁致伸缩技术、光纤技术、时栅技术等，位移传感器技术已取得了突破性进展。由于技术的进步，使得各种传感器性能大幅度提高，成本大幅度降低，从而极大地扩展了应用范围，形成了一个高速增长的产业。

四、位移传感器的应用

位移传感器的应用范围相当广泛，常用在工业自动化或者建筑桥梁等方面。不同类型的位移传感器，其具体应用领域也不同。

1. 磁致伸缩位移传感器的应用

注塑机、压铸机、吹瓶机、液压机、鞋机、橡胶机、轮胎硫化机、压延机、五金机械（监控模具厚度变化和平衡）、钢厂轧辊调节、盾构机、液压伺服系统、液位检测和控制。

2. 激光位移传感器的应用

激光传感器常用于长度、距离、振动、速度、方位等物理量的测量，还可用于探伤和大气污染物的监测等。

3. 角度位移传感器的应用

地理：山体滑坡、雪崩。

民用：大坝、建筑、桥梁、玩具、报警、运输。

工业：吊车、吊架、收割机、起重机、称重系统的倾斜补偿、沥青机、铺路机等。

火车：高速列车转向架和客车车厢的倾斜测量。

海事：纵倾和横滚控制、油轮控制、天线位置控制。

钻井：精确钻井倾斜控制。

机械：倾斜控制、大型机械对准控制、弯曲控制、起重机。

军用：火炮和雷达调整、初始位置控制、导航系统、军用着陆平台控制。

4. 直线位移传感器（电子尺）的应用领域

注塑机、压铸机、吹瓶机、液压机、鞋机、砖机、砌垛机、陶瓷机械、列车轨距监测、橡胶机、轮胎硫化机、压延机、五金机械（监控模具厚度变化和平衡）、皮革机械、比例阀、长行程钻管机、弹簧机械、木工机械、板材设备、印刷机械（刷辊运动、裁纸等）、钢厂轧辊调节、机械手、自动门（列车及大厅）、裁床（裁钢管、木板、线材等）、桥梁监测、煤炭设备（掘进机、坑道支架、塌方监测等）、地质监测（如塌方、溃堤）。

5. 拉绳/拉线位移传感器的应用领域

舞台屏幕设备、皮革机械、盾构机、长行程钻管机、弹簧机械、木工机械、板材设备、印刷机械（刷辊运动、裁纸等）、机械手、自动门（列车及大厅）、裁床（裁钢管、木板、线材等）、桥梁监测、电梯平层、升降机、水闸开度、水库水位、行车、工程车、龙门吊、港口设备、煤炭设备（掘进机、坑道支架、塌方监测等）、水处理液位、仓储设备、地质监测（如塌方、溃堤）、石油钻探设备、探矿设备等。

五、位移传感器的选用

进行位移测量时，先要根据不同的测量对象，选择适当的测量点、测量方向和测量仪器。选用位移传感器的基本原则如下：

1. 位移量程

行程范围指检测的最大距离有多大，这是最直接参考因素。一般意义上，50mm 以下的称为小量程，50～3000mm 称为大量程，3000mm 以上的为超大量程。小量程的应该选 LVDT 位移传感器、电阻式位移传感器等，大量程的选磁致伸缩位移传感器、光栅式位移传感器、拉绳式位移传感器、光电编码器等。

2. 输出信号

传感器输出的信号常规的有 4～20mA、0～5V、0～10V、RS485、无线等。

3. 线性误差

位移线性度，比如行程 1mm，线性误差为 0.25%，表示为被测物体移动 1mm 的时候，检测值为 1±0.0025mm。

4. 分辨率

分辨率是指传感器可感受到的被测量的最小变化的能力。若输入量从某一非零值缓慢地变化，当输入变化值未超过某一数值时，传感器的输出不会发生变化，即传感器对此输入量的变化是分辨不出来的。只有当输入量的变化超过分辨率时，其输出才会发生变化。

5. 重复精确度

同一位置重复检测的误差，一般以一万次计，用百分比表示，如重复精确度为 0.01%FS。

6. 精确度

计算值或估计值与真实值之间的接近程度。"精确度"这个词常规意义上解释为最大误差，一般是线性误差与位移量程的乘积，比如行程 1mm，线性误差为 0.25%，那么精确度为 0.0025mm，表示真实值为 1mm 的时候，检测值为 1±0.0025mm。

7. 温度漂移

也称零点漂移。传感器工作受外界温度影响，外界温度的变化对传感器数值的输出有一定的影响。精确度高的产品，温漂系数一定要低，否则环境温度变化，对产品的输出值影响比值大，高精确度变得没有任何意义。

8. 传感器工作环境

比如产品是否需要具备耐高低温，是否需要具备防尘防水防油以及抗电磁波辐射的功能。有些传感器对环境的粉尘比较敏感，比如光栅传感器的工作环境一定要干净，传感器需要经常擦拭干净，否则会影响检测，而超声波、激光传感器非接触式测量给安装带来很大的便利，但是如果检测量程小或者环境粉尘大，会极大程度上影响传感器工作。

9. 工作寿命

传感器工作都有一定的期限，影响传感器寿命的多数是内部的作用元器件，一般把传感器分为接触式和非接触式，电子尺或电位器（电阻式）因碳刷有机械摩擦，为接触式传感器，工作寿命比较短，如果频繁检测的话，甚至几个月时间就需要换。内部作用元器件不接触的"非接触式位移传感器"寿命比较长。而传感器与被测物体不接触的"不接触式位移传感器"的工作寿命取决于传感器的电子元器件的工作寿命。

10. 安装方式

这里涉及传感器的机械尺寸、固定方式。参考选择位移传感器的因素还有很多很多，比如频响、灵敏度等，任何一个因素或多或少都会影响工程师对位移传感器的选择，而不同的位移传感器各有优缺点，这需要针对具体需求，择优而取。

第二节　磁致伸缩位移传感器

一、概述

磁致伸缩位移传感器是通过内部非接触式的测控技术精确地检测活动磁环的位置来测量被检测产品的实际位移值的。

磁致伸缩位移传感器是利用磁致伸缩原理、通过两个不同磁场相交产生一个应变脉冲信号来准确地测量位置的，磁致伸缩位移传感器工作原理如图 5-1 所示。测量元件是一根波导管，波导管内的敏感元件由特殊的磁致伸缩材料制成。测量过程是由传感器的电子室内产生电流脉冲，该电流脉冲在波导管内传输，从而在波导管外产生一个圆周磁场，当该磁场和套在波导管上作为位置变化的活动磁环产生的磁场相交时，由于磁致伸缩的作用，波导管内会产生一个应变机械波脉冲信号，这个应变机械波脉冲信号以固定的声音速度传输，并很快被电子室检测到。

这个应变机械波脉冲信号在波导管内的传输时间和活动磁环与电子室之间的距离成正比，通过测量时间，就可以高度精确地确定这个距离。由于输出信号是一个真正的值，而不是比例的或放大处理的信号，所以不存在信号漂移或变值的情况，更无需定期重标。

二、巴鲁夫磁致伸缩位移传感器

1. 概述

巴鲁夫磁致伸缩位移传感器是根据磁致伸缩原理制造的高精确度、长行程位置测量的位移传感器。它采用内部非接触的测量方式，由于测量用的活动磁环和传感器自身并无直接接触，不至于被摩擦、磨损，因而其使用寿命长、环境适应能力强，可靠性高，安全性好，便于系统自动化工作，即使在恶劣的工业环境下（如容易受油渍、尘埃或其他的污染场合），也能正常工作。传感器采用了高科技材料和先进的电子处理技术，因而它能应用在高温、高

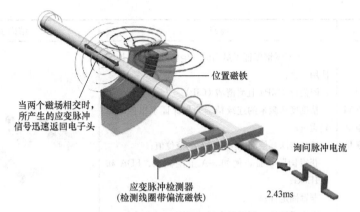

当两个磁场相交时，所产生的应变脉冲信号迅速返回电子头

位置磁铁

询问脉冲电流

应变脉冲检测器
（检测线圈带偏流磁铁）

2.43ms

图 5-1　磁致伸缩位移传感器工作原理

压和高振荡的环境中。传感器输出信号为位移值，即使电源中断、重接，数据也不会丢失，更无须重新归零。由于敏感元件是非接触的，就算不断重复检测，也不会对传感器造成任何磨损，可以大大地提高检测的可靠性和使用寿命。行程可达 3m 或更长，标称精确度为 0.05% F.S，行程 1m 以上传感器精确度可达 0.02% F.S，重复性可达 0.002% F.S，因此它得到广泛的应用。

巴鲁夫磁致伸缩位移传感器可用于移动式液压系统的磁致伸缩线性位置测量系统，易爆区域的磁致伸缩式传感器，液位测量的磁致伸缩线性位置测量系统，成型外壳内的磁致伸缩位移传感器，冗余式磁致伸缩线性位置测量系统，坚固的磁致伸缩线性位置测量系统，杆型的磁致伸缩线性位置测量系统，长距离的磁致伸缩位置测量系统。其特点及结构示意见表 5-2。

表 5-2　　　　　　　　　　巴鲁夫磁致伸缩位移传感器特点及结构示意

序号	类别	特点	结构示意图
1	用于移动式液压系统的磁致伸缩线性位置测量系统	高分辨率； 测量长度可达 2000mm； 可编程输出信号-反转、配置和记录测量范围； 无磨损，因为非接触，所以无停机时间，使用寿命长； 多种接口：模拟和数字； 简单的气缸集成：紧凑型设计	
2	易爆区域的磁致伸缩式传感器	适用于区域 0、1 和 2； 测量范围最高可达 7620mm； 绝对式输出信号，分辨率高达 5μm； 耐高压达 60MPa； 可提供大量接口； 节省空间的外壳； 通过特征曲线设置实现快速调试； 许多国际许可，例如 IECEx、ATEX 和 CSA	

序号	类别	特点	结构示意图
3	用于液位测量的磁致伸缩线性位置测量系统	100％不锈钢保证了最高的卫生标准以及较长的使用寿命； 耐消毒（SIP）且耐清洁（CIP）； 精确度达微米的连续精确测量保证了出色的灌装质量； 通过泡沫补偿功能保证可靠的液位值； 获得国际认证，例如 3-A 卫生标准、FDA 和 EHEDG； 卡箍固定件； 因为无接触，所以无磨损	
4	成型外壳内的磁致伸缩位移传感器	分辨率高达 0.5μm； 测量范围达 7620mm； 同时测量多个位置和速度； 非接触式，所以无磨损，无停机时间，使用寿命长； 通过各式各样的接口（例如 IO-Link、Profinet、EtherCAT、SSI 和模拟可编程输出信号）实现简便的设备集成，可逆转、配置和记录测量范围； 提供三种外壳类型，可根据空间需求和应用灵活而快速地安装； 自由式或引导式编码块	
5	冗余式磁致伸缩线性位置测量系统	二重或三重冗余规格； 温度范围：−40～+85℃； 模拟和数字接口； 测量范围和信号反相可通过软件灵活调节； 设置可复制到全部三个测量通道上； 坚固的机械结构，使用寿命长； 因为无接触，所以无磨损	
6	坚固的磁致伸缩线性位置测量系统	坚固的不锈钢壳体； 特别抗冲击且耐振动； 极其耐水，防护等级为 IP69K； 温度范围：−40～+85℃； 耐高压达 100MPa； 分辨率达 1μm； 测量范围达 7620mm； 因为无接触，所以无磨损，无停机时间	

序号	类别	特点	结构示意图
7	杆型的磁致伸缩线性位置测量系统	分辨率高达 1μm； 测量范围达 7620mm； 同时测量多个位置和速度； 输出信号可编程，可颠倒、配置和记录测量范围； 通过不同的螺纹类型实现灵活安装； 非接触式，所以无磨损，无停机时间，使用寿命长； 通过多磁铁技术扩展测量功能； 通过各式各样的接口简便集成到设备中，例如 IO-Link、Profinet、EtherCAT、SSI 和模拟	
8	长距离的磁致伸缩位置测量系统	绝对的线性位置测量系统，测量范围达几百米； 由于采用了无接触和无磨损的操作原理，可靠性高，维护量低； 在恶劣的工业环境中的耐受性（IP67）； 系统自动适应磁性标记； 重复精确度高达±0.5mm	

2. 杆式磁致伸缩位移传感器

磁致伸缩位移传感器 BTL 与设备控制系统（例如 PLC）组成一套位移测量系统。使用时需将其安装至机器或设备，适于在工业环境中使用。

采用杆式的磁致伸缩线性位置传感器 BTL 主要应用在液压驱动装置中。它们特别适合在液压缸中用于位置反馈、成形和轧制设备或提升技术水平。

因为传感器安装在液压缸的压力范围内，所以它们必须具有与液压缸本身相同的抗压强度。测量元件安装在一根无磁性不锈钢制成的耐压管中。法兰通过一个 O 形环对高压区域进行密封。在液压缸外，电子装置集成于杆件法兰上的一个保护壳中。

（1）结构及功能。杆式磁致伸缩位移传感器 BTL 的结构尺寸如图 5-2 所示。其外壳采用不锈钢材料制作，在壳体内置电子分析装置。电气连接一律通过插头进行连接。一般通过紧固螺纹安装，在杆末端有一个额外的螺纹用于在测量长度较大时进行支撑。BTL 可提供测量长度从 25～4000mm 的传感器。位置指示器可定义波导管上需要测量的位置。厂家可提供各类不同构造的位置指示器，但需要单独订购。杆式磁致伸缩位移传感器 LED 显示信号见表 5-3。

巴鲁夫杆式磁致伸缩位移传感器为确定一个设备部件的位置而将一个位置指示器与该部件连接。它们将一同沿着位于 BTL 内部的波导管运动。内部产生的 INIT 脉冲与位置指示器的磁场共同在波导管中触发一个扭力轴，该扭力轴通过磁致伸缩产生并以超声波速度前进。驶向波导管末端的扭力轴在缓冲区中被吸收。驶向波导管始端的扭力轴在接收线圈中生

133

成一个电子信号。根据波的运行时间确定位置指示器的位置，从而同时确定设备部件的位置。测量值输出为相对于零点的带符号 32 位值。位置指示器数量可以使用一个或两个位置指示器进行操作，其中数量可以固定设置为一个位置指示器或灵活管理。

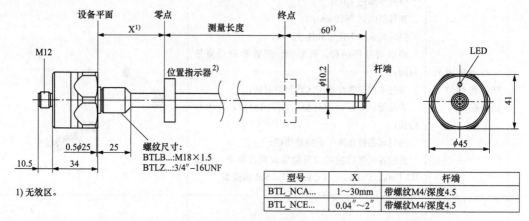

型号	X	杆端
BTL_NCA...	1~30mm	带螺纹M4/深度4.5
BTL_NCE...	0.04″~2″	带螺纹M4/深度4.5

图 5-2　杆式磁致伸缩位移传感器 BTL 的结构尺寸（单位：mm）

表 5-3　　　　　　　杆式磁致伸缩位移传感器 LED 显示信号

序号	显示信号	含义
1	红色闪烁 1Hz	出现该信号说明存在测量故障。测量值因故障而未知或超出测量范围
2	长亮红色	一般故障
3	LED 按照 10：1 的比例交替显示绿色/关闭，周期为 1s	IO-Link 通信已激活。设备已就绪
4	长亮绿色	设备已就绪

（2）型号编码。杆式磁致伸缩位移传感器 BTL 的型号编码如图 5-3 所示。

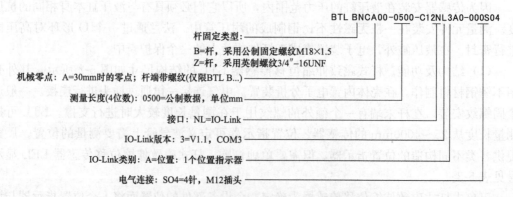

图 5-3　杆式磁致伸缩位移传感器 BTL 的型号编码

（3）技术数据。杆式磁致伸缩位移传感器 BTL 的技术数据见表 5-4。

表 5-4　　　　　　　　　　　　杆式磁致伸缩位移传感器 BTL 的技术数据

序号	类别	技术参数
1	环境条件	环境温度：$-40\sim+85$℃； 储存温度：$-40\sim+100$℃； 相对空气湿度：$\leqslant 90\%$，无冷凝； 工作压力：$\leqslant 45$MPa； 最大压力：75MPa； 温度系数：典型工况[1]$\leqslant 3\times 10^{-5}$/℃； 冲击负荷：（符合 EN 60068-2-27 标准）[2][3]100g/6ms； 持续冲击：（符合 EN 60068-2-27 标准）[2][3]50g/2ms； 振动：（符合 EN 60068-2-6 标准）[2][3]12g，$10\sim 2000$Hz； 防护等级：[符合 IEC 60529 标准（拧紧状态下）] IP67、IP69K
2	探测区域/ 测量区域	测量长度：$25\sim 4000$mm； 分辨率：$5\mu m$； 重复精确度：$\leqslant \pm 10\mu m$； 测量频率：取决于长度 l $l\leqslant 1270$mm（1000Hz） $1270<l\leqslant 2650$mm（500Hz） $l>2650$mm（250Hz） 线性偏差：$\pm 50\mu m$； 可探测速度：$\leqslant 10$m/s
3	电气特性	工作电压：U_b18$\sim$30V DC； 电流消耗：（在 24V DC 时）$\leqslant 60$mA； 功率消耗：$\leqslant 1.5$W； 过电压保护：U_b 至 36V DC； 耐受电压最高（GND-壳体）：500V DC
4	电气连接	短路保护：对地和对 30V DC 信号输出； 反极性保护：U_b 至 30V DC
5	接口	IO-Link 版本 1.1； 传输率：COM2（38.4kBaud），COM3（230.4kBaud）； 循环时间：$\geqslant 1$ms； 数据格式：32 位带符号 错误值：0x7FFFFFFC
6	材料	外壳材料：不锈钢 杆材料：不锈钢
7	机械特性	杆径：10.2mm 质量：（取决于长度）约 1kg/m 杆壁厚：2mm 通过螺纹件固定外壳：BTL B 用 M18×1.5；BTL Z 用 3/4″-16UNF

① 测量长度 500mm，位置指示器在测量区域的中间。

② 按照巴鲁夫标准单独确定。

③ 不包括共振频率。

（4）安装。

1）安装前的准备。固定方式。BTL 有两种固定方式：将 BTL 固定在带内螺纹的孔内（旋入孔）；利用固定螺母固定在通孔（无内螺纹）内。

安装类型。BTL 有两种安装类型，在不可磁化的材料内安装和在可磁化材料中安装两种类型，一般建议采用不可磁化材料夹持 BTL 和位置指示器。如果使用了可磁化材料，则必须对 BTL 采取适当措施，以防止其受到磁干扰（例如由不可磁化材料制成的隔离环、与外部强磁场保持足够远的间距）。在不可磁化的材料内安装示意如图 5-4 所示，在可磁化的材料内安装示意如图 5-5 所示。

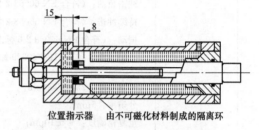

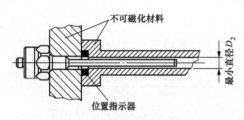

图 5-4　不可磁化材料中的安装示意

注：最小直径 D_2＝孔的最小直径（见表 5-5）。

图 5-5　可磁化材料中的安装示意（单位：mm）

2）安装应注意的问题。

液压缸内安装：BTL 如果安装在液压缸内时，位置指示器不得在杆上滑动。夹持活塞内的最小孔径见表 5-5。

表 5-5　夹持活塞内的最小孔径

杆径	孔径
10.2mm	至少 13mm

制作旋入孔：固定 BTL 时，应根据规格，使用 M18×1.5（符合 ISO 标准）或 3/4″-16UNF（符合 SAE 标准）螺纹。在安装前，必须制作出与此相适应的旋入孔，旋入孔的制作如图 5-6 和图 5-7 所示。

水平安装：在水平安装时，如果测量长度大于 500mm，就应将杆支起，必要时在末端旋入。

位置指示器：针对 BTL 提供不同的位置指示器以供选择。

液压缸的安装建议：如果是水平安装在液压缸内（测量长度大于 500mm），建议安装一个滑动元件，以防止杆端发生磨损。滑动元件的材料必须与负荷情况、所使用的介质和出现的温度相匹配。可采用 Torlon、特氟隆或青铜。将 BTL 连同滑动元件一起安装如图 5-8 所示。滑动元件安装固定方法有两种：通过紧固螺栓旋上滑动元件，以防松开或丢失；通过合适的粘合剂粘贴滑动元件。滑动元件的详细视图和俯视图如图 5-9 所示。在滑动元件和活塞孔之间，必须保留足够大的间隙，让液压油可以流过。

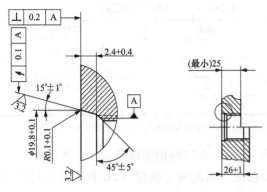
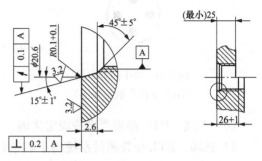

图 5-6　旋入孔 M18×1.5 制作（单位：mm）
（符合 ISO 6149 标准，O 形环 15.4×2.1）

图 5-7　旋入孔 3/4″-16UNF 制作（单位：mm）
（符合 SAE J475 标准，O 形环 15.3×2.4）

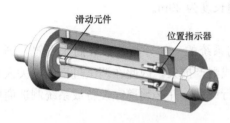
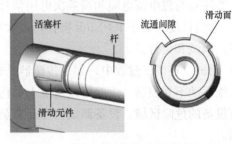

图 5-8　将 BTL 连同滑动元件一起安装

图 5-9　滑动元件的详细视图和俯视图

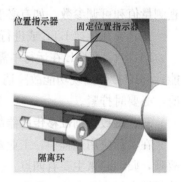

固定位置指示器的方法有 4 种：螺栓、螺纹环、压入、刻槽（冲眼）。隔离环上的孔必须与滑动元件相匹配，以确保杆件的最佳导向。位置指示器固定方式如图 5-10 所示。位置指示器在装入液压缸时，位置指示器不得在杆上滑动。

3）安装步骤。因 BTL 安装错误会影响 BTL 的功能并加剧设备磨损。因此 BTL 安装时其接触面必须完全贴合夹持面且要求采用 O 形环或平面密封件对孔进行完美密封并尽量选用适合紧固螺纹的螺母。

BTL 安装步骤如下：

①固定 BTL。固定 BTL 方式有两种：

图 5-10　固定位置指示器
固定方式

第一种是将 BTL 固定在带内螺纹的孔内（旋入孔）。首先根据图 5-6 或图 5-6 钻出带螺纹的旋入孔（如有必要钻出用于 O 形环的锪孔）。然后通过固定螺纹将 BTL 拧入旋入孔（最大扭力矩 75N·m）。

第二种是将 BTL 固定在通孔内。首先将 BTL 穿过孔。然后将固定螺母（最大扭矩 75N·m）在杆的一侧拧到固定螺纹上。

②安装位置指示器。

③从测量长度 500mm 起，将杆支起，必要时在末端旋入。

（5）电气连接。BTL 的电气连接通过插头实现连接，S04 插脚布局（BTL 上插头的俯视图）如图 5-11 所示，插脚布局见表 5-6。

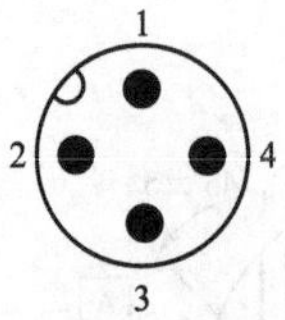

图 5-11 S04 插脚布局
（BTL 上插头的俯视图）

表 5-6　　　　S04 插脚布局

插脚	信号
1	L+（18～30V）
2	未分配①
3	L-（GND）
4	C/Q（IO-Link 通信）

① 未分配的芯线可与控制器侧的 GND 连接。

（6）布线。BTL 必须严格按规定接地，且保证 BTL 和控制柜接地必须处于等电势。

1）磁场。BTL 位置测量系统属于磁致伸缩系统。因此需要确保 BTL 和夹持缸与外部强磁场保持足够间距。

2）布线。BTL、控制系统和电源之间的所有电缆要以无张力方式铺设。为了避免电磁干扰，要注意与强电流电缆和高频次电压信号电缆（如变频器）保持足够距离。

3）电缆长度。对于 IO-Link 操作，最大电缆长度为 20m。

（7）调试和运行。

1）调试。在调试过程中，如果传感器是控制系统的一部分而其参数尚未设置，则可能导致系统运动不受控制。由此可能造成人员伤害或财产损失。因此在调试过程中相关人员必须远离设备的危险区域。设备调试由专业人员进行调试。并必须遵守设备或系统制造商的安全提示。

调试步骤：①检查接口是否牢固且电极是否正确。更换损坏的接口；②接通系统；③检查测量值和可调参数，如有必要，重新调整 BTL。

尤其要在更换 BTL 或进行维修后由制造商检查数值是否正确。

2）运行。BTL 在运行中需要进行如下工作：①请定期检验 BTL 及所有连接元件的功能；②BTL 如出现功能故障请立即停止运行；③防止未经授权使用本设备；④检查固定情况，必要时拧紧。

三、磁致伸缩位移传感器故障判断及处理

在实际应用过程中，工业现场各种不确定因素，引发了磁致伸缩位移传感器各种各样的故障，归纳起来主要有四点：①线路不通或错误；②磁环松动、脱落或磨损；③电子头（即传感器电子仓）损坏；④强电干扰。

1. 线路不通或错误

（1）时钟脉冲线断，现象为传感器位置值不变；数据线断，位置值显示为 33 554 431 或负值；电源线断，数值发生跳变。

改进措施：加强电气线路点检，重点监控多水、多气区域的端子箱内接线，检修现场避免机械检修引起的电气线路受损，如踩断等。

（2）电气人员接线不对（将数据线和时钟脉冲线错接），数据错误。

改进措施：加强电气人员责任心培养，强调接线检查确认制。

2. 磁环松动、脱落或磨损

（1）磁环固定在活塞端面上，与活塞杆一同伸缩，由于机械运动（如活塞杆销轴孔过大）引发振动，导致固定磁环的螺栓松动，最终引起磁环松动或脱落（如粗轧上支撑辊平衡

缸磁环掉)。

改进措施：安装磁环时，固定螺栓要拧紧，同时确保机械连接处连接刚性，经常检查活塞连接杆销轴磨损情况。

(2) 活塞杆受到外力作用，在油缸体内有径向位移，导致直线位移传感器测量杆与磁环内圈的非正常摩擦，引起磁环内圈变大，严重时磁环被磨碎。

改进措施：加强机械活塞杆点检，避免外力撞击，选择加大磁环。

3. 电子头损坏

(1) 工业高压水区域(如助卷辊、卸卷小车)的废水渗透进工作中的电子头，损坏电子元器件。

改进措施：安装时用高压绝缘胶布将电子头包扎密封，同时在外围制作防水罩。

(2) 检修时焊接产生的强电流损坏电子元器件，位移传感器损坏，此类原因占大多数。

改进措施：制定严格的技术规范，确保焊机接地线接地点与焊点控制在1.5m之内，传动侧焊接必须将地线拉到传动侧。

4. 强电干扰

(1) 部分区域的位移传感器电缆同动力电缆尤其是变频动力电缆敷设在一个桥架内，有强电流时，数据出现紊乱。

改进措施：将传感器线路从动力电缆桥架中分离出来，单独配管敷设。

(2) 屏蔽层两端接地产生屏蔽电流，数据不稳定。

改进措施：屏蔽层单端大面积接地。

5. 传感器输出信号故障

传感器输出信号故障及处理方法见表5-7。

表 5-7　　　　　　　　　　传感器输出信号故障及处理方法

序号	传感器输出形式	故障现象	故障原因	处理办法
1	4~20mA	输出<4mA	传感器工作在上盲区	调整安装位置
		输出>20mA	传感器工作在下盲区	调整安装位置
		输出0mA	磁环脱落； 供电电源故障； 接线不牢	检查磁环、电源和接线
		输出不稳	磁环安装不牢固。 电源功率不足	检查磁环和电源
2	0~5V输出 (有效范围0.5~4.5V)	输出<0.5V	传感器工作在上盲区	调整安装位置
		输出>4.5V	传感器工作在下盲区	调整安装位置
		输出0V	磁环脱落； 供电电源故障； 接线不牢	检查磁环、电源和接线
		输出不稳	磁环安装不牢固。 电源功率不足	检查磁环和电源

序号	传感器输出形式	故障现象	故障原因	处理办法
3	0~10V 输出 (有效范围 1~9V)	输出<1V	传感器工作在上盲区	调整安装位置
		输出>9V	传感器工作在下盲区	调整安装位置
		输出 0V	磁环脱落； 供电电源故障； 接线不牢	检查磁环、电源和接线
		输出不稳	磁环安装不牢固。 电源功率不足	检查磁环和电源

第三节　LVDT 位移传感器

一、LVDT 定义及工作原理

LVDT(linear variable differential transformer) 是线性可变差动变压器简称，属于直线位移传感器。工作原理简单地说是铁芯可动变压器。它由一个初级线圈、两个次级线圈、铁芯、线圈骨架、外壳等部件组成。当铁芯由中间向两边移动时，次级两个线圈输出电压之差与铁芯移动成线性关系。

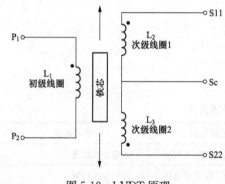

图 5-12　LVDT 原理

当初级线圈 P_1、P_2 之间供给一定频率的交变电压时，铁芯在线圈内移动改变了空间的磁场分布，从而改变了初、次级线圈之间的互感量，次级线圈 S11、S22 之间就产生感应电动势，随着铁芯的位置不同，互感量也不同，次级产生的感应电动势也不同，这样就将铁芯的位移量变成了电压信号输出，由于两个次级线圈电压极性相反，LVDT 原理如图 5-12 所示，输出电压为差动电压。

当铁芯往右移动时，次级线圈 2 感应的电压大于次级线圈 1；当铁芯往左移动时，次级线圈 1 感应的电压大于次级线圈 2，两线圈输出的电压差值大小随铁芯位移而成线性变化。LVDT 的输出电压如图 5-13 所示，图中的虚线范围内是传感器的量程，当铁芯移动行程大于 100% 时（虚线之外段），两次级线圈输出电压的差值与铁芯位移线性关系变差。零点两边的实线段一般是对称的测量范围，两者都是交流信号且相位差 180°。实际的 LVDT 线圈通常与壳体紧固为一体，铁芯与测杆紧固为另一体，当两体间发生相对位移时，就产生位移电压输出。

二、LVDT 应用和特点

根据 LVDT 原理制作的 LVDT 线性差动变压器式位移传感器主要用于测量如位移、距离、伸长、移动、厚度、膨胀、液位、应变、压缩、重量等各种物理量。在航天、航空、电力、石油化工、机械、军工、纺织、汽车、煤炭、地震监测、高等院校及科研院所等领域有着广泛的应用。

其特点如下：

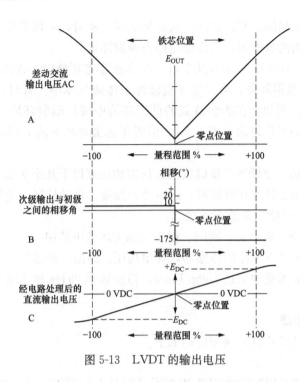

图 5-13　LVDT 的输出电压

（1）无摩擦测量。LVDT 的可动铁芯和线圈之间通常没有实体接触，即 LVDT 是没有摩擦的部件。它被用于可以承受轻质铁芯负荷，但无法承受摩擦负荷的重要测量。例如，精密材料的冲击挠度或振动测试，纤维或其他高弹材料的拉伸或蠕变测试。

（2）无限的机械寿命。由于 LVDT 的线圈及其铁芯之间没有摩擦和接触，因此不会产生任何磨损。这样 LVDT 的机械寿命，理论上是无限长的。在对材料和结构进行疲劳测试等应用中，这是极为重要的技术要求。此外，无限的机械寿命对于飞机、导弹、宇宙飞船以及重要工业设备中的高可靠性机械装置也同样是重要的。

（3）无限的分辨率。LVDT 的无摩擦运作及其感应原理使它具备两个显著的特性。第一个特性是具有真正的无限分辨率。这意味着 LVDT 可以对铁芯最微小的运动作出响应并生成输出。外部电子设备的可读性是对分辨率的唯一限制。

（4）零位可重复性。LVDT 构造对称，零位可回复。LVDT 的电气零位可重复性高，且极其稳定。用在闭环控制系统中，LVDT 是非常出色的电气零位指示器。

（5）径向不敏感。LVDT 对于铁芯的轴向运动非常敏感，径向运动相对迟钝。这样，LVDT 可以用于测量不是按照精准直线运动的物体，例如，可把 LVDT 耦合至波登管的末端测量压力。

（6）输入/输出隔离。LVDT 被认为是变压器的一种，因为它的励磁输入（初级）和输出（次级）是完全隔离的。LVDT 无需缓冲放大器，可以认为它是一种有效的模拟信号元件。在要求信号线与电源地线隔离的测量和控制回路中，它的使用非常方便。

（7）坚固耐用。制造 LVDT 所用的材料以及结合这些材料所用的工艺使它成为坚固耐用的变送器。即使受到工业环境中常有的强大冲击、巨幅振动，LVDT 也能继续发挥作用。LVDT 铁芯与线圈彼此分离，在铁芯和线圈内壁间插入非磁性隔离物，可以把加压的、腐蚀性或碱性液体与线圈组隔离开。这样，线圈组实现气密封，不再需要对运动构件进行动态密封。对于加压系统内的线圈组，只需使用静态密封即可。

（8）环境适应性。LVDT 是少数几个可以在多种恶劣环境中工作的变送器之一。例如，密封型 LVDT 采用不锈钢外壳，可以置于腐蚀性液体或气体中。有时，LVDT 被要求在极端恶劣的环境下工作。例如，在类似液氮的低温环境中或核辐射环境。虽然在大多数情况下，LVDT 具有无限的工作寿命（理论上），但置于恶劣环境下的 LVDT，工作寿命因环境不同而不相同。

（9）LVDT 与光栅，磁栅等高精确度测长仪器相比有以下几个优缺点：

动态特性好，可用于高速在线检测，进行自动测量，自动控制。光栅、磁栅等测量速度一般为 1.5m/s 以内，只能用于静态测量。

LVDT 可在强磁场、大电流、潮湿、粉尘等恶劣环境下使用。

可以做成在特殊条件下工作的传感器，如耐高压、高温、耐辐射、全密封在水下工作。

可靠性非常好，能承受冲击达 150g/11ms，振动频率 2kHz 加速度 20g。体积小、价格低、性能价格比高。

三、LVDT 应用领域

LVDT 应用领域非常广泛，典型应用如下：

1. 飞机组装

金属外壳装配工将 GCD-SE 测量头用在手动工具上，用于测量机身拼接过程中铆钉杆的合理压缩形变程度。这个工具还可用在 8.5V DC 至 28V DC 单端电源下，工作电流最大为 10mA，典型值为 6mA，适用于各种便携式电池供电的测量应用。

2. 火车制动系统

LVDT 适宜于测量制动磨损，可以通过测量气缸和制动卡钳之间传动装置连杆的行程来测量制动磨损。

3. 汽车零部件测量

汽车零部件，如汽车刹车盘、刹车片在出厂前，都要进行厚度、孔径、跳动的测量，由多个 LVDT 传感器进行多个行位的综合测量，对应的测量结果输入至 PLC 或者工控电脑，工控电脑的 SPC 软件对测量数据进行分析、统计，从而达到对生产产品质量综合管控的目的。

4. 物料测试仪

不管是恶劣的环境中还是纯理论的实验室研究，凡是需要对物料进行测试，LVDT 都能提供解决方案。LVDT 主体可以安装在固定的位置，将核心部分放置在物料中来测量张力或压缩蠕变（可能需要特殊的紧固装置）。当对物料施以负荷时，物料会伸长（或压缩）。LVDT 可以在长达数周甚至数月的时间内，随着压力和（或）温度（最高 1000°F）的不断变化，监测即使是最细微的运动（小于 0.000 1 英寸）。LVDT 是一种绝压设备，若出现电力损耗的情况，会在电力恢复后返回到原始读数的位置，从而节省测试所耗费的时间。

5. ATM 和商业设备馈送和阻塞检测

LVDT 可在自动柜员机配送系统的送纸轮上使用，以检测双馈送和无馈送状况。复印机采用 LVDT 来检测纸张的厚度和误馈送。LVDT 比机械开关更具有优势。

线性输出可以通过软件来调整限位值，而不必对限位开关进行机械式的调整。由于MHR 系列产品的磁心部分质量小、可靠性和重复性高，因此特别适用于此类应用。对于

OEM 来说，批量生产 LVDT 比生产限位开关更具有成本效益。

6．四轮定位设备

AccuStar 系列倾角仪是全世界四轮定位设备制造的标准传感器，可用于测量外倾角和后倾角。还可以在风力发电机组风机的固定叶轮的法兰间隙测量，汽车悬挂减振系统的测量控制，石油管道的偏移监测和挖掘机手柄测控等方面应用。

四、TD 系列位移传感器

1．概述

由无锡市河埒传感器有限公司生产的 TD 系列 LVDT 位移传感器工作原理：铁芯可移动的差动变压器，它产生的电量输出与其分离式可动铁芯位移成正比，从而进行位移的自动监测和控制。该传感器在机械、电力、汽车、航天航空、冶金、能源、水利等行业的工矿企业、国防工程和科研院所等方面获得了广泛的应用。

TD 系列 LVDT 位移传感器动态特性好，可用于高速在线检测；结构简单、体积小；工作可靠、使用维护方便、寿命长；非线性度好、重复精确度高。

TD 系列传感器可以匹配各种进口变送器（卡件板），各项技术性能与进口传感器相同，可以替代进口传感器。

TD 系列 LVDT 位移传感器适用于油动机行程、阀位的监测和保护，其中 TDK 抗干扰型传感器适用于双支并排安装应用场合。

2．结构尺寸

TD 系列 LVDT 位移传感器的外形尺寸如图 5-14 所示。安装支架如图 5-15 所示。

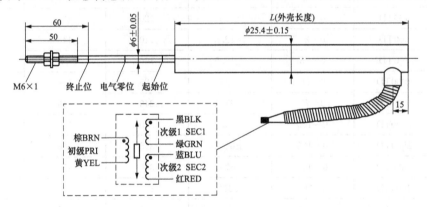

图 5-14　TD 系列 LVDT 位移传感器的外形尺寸（单位：mm）

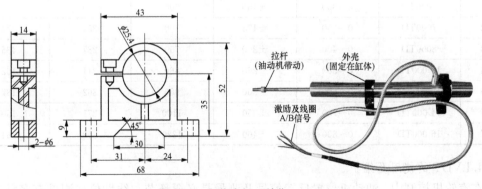

图 5-15　安装支架（单位：mm）

3. 技术参数

TD 系列 LVDT 位移传感器技术参数、技术指标及尺寸见表 5-8、表 5-9。

表 5-8   **TD 系列 LVDT 位移传感器技术参数**

序号	类别	技术参数
1	线性量程	0～800mm 共 17 种规格（详见表 5-8 技术指标及尺寸）
2	非线性度	不大于 0.5％ F.S
3	初级阻抗	不小于 500Ω（振荡频率为 3kHz）
4	工作温度	普通型－40～＋150℃；高温型－40～＋210℃
5	温漂系数	小于 0.03％ F.S/℃
6	激励电压	3Vrms（1～5Vrms）
7	激励频率	2.5kHz（400Hz～5kHz）
8	引出线	六根特氟隆绝缘护套线，外有不锈钢护套软管
9	耐受振动	20g（可达 2kHz）
10	执行标准	参照 JJF 1305—2011《线位移传感器校准规范》

表 5-9   **TD 系列 LVDT 位移传感器技术指标及尺寸**

序号	型号规格	单向/mm	双向/mm	外壳长度/mm	初级电阻 棕黄/Ω±15％	次级电阻 黑绿或蓝红 /Ω±15％
1	400TD	0～20	±10	120	130	540
2	500TD	0～25	±12.5	140	148	244
3	700TD	0～35	±17.5	160	77	293
4	1000TD	0～50	±25	185	108	394
5	1500TD	0～75	±37.5	240	119	375
6	2000TD	0～100	±50	270	130	350
7	2500TD	0～125	±62.5	315	156	275
8	3000TD	0～150	±75	356	175	258
9	4000TD	0～200	±100	356	175	202
10	5000TD	0～250	±125	466	227	286
11	6000TD	0～300	±150	600	300	425
12	7000TD	0～350	±175	700	354	474
13	8000TD	0～400	±200	750	287	435
14	10 000TD	0～500	±250	860	311	162
15	12 000TD	0～600	±300	980	362	187
16	14 000TD	0～700	±350	1100	271	150
17	16 000TD	0～800	±400	1220	302	164

4. LVDT 的使用及维护

在汽轮机控制中，油动机位置反馈信号及测量是必要环节。线性位移测量有多种方法，包括电阻方式、LVDT、MLDT、编码器方式等。汽轮机控制中，传统上主要采用 LVDT 方式，以下介绍在汽轮机控制中采用 LVDT 的使用及维护方法。

（1）LVDT 的标定。控制器需要知道油动机 0% 和 100% 位置的具体电压，才能正确控制。所以，机组启动前需要进行油动机（LVDT）标定。

（2）信号线的确认。LVDT 的信号线比较多，调试现场经常搞混，通过测量两个信号线之间的电阻可以帮助理清信号线及 LVDT 是否故障。

（3）使用环境温度。有些油动机的环境温度很高，确认 LVDT 工作温度范围是必要的。如果需要，选用耐高温型 LVDT。

（4）机械紧固。汽轮机运行时振动大，LVDT 的拉杆和套筒都容易松动，安装时务必紧固并定期检查。

五、LVDT 位移传感器的选型原则

LVDT 位移传感器选型时，考虑的主要技术因素有：

（1）位移量程。位移量程指要求测量的位移量有多大，有 2.5、5、10、15、25、50、100、250、500mm 等规格。量程选择和实际需要最好相近为宜，如实际用 8mm 量程，那么选 10mm 规格即可。

（2）输出信号。传感器输出的信号常规的有 4～20mA、0～5V、0～10V、数字式 RS485 等。一般要求远距离传输（超过 20m），最好采用电流输出或数字输出，如果是多根传感器同时使用，且距离远，采用数字 RS-485 输出较好。

（3）线性误差。位移测量时的误差值，用相对值表示，比如量程 5mm 的 LVDT，线性误差为 0.25%，表示测量位移时的误差值 5mm×0.25%＝1.25μm。

（4）分辨率。分辨率是指传感器能够测量的最小变化大小。对于 LVDT 位移传感器，最小分辨率最高可达 0.01μm，磁尺位移传感器最高分辨率达 1μm，数字输出的位移传感器的分辨率为 16Bit。

（5）传感器工作环境。比如产品是否需要具备耐高低温，是否需要耐压，是否需要具备防尘、防水、防油以及抗电磁波辐射的功能。有些传感器对环境的粉尘比较敏感，比如光栅传感器的工作环境一定要无尘，且不能有振动，传感器需要经常擦拭干净，否则会影响检测，而 LVDT 或磁尺可适合恶劣的工作环境。

（6）测头的连接方式。有分体式和回弹式两种选择，如果在被测件上便于打孔固定的情况下，应选择分体式的 LVDT，如果被测件上只能接触表面测量，那需要选择回弹式 LVDT。

（7）动态响应。传感器是用于测量动态或准静态场所，LVDT 位移传感器动态频率最高可达 300Hz，对于动态要求高于 10Hz，回弹式 LVDT 将不适应。

（8）安装方式。传感器的机械尺寸、固定方式，可以根据客户具体使用环境设计安装夹具。

六、LVDT 位移传感器常见故障及处理方法

传感器在安装、调试与维护中可能会出现异常状况，常见的故障及处理方法如下：

1. 传感器无信号输出

LVDT 位移传感器采用直流 12～24V 电源供电，输出标准模拟量信号与数字信号。传感器在通电调试前需要检查电源规格是否适合，如果错将传感器接入 220V 电源，可瞬间烧毁传感器；

传感器接线需要严格按照外壳标示接线图操作，否则有可能造成传感器损坏；

检查传感器线缆，是否存在开路问题；

传感器安装固定时，应注意夹具的紧固力度。LVDT 位移传感器线圈仓为充胶密封，紧固力度过大，造成传感器外壳变形时，可压缩内部密封胶造成线圈断路，传感器无信号输出。同时，LVDT 位移传感器在安装使用中需要避免外力的冲击，冲击力过大造成传感器测笔变形，同样会损坏内部线圈，造成信号输出故障；

传感器电路部分焊接不良，在受到振动或者冲击后，可出现断路故障，这属于产品质量问题，可返厂维修或者更换产品。

2. 传感器信号输出异常，数据跳动

造成 LVDT 位移传感器数据跳动的因素较多，传感器供电电源不稳定，可造成传感器输出信号数据跳动。LVDT 位移传感器多采用稳压电源独立供电，如果与其他大功率元器件（如电磁阀）共用，可造成输出异常；

传感器在安装使用中应做好电磁干扰与静电干扰防护措施，防止对传感器传输数据造成影响；

多组 LVDT 位移传感器并列安装时，应注意传感器间的安装间隙，如果传感器安装距离过小，并且无相应的防护措施，可造成传感器互相干扰，影响信号传输质量；

LVDT 位移传感器应优先采用塑料支架安装固定，采用厂家提供的金属支架时，应该在厂方指导下安装使用，以免影响传感器使用效果；

LVDT 位移传感器线圈与屏蔽线缆焊接，造成测笔与屏蔽线连接处防护相对较弱，对于有拖动的场合，可用扎带将传感器测笔与屏蔽线固定在一起，防止在长期拖曳作业中，传感器测笔与屏蔽线接触不良，造成数据跳动。

3. 传感器输出信号不成线性

LVDT 位移传感器前端有部分缓冲区，缓冲区内传感器输出信号不成线性，用户在使用中应避开此区域；

传感器安装定位错误。LVDT 位移传感器在安装固定时，传感器探头应与检测面垂直，并远离强磁场区。

4. LVDT 线圈磨损、反馈杆断裂

目前，大部分给水泵汽轮机的调速汽门 LVDT 是通过螺母、垫片、连接件与油动机连接的，由于运行时机组振动、LVDT 安装时反馈杆与线圈不同心等原因，在调门长时间的来回动作之后，LVDT 会产生松动或磨损，直接导致 LVDT 线圈被磨损甚至损坏，LVDT 反馈杆脱落或断裂等故障。

为防止 LVDT 反馈杆断裂或脱落对机组安全运行的影响，可采取以下技术措施：

（1）在安装 LVDT 时，注意调整 LVDT 的同心度，保证 LVDT 反馈杆在调节阀全行程范围内始终与阀杆保持平行，安装后应测试 LVDT 的行程特性。另外，LVDT 应按制造厂要求定期更换，其线圈尽量远离高温热源。

（2）检查阀门阀杆或油动机阀杆在运行中，是否有阀杆转动的现象，导致 LVDT 的反馈杆位置与线圈套筒同心度偏离。如有这种情况，可联系制造厂进行针对性的优化改造。

5. LVDT 信号电缆屏蔽不良

由于 LVDT 直接与阀门的油动机连接，靠近蒸汽阀门本体，环境温度高，同时一些工程在基建安装期间使用的信号电缆质量较差，经过一段时间的运行后，信号电缆的绝缘性能下降，屏蔽功能不良，容易造成 LVDT 的信号回路中串入干扰信号，使 LVDT 产生虚假信号。

如发现由于干扰造成的 LVDT 信号失真、扰动问题，可采取以下技术措施：

（1）更换屏蔽性能较差的 LVDT 信号电缆，采用耐高温防干扰的高品质屏蔽电缆；

（2）检查信号屏蔽方式是否按设计要求完成，建议可对 LVDT 信号电缆采取就地屏蔽浮空，在电子间机柜接地端采用单点接地的方式；

（3）在机组常规检修期间，对 LVDT 的信号电缆的接地及屏蔽情况进行检查，发现异常及时处理。

第六章

TSI 系统电涡流传感器

汽轮机安全监视（turbine supervisory instrument，TSI）系统是汽轮机最重要的监测保护系统之一。

随着机组容量的增大，自动化程度的提高，对机组安全可靠运行的要求也就越来越高。为了确保汽轮机的安全运行，在汽轮机上都装有各种类型的安全保护装置，以便对各种重要热工参数、振动和位移等进行监视和保护。TSI 系统是一种集保护和检测功能于一身的监视系统，是大型旋转机械必不可少的保护系统。这主要是因为大型高速旋转机械，一旦发生故障，不仅是机械本身的损坏，还有可能殃及周围环境的所有设备，甚至发生最令人顾忌的人身伤亡后果。使用连续性监测系统，能够在机器严重受损之前，预警事故，并在事故接近发生之时关闭系统，从而大大提高了设备的安全使用程度。这是人的反应能力所无法胜任的。

TSI 系统可以对机组在启动、运行过程中的一些重要参数进行可靠地监视和储存，它不仅能指示机组运行状态、记录输出信号、实现数值越限报警、出现危险信号时使机组自动停机。同时，还能为故障诊断提供数据，因而广泛地应用于 300～1000MW 的各种汽轮发电机组上。

目前使用较多的产品有美国本特利（中国）有限公司的 3300、3500 系列；德国 EPRO 中国有限公司的 RMS700、EPRO MMS6000 系列；日本新川电机株式会社生产的 VM-3、VM-5 系列；瑞士 Vibro-Meter 公司的 VM600 系统等。

第一节　TSI 系统电涡流传感器简介

TSI 系统特指汽轮发电机组的振动、轴向位移、胀差、转速、零转速、偏心键相、汽缸膨胀、油动机行程、阀位开度等热工参数监控仪表的总称，它包括传感器系统、现场连线和监视系统（二次表）部分。在机组启停和正常运行中，实时监测转子/轴承振动、偏心、轴向位移、胀差、缸胀、转速等参数，并提供超限报警、停机保护等功能，对汽轮机组的安全运行起着重要的作用，已成为汽轮机组必不可少的关键设备之一。

一、TSI 基本组成及工作原理

1. TSI 系统的基本组成

无论是国产的 TSI 系统，还是进口的 TSI 系统；无论是由分立元件构成的 TSI 系统，还是由集成电路组成的 TSI 系统，或者是由微处理器芯片构成的 TSI 系统，从硬件结构与功能组成的角度分析，均可由传感器系统、现场连线、监测系统三部分描绘，TSI 系统的结构原理如图 6-1 所示。

传感器系统将机械量（如转速、轴位移、差胀、缸胀、振动和偏心等）转换成电参数（频率 f、电感 L、品质因数 Q、阻抗 Z 等），传感器输出的电参数信号经过现场连线送到监测系统，由监测系统进行显示、记录及相关的信息处理。

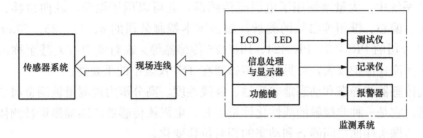

图 6-1 TSI 系统的结构原理

2. TSI 的工作原理

目前应用广泛的传感器有电涡流传感器、电感式速度传感器、电感式线性差动变压器和磁阻式测速传感器等。对于应用得最多的电涡流传感器系统来说，它由探头、延伸电缆和前置器组成。前置器具有一个电子线路，它可以产生一个低功率无线电频率信号（RF），这一RF 信号，由延伸电缆送到探头端部里面的线圈上，在探头端部的周围都有这一 RF 信号。

如果在这一信号的范围之内，没有导体材料，则释放到这一范围内的能量都会回到探头。如果有导体材料的表面接近探头顶部，则 RF 信号在导体表面会形成小的电涡流。这一电涡流使 RF 信号有能量损失，损失大小是可以测量的。导体表面距离探头顶部越近，其能量损失越大。传感器系统可以利用这一能量损失产生一个输出电压，该电压正比于所测间隙。

图 6-2 所示为传感器和信号转换器框图，前置器由高频振荡器、检波器、滤波器、直流放大器、线性网络及输出放大器等组成，检波器将高频信号解调成直流电压信号，此信号经低通滤波器将高频的残余波除去，再经直流放大器、线性补偿电路和输出放大处理后，在输出端得到与被测物体和传感器之间的实际距离成比例的电压信号。

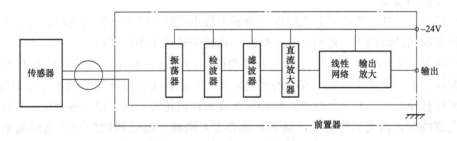

图 6-2 传感器和信号转换器框图

监测系统也称为仪表框架，仪表框架中装有电源、各种监测卡件（或板卡）及用于通信的总线等。电源为装在框架内的监测卡件（或板卡）及相应的传感器提供规定的电源。监测卡件检验供电水平以确保系统正常运行，同时，它还具有控制系统"OK"的功能。"OK"（正常工作）表明系统的传感器及现场接线是在规定的水平上进行；监测卡件也控制报警点的设置和系统复位。监测卡件不仅可以显示传感器系统是否正常运行，还可以指示传感器的测量值，并在越限时报警。

二、电涡流传感器简介

1. 概述

在 TSI 系统中，大量地使用了电涡流传感器，它可以用于振动、轴向位移、胀差、转速、零转速、偏心、键相等参数的测量，如美国本特制公司的 8、11、25、50mm 传感器，德国 EPRO 公司的 PR6423、PR6424、PR6426 传感器等。在行业中有人甚至称汽轮机监视保护仪表为涡流式保护仪表，可见这类传感器在 TSI 仪表中的重要性。

电涡流传感器能静态和动态地非接触、高线性度、高分辨力地测量被测金属导体距探头表面的距离。它是一种非接触的线性化计量工具。电涡流传感器能准确测量被测体（必须是金属导体）与探头端面之间静态和动态的相对位移变化。

在高速旋转机械和往复式运动机械的状态分析、振动研究、分析测量中，对非接触的高精确度振动、位移信号，能连续准确地采集到转子振动状态的多种参数。如轴的径向振动、振幅以及轴向位置。从转子动力学、轴承学的理论上分析，大型旋转机械的运动状态，主要取决于其核心—转轴，而电涡流传感器，能直接非接触测量转轴的状态，对诸如转子的不平衡、不对中、轴承磨损、轴裂纹及发生摩擦等机械问题的早期判定，可提供关键信息。电涡流传感器以其长期工作可靠性好、测量范围宽、灵敏度高、分辨率高、响应速度快、抗干扰力强、不受油污等介质的影响、结构简单等优点，在大型旋转机械状态的在线监测与故障诊断中得到广泛应用。

2. 电涡流传感器在火电厂的实际应用

电涡流传感器以其测量线性范围大、灵敏度高、结构简单、抗干扰能力强、不受油污等介质的影响，特别是非接触测量等优点，得到了广泛的应用。在火电厂中主要应用在以下几个监测项目：

（1）转子转速。在机组运行期间，连续监视转子的转速，当转速高于给定值时发出报警信号或停机信号。其工作原理：根据电涡流传感器的工作原理可知，趋近式电涡流探头和运行的转子齿轮之间会产生一个周期性变化的脉冲量，测出这个周期性变化的脉冲量，即可实现对转子转速的监测。

（2）转子零转速。零转速是机组在一种低于最小旋转速度下运转的指示，这是为了防止机组在停车期间转轴的重力弯曲。其工作原理和转子转速工作原理相同。

（3）偏心。转子的偏心是其受热应力弯曲的一种指示，它是在齿轮机构盘车时观测到的，它为转子不对中提供可靠、准确的监测数据。涡流探头可以连续监测偏心度的峰-峰值，此值和键相脉冲同步。其工作原理：偏心探头安装在汽轮机前轴承箱内轴颈处，其核心部分是一个电感线圈。当大轴旋转时，如果有偏心度，则轴与电感线圈的距离出现周期性的变化，使电感线圈的电感量产生周期性的变化，测出这个电感量的变化值，就可以测出轴的偏心度。

（4）键相。键相是描述转子在某一瞬间所在位置的一个物理量，键相探头和偏心探头一起监测大轴的偏心度，能够准确反映出大轴发生偏心的具体相位角。其工作原理：键相测量就是通过在被测轴上设置一个凹槽或凸槽，称为键相标记。当这个凹槽或凸槽转到探头位置时，相当于探头与被测面之间距离发生改变，传感器会产生一个脉冲信号，轴每转一圈就会产生一个脉冲信号，产生的时刻表明了轴在每转周期中的位置。因此通过将脉冲信号与轴的振动信号进行比较，就可以确定振动的相位角。

（5）振动。电涡流探头主要监视主轴相对于轴承座的相对振动。其工作原理：电涡流探头的线圈和被测金属体之间距离的变化，可以变换为线圈的等效电感、等效阻抗和品质因数三个电参数的变化，再配以相应的前置放大器，可进一步把这三个电参数变换成电压信号，即可实现对振动的测量。振动产生主要有以下几个原因：

1）由于机组运行中中心不正而引起振动。机组运行中若真空下降，将使排汽温度升高，后轴承上抬，因而破坏机组中心引起的振动。

2）由于转子质量不平衡而引起振动。

3）由于转子发生弹性弯曲而引起振动。

4）由于轴承油膜不稳定而引起振动。

5）由于汽轮机内部发生摩擦而引起振动。

6）由于水冲击而引起振动。

7）汽轮机在达到临界转速时发生振动。

（6）轴向位移。轴向位移是指机组内部转子沿轴心方向，相对于推力轴承二者之间的间隙而言。通过对轴向位移的测量，可以指示旋转部件与固定部件之间的轴向间隙或相对瞬时的轴向变化。它的工作原理与振动测量原理相同，但是需要说明一点，轴向位移的测量经常与轴向振动搞混。轴向振动是指传感器探头表面与被测体沿轴向之间距离的快速变动，用峰-峰值表示，它与平均间隙无关。

（7）胀差。机组在运行时转子受热要发生膨胀，因为转子受推力轴承的限制，所以只能沿轴向往低压侧伸长。由于转子体积小，而且直接受蒸汽的冲击，因此升温和热膨胀比较快，而汽缸的体积较大，升温和热膨胀相对要慢一些。当转子和汽缸的热膨胀还没有达到稳定之前，它们之间存在的热膨胀值简称胀差。关于胀差方向的规定：在机组启动或增负荷时，是一个蒸汽对金属的加热过程，转子升温快于汽缸，大于汽缸的膨胀值称为正胀差。在停机或减负荷时，是一个降温过程，转子降温快于汽缸，所以转子收缩得快，也就是转子的轴向膨胀值小于汽缸的膨胀，称为负胀差。

第二节　TSI 系统电涡流传感器测量原理

一、电涡流传感器工作原理

电涡流传感器的原理及外观如图 6-3 所示。金属导体置于变化的磁场中，导体内就会有感应电流产生，这种电流的流线在金属体内自行闭合，通常称为电涡流。电涡流的产生必然要消耗一部分磁场能量，从而使激励线圈的阻抗发生变化。电涡流式传感器就是基于这种涡流效应制成的。

如果有一个很高的频率（一般取 1MHz）的电流从振荡器流入传感器线圈中，那么传感器线圈就产生一个高频率振荡磁场，如果有一片金属接近这个磁场，那么在此金属的表面就会产生电涡流。电涡流的强度是随着传感器线圈与金属之间的距离变化而变化的，这是因为这个距离影响了传感器线圈的阻抗，所以可以用测量阻抗的方法来实现距离的测量。电涡流传感器输出一个与距离成单值函数的直流电压信号。

当接通传感器系统电源时，在前置器内会产生一个高频电流信号，该信号通过电缆送到探头的头部，在头部周围产生交变磁场 H_1。如果在磁场 H_1 的范围内没有金属导体材料接

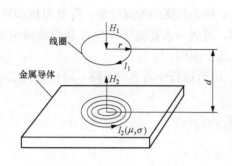
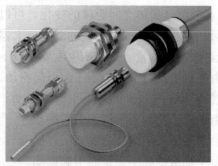

图 6-3　电涡流传感器的原理及外观

近，则发射到这一范围内的能量都会全部释放；反之，如果有金属导体材料接近探头头部，则交变磁场 H_1 将在导体的表面产生电涡流场，该电涡流场也会产生一个方向与 H_1 相反的交变磁场 H_2。由于 H_2 的反作用，就会改变探头头部线圈高频电流的幅度和相位，即改变了线圈的有效阻抗。这种变化既与电涡流效应有关，又与静磁学效应有关，即与金属导体的电导率、磁导率、几何形状、线圈几何参数、激励电流频率以及线圈到金属导体的距离等参数有关。假定金属导体是均质的，其性能是线性和各向同性的，则线圈——金属导体系统的物理性质通常可由金属导体的磁导率 μ、电导率 σ、尺寸因子 r，线圈与金属导体距离 δ，线圈激励电流强度 I 和频率 ω 等参数来描述。因此线圈的阻抗可用函数 $Z = F(\mu,\ \sigma,\ r,\ I,\ \omega)$ 来表示。

如果控制 μ、σ、r、δ、I、ω 恒定不变，那么阻抗 Z 就成为距离 δ 的单值函数，由麦克斯韦公式，可以求得此函数为一非线性函数，其曲线为 S 形曲线，在一定范围内可以近似为一线性函数。

在实际应用中，通常是将线圈密封在探头中，线圈阻抗的变化通过封装在前置器中的电子线路的处理转换成电压或电流输出。这个电子线路并不是直接测量线圈的阻抗，而是采用并联谐振法，传感器原理框图如图 6-4 所示，即在前置器中将一个固定电容 $C_0 = C_1 C_2 / (C_1 + C_2)$ 和探头线圈 L_X 并联与晶体管 T 一起构成一个振荡器，振荡器的振荡幅度 U_x 与线圈阻抗成比例，因此振荡器的振荡幅度 U_x 会随探头与被测间距 δ 改变。U_x 经检波滤波，放大，非线性修正后输出电压 U_0，U_0 与 δ 的关系曲线如图 6-5 所示，可以看出该曲线呈 S 形，即在线性区中点 δ_0 处（对应输出电压 U_0）线性最好，其斜率（即灵敏度）较大，在线性区两端，斜率（灵敏度）逐渐下降，线性变差。$(\delta_1,\ U_1)$——线性起点，$(\delta_2,\ U_2)$——线性末点。

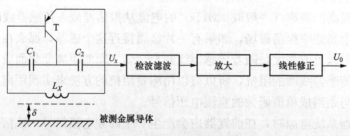

图 6-4　传感器原理框图

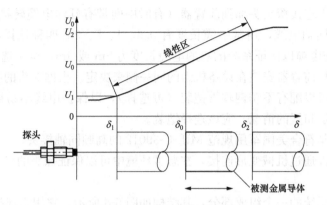

图 6-5 U_0 与 δ 的关系曲线

二、电涡流传感器基本结构

电涡流传感器系统主要包括探头、延伸电缆（用户可以根据需要选择）、前置器和附件。电涡流传感器系统的组成如图 6-6 所示。

1. 探头

通常探头由线圈、头部、壳体、高频电缆、高频接头组成，其典型结构见图 6-7 所示。探头对正被测体表面，它能精确地探测出被测体表面相对于探头端面间隙的变化。

线圈是探头的核心，它是整个传感器系统的敏感元件，线圈的物理尺寸和电气参数决定传感器系统的线性量程以及探头的电气参数稳定性。

探头头部采用耐高低温的 PPS 工程塑料，通过"二次注塑"工艺将线圈密封其中。这项技术增

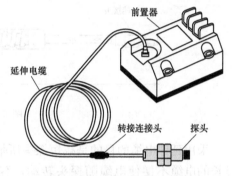

图 6-6 电涡流传感器系统的组成

强了探头头部的强度和密封性，在恶劣环境中可以保护头部线圈能可靠工作。头部直径取决于其内部线圈直径，由于线圈直径决定传感器系统的基本性能——线性量程，因此我们通常用头部直径来分类和表征各型号探头，一般情况传感器系统的线性量程大致是探头头部直径的 1/2～1/4。

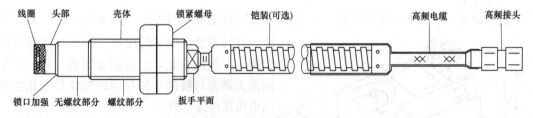

图 6-7 探头典型结构

探头壳体用于支撑探头头部，并作为探头安装时的装夹结构。壳体采用不锈钢制成，一般上面刻有标准螺纹，并备有锁紧螺母。为了能适合不同的应用和安装场合，探头壳体具有不同的型式和不同的螺纹及尺寸规格。

高频电缆是用于连接探头头部到前置器（有时中间带有延伸电缆转接），这种电缆是用氟塑料绝缘的射频同轴电缆，通常电缆长度有 0.5、1、5、9m 四种选择，当选择 0.5m 和 1m 时，必须用延伸电缆以保证系统的总的电缆长度为 5m 或 9m，至于选择 5m 还是 9m 应该考虑是否能满足将前置器安装在设备机组的同一侧来决定。根据探头的应用场合和安装环境，探头所带电缆可以配有不锈钢软管铠装（可选择），以保护电缆不易被损坏，对于现场安装探头电缆无管道布置的情况，应该选择铠装。

探头电缆接头是符合美国军用规范 MIL-C-39012 的高频同轴接头。

探头整体各部件通过机械变形连接，在恶劣环境中可以保证探头的稳定性和可靠性。

2. 延伸电缆

延伸电缆作为系统的一个组成部分，其结构如图 6-8 所示，它用来连接和延长探头与前置器之间的距离，对延伸电缆的长度和是否需要带铠装可以由用户进行选择。选择延伸电缆的长度应该使延伸电缆长度加探头电缆长度与配套前置器所要求的长度一致（5m 或 9m），铠装选择的情况同探头电缆。

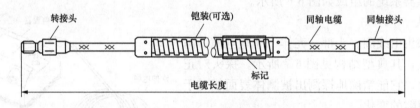

图 6-8　延伸电缆结构

采用延伸电缆的目的是减短探头所带电缆长度，对于用螺纹安装探头时，需转动探头，过长的电缆不便使电缆随探头转动，容易扭断电缆，这种情形在探头安装部分有进一步说明。

延伸电缆的两端接头不同，带阳螺纹的接头（转接头）与探头连接，带阴螺纹的接头与前置器连接。

探头电缆和延伸电缆长度一经选定，使用时不能随意加长或缩短。如有必要，则须重新校准，否则可能引起传感器超差。

3. 前置器

前置器是一个电子信号处理器。一方面前置器为探头线圈提供高频交流电流；另一方面，前置器感受探头前面由于金属导体靠近引起探头参数的变化，经过前置器的处理，产生随探头端面与被测金属导体间隙线性变化的输出电压或电流信号。

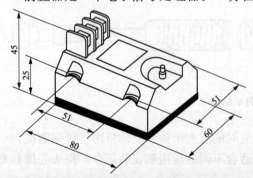

图 6-9　前置器结构（单位：mm）

前置器结构如图 6-9 所示。其外形尺寸为 80mm×60mm×45mm。安装尺寸：51mm×51mm，采用四个 M3×40　GB29-76 螺栓安装。电压输出：供电电源 U_t：$-20 \sim -26V$ DC，输出电压极限：$-0.7 \sim (U_t-1)V$，线性

范围输出起始电压：−2～−18V。

电流输出：供电电源 U_t：18～30V DC，输出电流：4～20mA。

探头插座是与探头和延伸电缆接头同一系列的高频插座，电源、输出端子是标准的重载隔离型三端接线端子。

前置器外壳是用铝铸造而成，表面已进行喷塑处理。为了屏蔽外界干扰，在前置器内部已将壳体与信号公共端（信号地）连接；在底板和安装孔处都加装了工程塑料绝缘，这样可以保证在安装前置器时，使前置器壳体与大地隔离（即所谓"浮地"）。

将工程塑料底板扳开，可以对前置器进行校准，除非需要进行传感器系统重新校准或前置器出现故障，一般不要打开底板。

三、3300 系列电涡流传感器系统

1. 概述

3300 XL 8mm 电涡流传感器系统包括：3300 XL 8mm 探头、3300 XL 延长电缆、3300 XL 前置器。

3300 XL 8mm 系统代表了本特利内华达电涡流非接触式传感器系统的最尖端性能。标准 3300 XL 8mm 系统与关于此类传感器的美国石油协会（API）的 670 标准（第四版）100％完全兼容。在满足性能要求的同时，所有 3300 XL 8mm 涡流传感器系统的探头、延长电缆和前置器均可互换，而不需要增加任何额外的部件。

3300 XL 8mm 传感器系统的每个部件均向后兼容，并且可与其他非 XL 的 3300 系列 5mm 和 8mm 传感器系统部件实现互换，包括当 8mm 探头相对于安装空间太大时而使用的 3300 5mm 探头。

3300 5mm 电涡流传感器系统包括：3300 5mm 探头、3300 XL 延长电缆、3300 XL 前置器。

和 3300 XL 8mm 一样，3300 5mm 系统也可在一个大温度范围内提供准确、稳定的信号输出，同时在不需要增加任何额外部件的情况下探头、延长电缆和前置器可完全互换。

两个系统均提供正比于从探头顶部到被观测表面之间距离的输出电压，既可是静态测量值（位移），也可以是动态测量值（振动），主要应用于具有油膜轴承的机器设备振动和位移测量，以及键相和转速测量。

2. 前置器

3300 XL 前置器针对以往设计的数项进行了改进；其物理封装不仅支持高密度的 DIN 导轨安装，也支持传统的盘面形式安装；盘面安装时它可共用老型号 4 孔安装 3300 前置器的安装基座。无论是导轨安装还是盘面安装，3300 XL 前置器的基座都提供了电气绝缘，不再需要单独的绝缘底板。3300 XL 前置器具有极高的抗无线电射频干扰能力，可安装在有机玻璃罩内而不受周围无线电射频信号的影响。改进后而提高的无线电射频干扰/电磁干扰能力使得 3300 XL 前置器在不需要特殊屏蔽的电缆导管或金属防护箱的情况下就能实现欧盟 CE 认证标准，从而降低了安装成本和复杂程度。

3300 XL 前置器弹性压紧式接线端子设计使得现场接线不再需要特殊的安装工具，并且接线速度更快也更牢固，避免了螺丝固定接线方式而出现的接线松脱问题。

3. 涡流探头和延长电缆

3300 XL 探头和 XL 延长电缆相比于以往的设计也进行了改进。具有专利权的顶部锁紧

式 TipLoc™定型工艺使得探头顶部和本体之间的结合更加牢固；而具有专利权的电缆紧固式 CableLoc™设计可为探头电缆提供 330N（75 磅）的拉力，使得探头电缆的连接更紧固。

订购 3300 XL8mm 探头和 XL 延长电缆时还具有液体密封 FluidLoc® 电缆选项，它可以防止机器设备上的油或其他液体渗漏到电缆内部。

4. 接头

3300 XL 8mm 和 3300 5mm 探头、延长电缆和前置器具有抗腐蚀镀金 ClickLoc 接头。这些接头只需要用手拧紧（接头将"咔嗒"一声连接好）即可，特殊的锁紧工艺保证接头不会松脱，安装或拆卸时不需要任何特殊工具。

用户还可为已安装的 3300 XL 8mm 探头和延长电缆定购接头保护器。接头保护器可视现场安装情况而单独订购（比如当电缆必须穿过限制性导管时）。建议为所有的现场安装提供接头保护器，提高探头及电缆的环境防护能力。

5. 扩展的温度范围应用

扩展温度范围（ETR）探头和延长电缆适用于工作环境温度超过 177℃（350℉）的场合。扩展温度范围探头的引出线和接头工作温度最高可达到 260℃（500℉），但探头顶部必须低于 177℃（350℉）。扩展温度范围的延长电缆最高工作温度也可达到 260℃（500℉）。ETR 探头和电缆与标准温度探头和电缆兼容，例如：ETR 探头可配 330130 延长电缆。ETR 系统使用的是标准 3300 XL 前置器。ETR 部件的精确度受制于整个 ETR 系统的精确度。

需要注意的事项：

（1）1m 系统不需要延长电缆。

（2）前置器在厂内标定时默认的靶面材料为 AISI 4140 钢。根据用户需要也可按其他靶面材料进行标定。

（3）当考虑把本传感器系统用于转速或超速测量时，请参考本特利内华达应用说明"电涡流非接触式探头用于超速保护时的注意事项"。

（4）3300 XL 8mm 系统的部件与非 XL 3300 5mm 和 8mm 系统的部件在电气上和物理上都是可互换的。尽管 3300 XL 前置器的封装不同于以前的设计，但它用于 4 孔安装基座时仍与原先设计的安装形式完全匹配，而且安装空间尺寸的要求也完全相同（应满足电缆最小弯曲半径）。

（5）当 XL 和非 XL 3300 系列 5mm 和 8mm 系统部件混用时，系统的性能受制于非 XL 3300 5mm 和 8mm 传感器的技术规格。

（6）5mm 探头物理封装比 3300 XL 8mm 探头更小，线性范围却相同。然而，5mm 探头不允许其侧面间隙或端部到端部间隔与 XL 8mm 探头相比有所减少。当受到物理条件（而非电气条件）的限制而无法使用 8mm 探头的时候，比如在推力瓦块之间或者其他受限制空间安装探头，要使用 5mm 探头。当探头侧面间隙要求很窄的时候，应采用 3300 XL NSv™探头和 3300 XL NSv™前置器及延长电缆。

（7）XL 8mm 探头头部模制 PPS 塑料封装层更厚，因此它比 3300 5mm 探头更结实。由于探头本体直径更大，因此其壳体也更坚固耐用。本特利内华达建议可能的话尽量采用 XL 8mm 探头，以便提供更好的耐用性，防止物理损伤。

（8）3300 XL 延长电缆可使用硅酮胶带来代替接头保护器。当探头到延长电缆的连接可能暴露在透平油环境中的时候，不建议使用硅酮胶带。

6. 到货检查与系统拆装

探头、延长电缆和前置器作为独立的单元分别装运，用户必须在现场将它们连接在一起。到货后应小心拆掉运输包装，仔细检查设备是否有运输损伤。如果发现有明显的运输损伤，应向承运商提出索赔，并抄送一份复印件递交本特利内华达当地办事处，索赔单上应标明所有相关的部件号和序列号。如果到货的设备没有明显的破损且并非立即投入使用，应恢复设备的运输包装并重新封装好，以便今后使用。

到货设备应存放在无潜在破坏条件（比如高温或腐蚀性大气）的环境中。

四、使用电涡流传感器时的注意事项

1. 对被测体的要求

为了防止电涡流产生的磁场影响仪器的正常输出，安装时传感器头部四周必须留有一定范围的非导电介质空间，如果在某一部位要同时安装两个以上的传感器，就必须考虑是否会产生交叉干扰，两个探头之间一定要保持规定的距离，被测体表面积应为探头直径 3 倍以上，当无法满足 3 倍的要求时，可以适当减小，但这是以牺牲灵敏度为代价的，一般是探头直径等于被测体表面积时，灵敏度降低至 70%，所以当灵敏度要求不高时可适当缩小测量表面积。

2. 对工作温度的要求

一般进口涡流传感器最高温度不大于 180℃，而国产的只能达到 120℃，并且这些数据来源于生产厂家，其中有很大的不可靠性，据相关的各种资料分析，实际上，工作温度超过 70℃时，电涡流传感器的灵敏度会显著降低，甚至会造成传感器的损坏。

3. 对初始间隙的要求

各种型号电涡流传感器，都在一定的间隙电压值下，它的读数才有较好的线性度，所以在安装传感器时必须调整好合适的初始间隙。

第三节 TSI 系统电涡流传感器校验

涡流传感器可用于测量轴向位移、胀差、轴振、键相、偏心、转速、零转速等。根据涡流传感器不同的使用方法，其校验方式及验收的标准会有所不同。轴向位移、胀差探头校验方法相同，只需使用涡流位移校验台静态校验，轴振、键相、偏心、转速、零转速除涡流位移校验台静态校验外，还需动态校验。

轴向位移探头校验时，可使用具有直径大于 [1.2(零位)＋1]×tan60°＝3.82mm 感应盘的涡流位移校验台校验。感应盘直径的计算方法：探头离感应盘的最大距离×tan60°。胀差探头校验与轴向位移类似。感应盘直径计算方法如图 6-10 所示。

图 6-10 感应盘直径计算方法

轴振、偏心探头的静态校验轴向位移相同，在保证静态校验数据合格后，再做动态校验，一般情况下，静态数据不合格时，动态校验时的灵敏度误差会较大。动态校验包括两部分内容：灵敏度校验和频率响应校验。

键相、转速、反转速探头在静态校验完后，再使用标准转速校验台校验。这时校验的数据可能会出现矛盾，即静态校验数据不合格，而转速校验数据会合格，这种情况出现时，只要静态数据误差不大，转速测量又能满足现场的实际需要，这种探头可以参考使用。

一、什么情况下应该对传感器进行重新校准

（1）传感器长期不使用达一年以上。

（2）传感器连续使用两年。

（3）被测体材料与出厂校准材料不符。

（4）排除故障后。

二、校准装置与设备

电涡流传感器校准所需装置与设备：位移校准器、千分尺、数字万用表、直流稳压电源、电烙铁、电阻箱。

其位移校准线路图如图 6-11 所示。

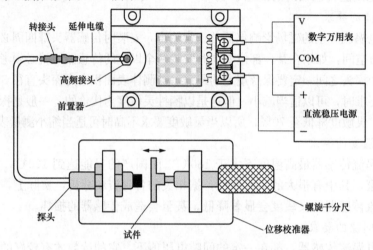

图 6-11　位移校准线路图

三、校准步骤

（1）选择与被测体材料相同的试件，按图 6-11 所示安装好。

（2）装好探头、千分尺（量程应大于传感器量程 20%）。

（3）将直流稳压电源的供电电压调到传感器系统所需电压范围。

（4）分别将稳压电源、数字万用表、探头接到前置器上。

如果有延伸电缆，一定要将延伸电缆接上，否则会导致校准结果错误。

（5）旋转千分尺调节钮，使探头与试件平面紧贴，再将探头头部与试件间距调到传感器线性起始距离。

（6）打开电源，旋转千分尺调节钮，以十分之一量程为间隔，记录传感器输出电压或电流值。

（7）计算传感器平均灵敏度。

1）如果平均灵敏度超差，应先断开供电电源，再将传感器的底盖板打开，可以见到未被灌封的调节元件，各调节元件用硅胶密封。前置器底部调节元件位置如图 6-12 所示，去掉硅胶，用电烙铁焊下灵敏度调节电阻，用电阻箱代替。接通电源，调节电阻箱，依照上述步骤重新测量数据，并计算出平均灵敏度，直到平均灵敏度达到要求时为止。然后测出电阻箱的阻值，用 1/4W、$\pm 5 \times 10^{-5}$/℃的金属膜电阻代替电阻箱，焊接牢固并用硅胶密封。

2）如果传感器线性起始点输出电压或电流，不符合标准特性方程或二次仪表的要求，可以调整零位调节电阻，其位置如图 6-12 所示。

3）如果传感器平均灵敏度和零位输出调节不到标准值或要求值，或者传感器其他指标，如非线性度等指标超差，则请联络本公司或本公司各地销售服务代理，由专业技术人员进行调节。

4）盖上盖板。

除非专业技术人员，请不要调节除灵敏度调节电阻和零位调节电阻以外的其他调节元件，否则，可能造成传感器特性严重超差。

四、Bently3300 系列振动位移探头校验

下面以在某厂广泛使用的 Bently3300 系列振动位移探头为例，说明如何对电涡流传感器的探头做特性曲线分析，进行动态、静态标定。

本特利公司采用的是小于 10 或小于 8 的电涡流探头。探头传感器由平绕在固定支架上的铂金丝线圈构成，用不锈钢壳体和耐腐蚀的材料 PPS 封装而成，再引出同轴电缆和前置器的延伸电缆相接。

1. 振动位移探头的静态标定

（1）按图 6-13 所示安装探头并连接线路。

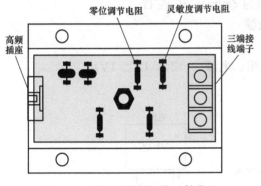

图 6-12 前置器底部调节元件位置

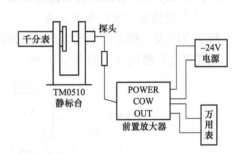

图 6-13 探头静态标定连接

（2）根据表 6-1 中所列的电压数据，缓慢旋转千分表的粗调旋转，同时记录下相对的千分表刻度。

（3）根据记录的数据（见表 6-1），描绘成传感器探头位移-电压特性曲线如图 6-14 所示。

表 6-1　　　　　　　　　　　传感器的探头位移-电压数据

X/mm	Y/V
0.25	2.00
0.75	6.10
1.25	10.10
1.75	14.06
2.25	18.00

2. 探头的动态标定

（1）用派利斯的 TM0520 振动校准仪进行标定，按图 6-15 所示接线图把标定仪器连接好。

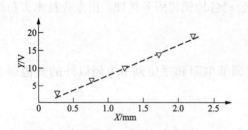

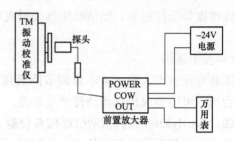

图 6-14　传感器探头位移-电压特性曲线
Y—输出电压

图 6-15　探头动态标定接线

（2）调整探头和振动校准仪之间的距离，用万用表读前置器的输出，当其输出为 10V 时，把探头固定好。

（3）把 TM0520 校准仪的选择开关置于"位移"挡，然后调节其输出，使其产生一个 100μm（峰-峰）的标准位移量输出。

（4）用万用表观察前置器的输出，此时应为 280mV AC 左右。

五、Bently3300 系列涡流传感器灵敏度校验

1. 灵敏度校验所需仪表及设备

数字万用表、螺旋千分尺、10kW 固定电阻、电源（−24V DC±1V）。

灵敏度校验测试设置如图 6-16 所示。

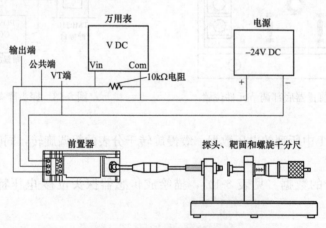

图 6-16　灵敏度校验测试设置

2. 灵敏度校验

（1）按图 6-17 所示补偿机械间隙，调节螺旋千分尺达到电气零点。

（2）按图 6-18 所示移动探头，调节间隙达到电气零点。

（3）按图 6-19 所示在千分尺上补偿机械间隙，并调节至线性范围的起始点。

（4）按图 6-20 所示调节螺旋千分尺记录电压。将电压值记录在记录表 6-2 中，用下面给出的公式计算增量灵敏度（ISF）和平均灵敏度（ASF）。

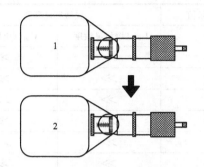

图 6-17　调节螺旋千分尺达到电气零点

1—0.46mm(18mil)；2—0.50mm(20mil)

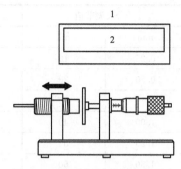

图 6-18　调节间隙达到电气零点

1—万用表；2—3.00V DC±1V DC

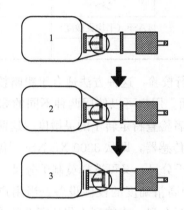

图 6-19　补偿机械间隙

1—0.50mm(20mil)；2—0.20mm(8mil)；

3—0.25mm(10mil)

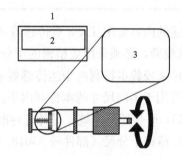

图 6-20　调节螺旋千分尺记录电压

1—万用表；2—直流电压读数；

3—增量：0.25mm(10mil)

$$ISF_{n(V/mm)} = \frac{VDC_{n-1} \quad VDC_n}{0.25}, \quad ASF_{(V/mm)} = \frac{VDC_{0.25mm} \quad VDC_{2.25mm}}{2}$$

$$ISF_{n(mV/mil)} = \frac{VDC_{n-1} \quad VDC_n}{0.01}, \quad ASF_{(mV/mil)} = \frac{VDC_{10mil} \quad VDC_{90mil}}{0.08}$$

$$Vdiff_n = VDC_n + (mm_n \cdot 7.87), \quad Vdiff_N = VDC_n + (mil_n \cdot 0.2)$$

（5）用下列公式确定最大直线偏差（DSL）。

$$DSL(mm) = \frac{Vdif(max) \quad Vdif(min)}{15.74} = \underline{\qquad} mm$$

$$DSL(mil) = \frac{Vdif(max) \quad Vdif(min)}{0.4} = \underline{\qquad} mil$$

如果系统 ISF 或 DSL 超出规定的公差，传感器可能出现了校准问题，相关的详细信息请联系本特利内华达。

表 6-2　　　　　　　　　　　　电压测量记录表

N	千分尺调节值		电压记录值	灵敏度计算值	
	mm	mil	V_{DC}	I_{SF}（增量灵敏度）	V_{dif}（电压差值）
1	0.25	10	≫	≫	≫
2	0.50	20	≫	≫	≫
3	0.75	30	≫	≫	≫
4	1.00	40	≫	≫	≫
5	1.25	50	≫	≫	≫
6	1.50	60	≫	≫	≫
7	1.75	70	≫	≫	≫
8	2.00	80	≫	≫	≫
9	2.25	90	≫	≫	≫
≫＝在这些单元内输入数值				ASF（平均灵敏度）	
				≫	

　　上面叙述的内容是用 TK-3 对传感器灵敏度进行校验，这种方法适合于粗略校验。对于 API670 系统校验，必须采用更精密的千分尺和靶面。用户可以使用两种不同的 3300 XL 千分尺校验套件来校验本特利内华达传感器系统，或者检查特定转子的灵敏度。这两种千分尺校验套件都可用于不同尺寸的本特利内华达电涡流传感器，即从 3300 XL NSv™ 传感器系统到 3300 XL11mm 传感器系统；另外套件既有公制千分尺，又可选择英制千分尺。

　　3300 XL 精密千分尺（部件号 330185）是一种高精确度的校验设备。当用户对本特利内华达传感器系统做验收试验时，应使用这种精密千分尺。本特利内华达所有的传感器系统都具有一个特定的线性范围和平均灵敏度（ASF），对于正常环境温度和扩展环境温度还具有一个最大直线偏差（DSL）和 ISF 公差。

　　3300 XL 精密千分尺与一个高精确度 4140 钢靶面相配合，用来做精密测量和校验传感器系统是否工作正常，以及测量结果是否满足公布的技术规格。

　　3300 XL 轴千分尺（部件号 330186）直接用来检查转子上传感器系统的灵敏度。用本特利内华达提供的 4140 钢靶面对传感器系统进行校验得到的灵敏度测量数据与实际测量灵敏度相比较，从而确定是否由于振摆、不同的靶面材质或传感器系统存在问题而导致测量偏差。

第四节　TSI 系统电涡流传感器安装规范

　　正确地完成 TSI 系统的现场安装和调试，是保障 TSI 系统准确测量、正确动作的先决条件。在系统的安装和调试过程中，要做到：①合理准确地安装和定位测量传感器和传感器支架；②规范连接测量线路；③正确设置运行、报警和保护参数；④在整个安装和调试过程中，要记录每 1 个作业环节，真正做到有据可查、有章可循，确保各个工作环节均正确无误。

一、电涡流传感器的安装规范

1. 安装注意事项

电涡流探头安装时，一般情况下是根据间隙电压来安装。为了慎重起见，还可以用塞尺测量间隙，确认间隙电压与间隙值基本对应（可参照静态校验数据）。因为在探头安装时，环境比较脏，又需要穿管，有时会污染到接头，致使接触不好。同时监测间隙电压与间隙值可以及时发现如下问题：

(1) 探头的安装间隙。

(2) 探头头部与安装面的安全间距。

(3) 电缆转接头的密封与绝缘。

(4) 探头抗腐蚀性。

(5) 各探头间的最小间距。

(6) 探头安装支架的牢固性。

(7) 探头所带电缆、延伸电缆的安装。

(8) 探头的高温高压环境。

2. 影响传感器特性的因素

(1) 被测体表面平整度对传感器的影响。不规则的被测体表面，会给实际测量带来附加误差，因此被测体表面应该平整光滑，不应存在凸起、洞眼、刻痕、凹槽等缺陷。

(2) 被测体表面磁效应对传感器的影响。电涡流效应主要集中在被测体表面，如果由于加工过程中形成残磁效应，以及淬火不均匀、硬度不均匀、结晶结构不均匀等都会影响传感器特性。

(3) 被测体表面镀层对传感器的影响。被测体表面的镀层对传感器的影响相当于改变了被测体材料，视其镀层的材料、厚薄，传感器的灵敏度会略有变化。

(4) 被测体表面尺寸对传感器的影响。由于探头线圈产生的磁场范围是一定的，而被测体表面形成的涡流也是一定的，这样就对被测体表面大小有一定要求。通常，当被测体表面为平面时，以正对探头中心线的点为中心，被测面直径应大于探头头部直径的 1.5 倍以上。当被测体为圆轴且探头中心线与轴心线正交时，一般要求被测轴直径为探头头部直径的 3 倍以上，否则传感器的灵敏度会下降，被测体表面越小，灵敏度下降越多。实验测试，当被测体表面大小与探头头部直径相同，其灵敏度会下降到 72% 左右。被测体的厚度也会影响测量结果。被测体中电涡流场作用的深度由频率、材料导电率、导磁率决定。因此如果被测体太薄，将会造成电涡流作用不够，使传感器灵敏度下降。

3. 传感器的安装要求

(1) 对工作温度的要求。一般涡流传感器的最高允许温度小于等于 180℃，实际上如果工作温度过高，不仅传感器的灵敏度会显著降低，还会造成传感器的损坏，因此测量汽轮机高、中、低转轴振动时，传感器必须安装在轴瓦内，只有特制的高温涡流传感器才允许安装在汽封附近。

(2) 对被测体的要求。为防止电涡流产生的磁场影响仪器的正常输出，安装时传感器头部四周必须留有一定范围的非导电介质空间。若在测试过程中某一部位需要同时安装两个或以上传感器，为避免交叉干扰，两个传感器之间应保持一定的距离。另外，被测体表面积应为探头直径 3 倍以上，表面不应有伤痕、小孔和缝隙，不允许表面电镀。被测体材料应与探

163

头、前置器标定的材料一致。

（3）对探头支架的要求。探头通过支架固定在轴承座上，支架应有足够的刚度以提高其自振频率，避免或减小被测体振动时支架的受激自振。

（4）对初始间隙的要求。电涡流传感器应在一定的间隙电压（传感器顶部与被测物体之间间隙，在仪表上指示一般是电压）值下，其读数才有较好的线性度，所以在安装传感器时必须调整好合适的初始间隙。

转子旋转和机组带负荷后，转子相对于传感器将发生位移。如果把传感器装在轴承顶部，其间隙将减少；如装在轴承水平方向，其间隙取决于转子旋转方向；当转向一定时，其间隙取决于安装在右侧还是左侧。为了获得合适的工作间隙值，在安装时应估算转子从静态到转动状态机组带负荷后轴颈位移值和位移方向，以便在调整初始间隙时给予考虑。根据现场经验，转子从静态到工作转速，轴颈抬高大约为轴瓦间隙的 $1/2$；水平方向位移与轴瓦形式、轴瓦两侧间隙和机组滑销系统工作状态有关，一般位移值为 $0.05\sim0.20\mathrm{mm}$。

在调整传感器初始间隙时，除了要考虑上述这些因素外，还要考虑最大振动值和转子原始晃摆值。传感器初始间隙应大于转轴可能发生的最大振幅和转轴原始晃摆值的 $1/2$。

4. 安装步骤

（1）探头插入安装孔之前，应保证孔内无杂物，探头能自由转动而不会与导线缠绕。

（2）为避免擦伤探头端部或监视表面，可用非金属测隙规测定探头的间隙。

（3）也可用连接探头导线到延伸电缆及前置器的电气方法整定探头间隙。

当探头间隙调整合适后，旋紧防松螺母。此时应注意，过分旋紧会使螺纹损坏。探头被固定后，探头的导线也应牢固。延伸电缆的长度应与前置器所需的长度一致。任意地加长或缩短均会导致测量误差。

前置器应置于铸铝的盒子内，以免机械损坏及污染。不允许盒子上附有多余的电缆，在不改变探头到前置器电缆长度的前提下，允许在同一个盒内装有多个前置器，以降低安装成本，简化从前置器到监视器的电缆布线。采用适当的隔离和屏蔽接地，将信号所受的干扰降至最低限度。

5. 延伸电缆的安装

延伸电缆作为连接探头和前置器的中间部分，是涡流传感器的一个重要组成部分，所以延伸电缆的安装应保证在使用过程中不易受损坏，应避免延伸电缆的高温环境。探头与延伸电缆的连接处应锁紧，接头用热缩管包裹好，这样可以避免接地并防止接头松动。在盘放延伸电缆时应避免盘放半径过小而折坏电缆线。一般要求延伸电缆盘放直径不得小于 $55\mathrm{mm}$。

6. 前置器的安装

前置器是整个传感器系统的信号处理部分，要求将其安装在远离高温环境的地方，其周围环境应无明显的蒸汽和水珠、无腐蚀性的气体、干燥、振动小、前置器周围的环境温度与室温相差不大的地方。安装时前置器壳体金属部分不要同机壳或大地接触。安装时必须避免有其他干扰信号影响测量电路。

7. 转速、零转速、偏心、键相传感器安装间隙的锁定

这四种传感器均可采用塞尺测量安装间隙的方法进行安装。在探头端面和被测面之间塞入设定安装间隙厚度的塞尺，这四种传感器的安装间隙约为 $1.3\mathrm{mm}$ 左右。当探头端面和被测面压紧塞尺时，紧固探头即可。

8. 轴振动传感器安装间隙的锁定

将探头、延伸电缆、前置器连接起来，并给传感器系统接上电源，用精确度较高的万用表监测前置器的输出电压，同时调整探头与被测面的间隙，当前置器的输出电压大约在 $-10 \sim 11\text{V DC}$ 时，拧紧探头的两个紧固螺母固定探头即可。

9. 轴位移的零位锁定

（1）轴位移监测系统的测量原理。3500 轴位移监测系统是利用涡流传感器的输出电压与其被测金属表面的垂直距离在一定范围内成正比的关系，将位移信号转换成电压信号送至监测器，从而实现监测和保护的目的。

（2）轴位移传感器的零位锁定。轴位移传感器零位锁定必须参考的因素：

1）大轴推力瓦的间隙 Δ 值。

2）大轴所在位置（即大轴推力盘已靠在推力瓦的工作面或非工作面）。

3）位移监测器及传感器的校验数据。

已知：$\Delta = 0.36\text{mm}$，轴位移监测器量程为 $\pm 1.25\text{mm}$，大轴推力盘靠在工作面。轴位移以传感器的零位电压计算值锁定较为准确可靠。以 11mm 传感器为例，已知：$\Delta = 0.36\text{mm}$，大轴推力盘靠在工作面，轴位移监测器量程为 $\pm 1.25\text{mm}$，传感器灵敏度 $F = 4.0\text{V/mm}$，零位安装电压 $U_0 = 10.0\text{V}$。则零位电压 X 的计算：$X = U_0 - F \times 1/2 \times \Delta = 9.28\text{V}$

最终零位锁定后，监测器应显示为 -0.18mm。

注：若大轴推力盘靠在推力瓦的非工作面，则 X 应按下式计算：

$X = U_0 + F \times 1/2 \times \Delta = 10.72 \ (\text{V})$。

最后，按照计算出的 X 值安装锁定传感器，监测器显示应为 0.18mm。

（3）现场安装调试中传感器零位锁定应注意的问题：

1）未考虑推力瓦间隙，表计会产生 $1/2 \times \Delta\text{mm}$ 的测量误差。

2）将 $1/2 \times \Delta\text{mm}$ 的推轴间隙调反，表计会产生 Δmm 的测量误差。

二、3300 XL 传感器系统的安装

1. 安装探头

探头尺寸如图 6-21 所示。图 6-22～图 6-24 为 5mm 和 XL8mm 探头靶面大小、安装尺寸及考虑到交叉干扰时的探头间隔。探头壳体扭矩规格见表 6-3。

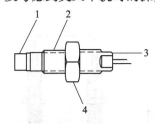

图 6-21　探头尺寸

图 6-21 说明

插图编号	描述	XL 8mm 探头	5mm 探头
1	探头头部	8mm	5mm
2	螺纹类型	M10×1，3/8-24，或无螺纹	M8×1 或 1/4-28
3	扳手平面	8mm 或 5/16 英寸	7mm 或 7/32 英寸
4	锁紧螺母	六方 17mm 或 9/16 英寸	六方 13mm 或 7/16 英寸

表 6-3　　探头壳体扭矩规格

序号	探头壳体扭矩	最大额定值	推荐值
1	标准正装 XL8mm 探头（3/8-24，M10x1）	33.9N・m（300in～lb）	11.2N・m（100in～lb）
2	标准正装 3300mm 探头（1/4-28，M8x1）	7.3N・m（65in～lb）	5.1N・m（45in～lb）
3	标准正装 XL8mm 探头-1/3 螺纹（3/8-24，M10X1）	22.6N・m（200in～lb）	7.5N・m（66in～lb）
4	反装探头	22.6N・m（200in～lb）	7.5N・m（66in～lb）

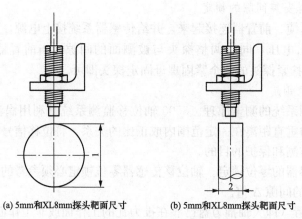

(a) 5mm和XL8mm探头靶面尺寸　　　　　(b) 5mm和XL8mm探头靶面尺寸

图 6-22　5mm 和 XL8mm 探头靶面大小

1—最小 76.2mm(3.00 英寸)；2—最小 15.2mm(0.60 英寸)

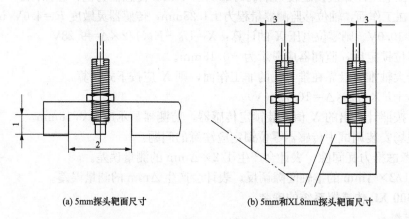

(a) 5mm探头靶面尺寸　　　　　　(b) 5mm和XL8mm探头靶面尺寸

图 6-23　5mm 和 XL8mm 探头安装尺寸

1—最小 6.4mm(0.25 英寸)；2—最小 17.8mm(0.70 英寸)；3—最小 8.9mm(0.35 英寸)

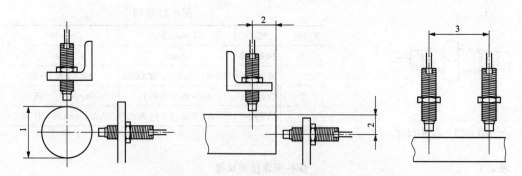

图 6-24　考虑到交叉干扰时 5mm 和 XL8mm 的探头间隔

1—最小 50.8mm(2.00 英寸)；2—最小 16.0mm(0.63 英寸)；3—最小 40.6mm(1.60 英寸)

注释：

（1）当达到或低于 76.2mm（3.00 英寸）时，传感器灵敏度随着靶面尺寸的减小而增加。参见下面应用建议。

（2）当达到或低于 50.8mm（2.00 英寸）时，由于探头交叉干扰而产生一个小的振动信号。

应用建议：安装尺寸和靶面大小会影响涡流传感器系统的灵敏度。考虑到不同的安装情况，为最大限度减少测量误差建议选择上述推荐的最小尺寸。

用图 6-25 所示的方法调整探头头部和轴之间的距离。设置探头间隙最好采用电气方法。

2. 安装前置器

前置器安装位置应满足其环境技术规格（参见技术手册关于环境的技术规格）。安装现场存在危险或爆炸气体时应考虑遵循当地电工规程（参见文件《危险区域内电气设备的安装》）。

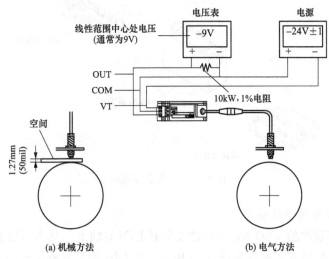

图 6-25　探头间隙的设置方法

3. 可互换的安装底座

3300 XL 前置器安装底座是可互换的。如果用户购买了带某一种安装选项（DIN 导轨安装选项或者盘面安装选项）的前置器，只需要简单地把当前前置器的安装底座更换成另一种类型的底座，就实现了安装硬件的改变。DIN 导轨安装尺寸、盘面安装尺寸、安装底座选项如图 6-26～图 6-28 所示。

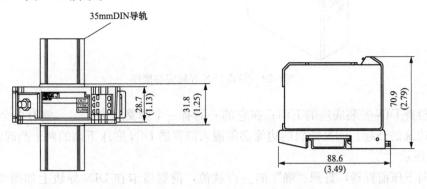

图 6-26　DIN 导轨安装尺寸（单位：mm）

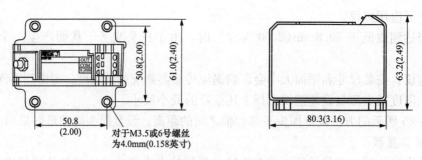

图 6-27　盘面安装尺寸（单位：mm）

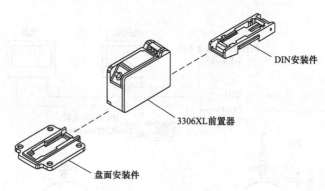

图 6-28　安装底座选项

4. 安装带 DIN 安装件的前置器

将带有 DIN 安装件的 3300 XL 前置器安装到 DIN 导轨上，其步骤如下：

（1）安装 DIN 导轨安装底座如图 6-29 所示，把 DIN 安装底座装到前置器上（如果尚未安装）。

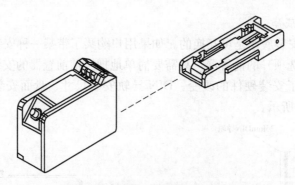

图 6-29　安装 DIN 导轨安装底座

（2）检查 DIN 安装底座的下面；在它的一侧有一个弹簧卡夹，另一侧有两个用来卡住 DIN 导轨边缘的凸起。DIN 导轨的边缘必须嵌入前置器 DIN 底座下面的两个凸起的空隙中，如图 6-30 所示。

（3）向下压前置器，直到"啪"的一声就位，前置器卡在 DIN 导轨上如图 6-31 所示。此时前置器就装到 DIN 导轨上了。

5. 从 DIN 导轨上拆卸前置器

用一把普通的螺丝刀即可将前置器从 DIN 导轨上拆下来。

把螺丝刀插入弹簧夹的后面（见图 6-32）。螺丝刀从上面往前置器的方向压，撬开弹簧夹，这样就可以把前置器从 DIN 导轨上拆下来。

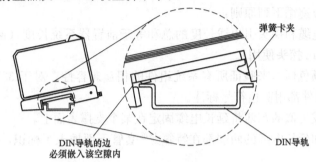

图 6-30　把安装底座插到 DIN 导轨上

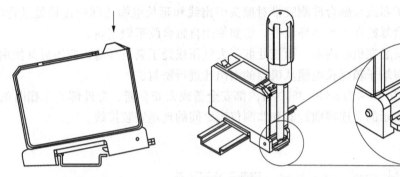

图 6-31　前置器卡在 DIN 导轨上　　　　　图 6-32　缩回弹簧卡夹

6. 端子块现场接线

（1）剥掉信号电缆的绝缘外皮，推荐的剥去长度为 10mm(0.4 英寸)。

（2）电缆的金属导线插入端子块之前必须拧绞在一起（见图 6-33）。强烈建议做金属导线挂锡处理。

（3）端子块可容纳的线径为 0.2～1.5mm² （16～24AWG）的现场接线。

（4）用一把普通小螺丝刀向下压住对应端子块接线位置的橙色杠杆，将导线插入端子块（见图 6-34）。

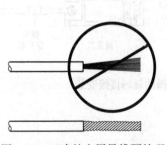

图 6-33　正确的金属导线预处理

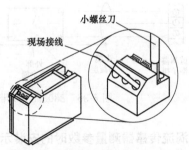

图 6-34　现场接线插入前置器

拆掉接线时，向下压住橙色杠杆即可将导线从端子块拔出来。如果接线时把导线拧绞在一起，但绞合的部分折断在端子块内，此时把前置器上面朝下倒过来，同时压住橙色杠杆，即可把折断的导线从端子块中取出。

7. 延长电缆和现场电缆的布线

延长电缆布线应遵循下列原则：

（1）确认延长电缆和探头引出线长度的总和等于前置器系统长度（例如，9m前置器配合8m延长电缆和1m探头使用）。

（2）利用系统颜色标志来验证所有系统组件的相互兼容性。对于3300 XL8mm系统和3300 5mm探头，组件都用蓝色符号标注。

（3）用安装夹或类似的东西将延长电缆固定在某个支撑表面上。

（4）确认探头和延长电缆的两端都在特氟龙®套管下面插入了标识，并对套管加热使其热缩。

（5）把前置器、延长电缆和探头引出线之间的同轴接头连接起来，用手拧紧。

（6）用接头保护器或自融合硅酮胶带对探头引出线和延长电缆之间的连接处进行绝缘。如果硅酮胶带可能会暴露在透平油环境中，切勿使用自融合胶带做密封。

（7）如果探头安装在机器内部，而该处低于大气压或处于真空环境，应当对其使用适当的电缆密封件，并对端子箱延长电缆从机器的引出孔进行密封。

图6-35和图6-36所示为3300/3500带内部安全栅或无安全栅、带外部安全栅时的现场安装接线。该图示表示的是连接前置器和监测仪表之间的现场安装接线。

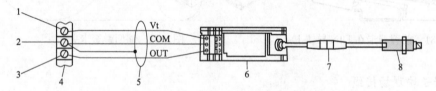

图6-35　3300/3500带内部安全栅或无安全栅的现场安装接线

1—传感器电源；2—公共端（地）；3—输入信号；4—监测器端子排；5—电缆屏蔽层；
6—前置器；7—接头保护器；8—探头

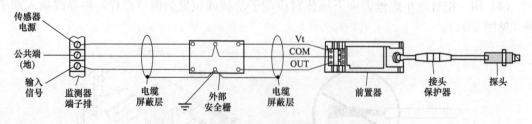

图6-36　3300/3500带外部安全栅的现场接线安装

三、电涡流传感器测量参数时的安装示例

1. 转速及零转速

转速（或零转速）测量装置由两只装于前箱正对60（或134）齿盘的传感器和板件组

成，转速及零转速测量如图 6-37 所示。当机器旋转时，齿盘的齿顶和齿底经过探头，探头将周期地改变输出信号（即脉冲信号），板件接收到此脉冲信号进行计数、显示，与设定值比较后，驱动继电器触点输出。转速的测量范围为 0～5000r/min；零转速设定值小于4r/min；转速报警值为 3240r/min。

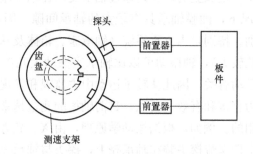

(a) 测量原理

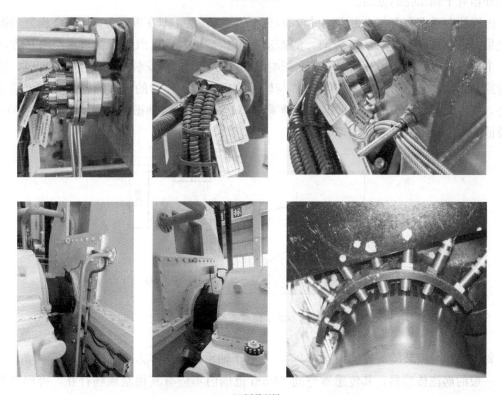

(b) 测量现场

图 6-37 转速及零转速测量原理及现场示意

安装磁感应传感器时注意传感器探头表面磁铁所产生的磁场与触发体边沿必须成直角，有的制造厂会在传感器探头面上设计一个黑点，安装时黑点必须面对机头或机尾。

安装时一定要使半圆形的支架与齿轮间的距离尽量保持一致。

2. 轴振动

对旋转机械来说，衡量其全面的机械情况，转子径向振动振幅是一个最基本的指标，很多机械故障，包括转子不平衡、不对中、轴承磨损、转子裂纹以及摩擦等都可以根据振动的测量进行探测。转子是旋转机械的核心部件，旋转机械能否正常工作主要取决于转子能否正常运转。当然，转子的运动不是孤立的，它是通过轴承支承在轴承座及机壳与基础上，构成了转子-支承系统。一般情况下，油膜轴承具有较大的轴承间隙。因此轴颈的相对振动比之轴承座的振动有显著的差别。特别是当支承系统（轴承座、箱体及基础等）的刚度相对来说比较硬时（或者说机械阻抗较大），轴振动可以比轴承座振动大几倍到几十倍，由此，大多数振动故障都直接与转子运动有关。因此从转子运动中去监视和发现振动故障，比从轴承座或机壳的振动提取信息更为直接和有效。所以，目前轴振的测量越来越重要，轴振动的测量对机器故障诊断是非常有用的。例如，根据振动学原理，由 X、Y 方向振动合成可得到轴心轨迹。在测量轴振时，常常把涡流探头装在轴承壳上，探头与轴承壳变为一体，因此所测结果是轴相对于轴承壳的振动。

由于轴在垂直方向与水平方向并没有必然的内在联系，即在垂直方向（Y 方向）的振动已经很大，而在水平方向（X 方向）的振动却可能是正常的，因此，在垂直与水平方向各装一个探头。由于水平中分面对安装的影响，实际上两个探头安装保证相互垂直即可，轴振测量原理如图 6-38 所示。当传感器端部与转轴表面间隙变化时的传感器输出一交流信号给板件，板件计算出间隙变化（即振动）峰-峰（P-P）值。机组轴振的测量范围为 $0\sim400\,\mu m$；报警值为 $125\,\mu m$；停机值为 $250\,\mu m$。

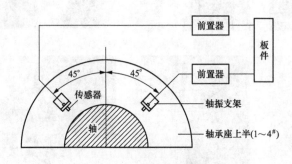

图 6-38　轴振测量原理

每个轴承处安装的 2 支轴振互成 $90°$，垂直于轴承，每支传感器与地面呈 $45°$ 夹角。

一般的涡流传感器，其传感器空间 24mm 范围内不应有其他金属物存在，否则会带来误差。

3. 偏心

转子的偏心位置，也称为轴的径向位置，是指转子在轴承中的径向平均位置。在转轴没有内部和外部负荷的正常运转情况下，转轴会在油压阻尼作用下，设计确定的位置浮动，然而一旦机器承受一定的外部或内部的预加负荷，轴承内的轴颈就会出现偏心，其大小是由偏心度峰-峰值来表示，即轴弯曲正方向与负方向的极值之差。偏心的测量可用来作为轴承磨损，以及预加负荷状态（如不对中）的一种指示；转子偏心（在低转速时的弯曲）测量是在启动或停机过程中，必不可少的测量项目，它可使人们看到由于受热或重力所引起的轴弯曲的幅度。偏心监测板接受两个涡流传感器信号输入，偏心测量如图 6-39 所示。一个用于偏心的测量，另一个是键相器的测量，它用在峰-峰信号调节电路上。键相探头观察轴上的一个键槽，当轴每转一转时，就产生一个脉冲电压，这个脉冲可用来控制计算峰-峰值。当然，键相信号也可用来指示振动的相位，振动相位测量如图 6-40 所示。当知道了测振探头与键相探头的夹角时，就可找出不平衡质量的位置，即转子高点的位置。这对轴的平衡是很重要的。机组偏心的测量范围为 $0 \sim 100 \mu m$，报警值大于原始值的 $30 \mu m$。

注意键相安装时，不能正对着键相槽安装。

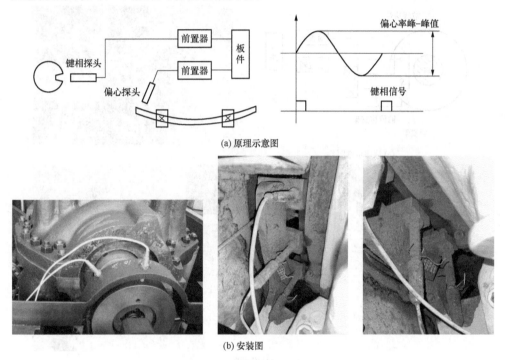

图 6-39　偏心测量示意

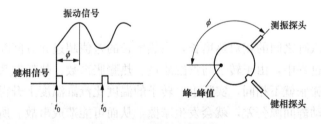

图 6-40　振动相位测量示意

4. 轴向位移

轴向位移通常采用四个趋近式的探头测量，安装在 4 瓦处的推力盘处。这四支传感器两个一组，对称于转子安装。每组中的两个传感器是"与"的关系，保证某一通道失效时不会给出错误信号。两组测量传感器的结果是相互独立的，即"或"的关系，以便有效的保护汽轮机组的安全。报警值为±0.9mm，跳机值为±1.0mm。

用两个探头同时探测一个对象，可避免发生误报警；但要求两个探头的安装位置离轴上止推法兰的距离应小于305mm，如果过大，由于热膨胀的影响，所测到的间隙，不能反映轴上法兰与止推轴承之间的间隙，轴位移测量如图6-41所示。两个涡流探头测量转子的轴向变化，输出探头与被测法兰的间隙成正比的直流电压值，板件接受此电压值后，经过计算处理，显示出位移值。为避免误报警，停机逻辑输出为"与"逻辑。机组轴向位移的测量范围为-2~+2mm。

一定要确认传感器安装方向，若是反向安装，则需要在组态软件里取反。

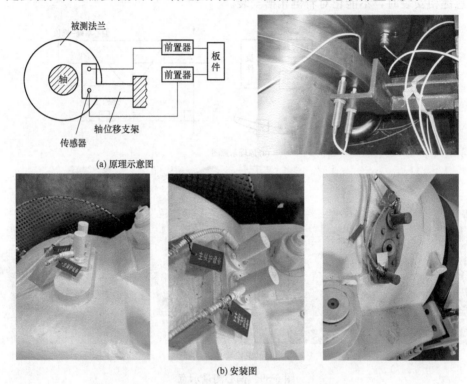

(a) 原理示意图

(b) 安装图

图 6-41　轴位移测量原理及现场安装示意

5. 胀差

胀差是转子和汽缸之间的相对热增长，当热增长的差值超过允许间隙时，便可能产生摩擦。在开机和停机过程中，由于转子与汽缸质量、热膨胀系数、热耗散系数的不同，转子的受热膨胀和汽缸的膨胀就不相同，实际上，转子的温度比汽缸温度上升得快，其热增长的差值如果超过允许的动静间隙公差，就会发生摩擦，从而可能造成事故。所以监视胀差值的目的，就是在产生摩擦之前采取必要的措施来保证机组的安全。一般规定转子膨胀大于汽缸膨胀为正方向，反之为负方向。另外，胀差测量如果范围较大，已超过探头的线性范围时，则可采用斜面式测量和补偿式测量方式。由于不可能在汽缸内安装涡流传感器，利用滑销系统，传感器被固定在轴承箱的平台上，胀差测量示意如图6-42所示。

当整个转子向电机方向推到推力盘紧贴工作瓦面时定测量零点，并将转子膨胀方向作为胀差正方向。

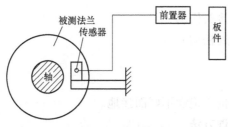

(a) 原理示意图

(b) 安装图

图 6-42　胀差测量原理及现场安装示意

第五节　TSI 系统电涡流传感器常见故障处理

为使 TSI 系统准确测量、正确动作，检修人员要熟悉 TSI 系统的测量原理，熟练掌握传感器安装、调试和模块参数设置，并记录它们的全过程。当系统发生异常参数指示时，能根据日常维护工作中积累的经验，迅速判断出大致的原因所在，以便向相关部门做出合理的解释。

涡流探头的故障查找方法：先观察外表及周围环境，用万用表实时观察电压信号，初步判断原因在探头端还是卡件端，再将怀疑对象拆下校验，还找不到具体原因，就只能更换新的。故障主要包括：涡流探头老化后，线性度或灵敏度会出现较大误差。

一、电涡流传感器常见故障
电涡流传感器常见故障：

（1）电涡流探头损坏。

（2）探头导线与延伸电缆的连接头松动。

（3）延伸电缆与前置器的连接处松动。

（4）前置器、延伸电缆故障。

（5）延伸电缆接地。

（6）探头导线与延伸电缆的连接头绝缘不好而接地。

二、电涡流传感器常见故障处理方法

电涡流传感器常见故障处理方法：

（1）更换电涡流探头。

（2）紧固探头导线与延伸电缆的连接头。

（3）紧固延伸电缆与前置器的连接螺丝。

（4）更换前置器、延伸电缆。

（5）更换延伸电缆或将其破损接地部分用绝缘带包好。

（6）将探头导线与延伸电缆的连接头用热缩管包裹好。

三、对常见故障处理方法的几点建议

对常见故障处理方法的几点建议：

（1）更换电涡流探头时应注意避免碰伤探头，不可将连接导线多次缠绕。

（2）探头导线与延伸电缆的连接处为带有锁紧功能的锁头，在紧固时应避免用力过猛，以免损坏锁头。

（3）紧固延伸电缆与前置器的连接螺丝不可用力过大，以免造成螺丝滑丝。

（4）更换后的前置器应与探头、延伸电缆型号一致，应将前置器放在铸铝的盒子内，避免有其他干扰信号影响测量精确度。

（5）更换延伸电缆时应注意电缆的盘管直径不应太小，以免造成对电缆的损伤。一般规定盘管直径不得小于 55mm。

（6）在处理探头导线与延伸电缆的连接头时应用热缩管包裹，不要用电工胶带，这样油雾会溶解胶带上的黏性物而污染接头。在需打开探头导线与延伸电缆的连接头时，用刀片在接头金属处划开一小口即可，在此过程中当心将电缆划伤。

四、处理常见故障时可能发生的危险点

处理常见故障时可能发生的危险点：

（1）误碰其他运行设备，工作人员应相互监督。

（2）运行中更换振动探头易发生高温烫伤，应戴防护手套。

（3）更换延伸电缆时由于盘管直径太小而损伤电缆，盘管直径不能小于 55mm。

（4）更换探头时碰伤探头，工作人员应采取相应防护措施。

（5）由于温度过高造成对探头的损伤，探头的工作温度一般应小于 180℃，只有特制的高温涡流传感器才允许安装在汽封附近。

五、3300 XL 传感器系统故障查找

1. 系统维护

当安装和检验都正确时，3300 XL 传感器系统（探头、电缆和前置器）不需要定期校正或验证。如果监测器上的 OK 灯（绿色）指示为非 OK 状态（即绿色指示灯未点亮），那么说明：

(1) 现场接线/传感器系统/电源出现了问题。

(2) 探头距离靶面太近。

(3) 探头检测的是其他的非靶面材料。

(4) 靶面材料不是 AISI 4140。

(5) 探头距离靶面太远。

本特利内华达推荐采用下面的实际经验来确保 3300 XL 系统连续正常地工作。如果用户执行了下列操作，应采用灵敏度校验的办法来验证系统工作情况：

(1) 更换系统部件（探头、电缆或前置器）。

(2) 拆卸并重新安装或取下并重新固定部件。

(3) 确定部件是否损坏。

(4) 彻底检修被检测的机器设备。

请注意当传感器系统的输出突然发生变化，或其输出与相关的机械趋势数据不一致时，绝大多数情况下是机械故障而非传感器故障。在这种情况下用户可以根据自己的判断来对传感器系统进行校验。

在恶劣运行工况下有些用户喜欢定期对所有传感器进行校验。同上所注，3300 XL 传感器系统不需要这种校验。如果用户希望定期校验传感器，校验的时间间隔应当与用户自己的习惯和规程相符合，该时间间隔可能并非基于 ISO 10012-1 "测量系统质量保证要求"。

对于非 AISI 4140 钢的靶面材料，或者其他特殊的应用，请联络本特利内华达当地销售办事处。

在进行维护或故障排查前必须清除危险区域内的危险物质。

2. 故障查找

以下内容主要讲述如何解释某个故障现象，以及如何在某个已安装的传感器系统中把故障隔离出来。在开始故障查找之前，确信传感器系统已正确安装，并且安装位置的所有接头已固定牢靠。

当故障发生的时候，首先找到故障发生的地点，根据故障现象检查可能的原因，然后利用下面的方法把故障隔离出来并予以消除。用数字电压表测量电压。如果故障是由传感器引起的，请联系本特利内华达当地销售与服务办事处寻求帮助。

通过测量电压进行故障查找的方法步骤如图 6-43、表 6-4 和表 6-5 所示。

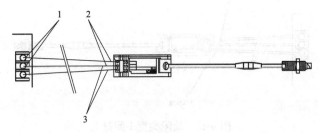

图 6-43　故障查找电压

1—U_{PS}；2—U_{XDCR}；3—U_{SIG}

表 6-4   电压测量符号

符号	意义	电压
U_{SIG}	来自传感器的信号电压	OUT 与 COM 端之间的电压
U_{PS}	电源供电电压	电源与公共端之间的电压
U_{XDCR}	传感器供电电压	−VT 和 COM 端之间的电压

注 U_{SIG}，U_{PS}和U_{XDCR}均为负电压值。

表 6-5   定义

符号	定义	示例
A>B	"A" 比 "B" 更正	−21>−23
A<B	"A" 比 "B" 更负	−12<−5
A=B	"A" 与 "B" 相同（或十分接近）	−24.1=−24.0

（1）故障类型 1：$U_{XDCR}>-17.5$V DC 或 $U_{XDCR}<-26$V DC。故障的原因可能是电源故障、现场接线故障、前置器故障。

按如图 6-44 所示测量 U_{PS}。判断 $U_{PS}>-23$V DC 或 <-26V DC。如果是可判断为电源故障；如果否，则需要进一步测量 U_{XDCR}。

按如图 6-45 所示测量 U_{XDCR}。判断 $U_{XDCR}>-23$V DC 或 <-26V DC。如果是，可判断为现场接线故障；如果否，可判断为前置器故障。

图 6-44～图 6-53 中图符的含义：

 连接

 断开

 观察

 记录数值

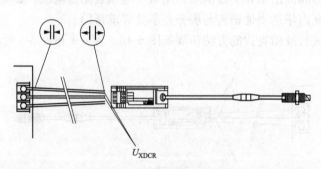

图 6-44   故障类型 1 测量 1

图 6-45   故障类型 1 测量 2

（2）故障类型 2：$U_{SIG}=0$V DC。故障的原因可能是供电电压不正确、现场接线短路、前置器端接线短路、前置器故障。

首先判断故障类型 1 是否存在。如果存在，用上述故障类型 1 的方法解决；如果不存在，就进一步测量 U_{SIG}。

按如图 6-46 所示测量 U_{SIG}。判断 $U_{SIG} = 0V\ DC$？如果是，可判断为前置器故障；如果否，可判断为电源供电电压不正确，现场接线或前置器端接线短路。

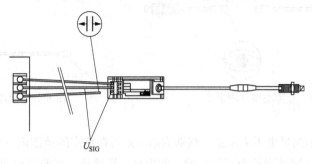

U_{SIG}

图 6-46　故障类型 2 测量

（3）故障类型 3：$-1V\ DC < U_{SIG} < 0V\ DC$。故障的原因可能是探头间隙不正确（过于靠近靶面）、电源电压不正确、前置器故障、探头监测的并非目标靶面（沉孔或机器壳体）、某处连接短路或开路（脏污或受潮）或者接头松动、探头短路或开路、延长电缆短路或开路。

首先判断故障类型 1 是否存在？如果存在，故障类型 1，用上述故障类型 1 的方法解决。如果不存在，就检测探头间隙是否正确？沉孔尺寸是否正确。如果不正确就调整探头间隙或检查沉孔。并对系统重新测试。如果正确就测量 U_{SIG}。

按如图 6-47 所示测量 U_{SIG}。判断 $U_{SIG} < U_{XDCR} + 1V\ DC$？如果否，可判断为前置器故障，如果是，检查连接处是否清洁。

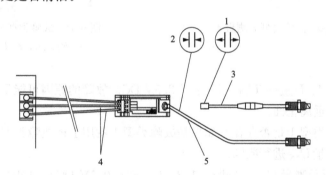

图 6-47　故障类型 3 测量 1

1—步骤 1；2—步骤 2；3—原先的探头延长电缆；4—U_{SIG}；5—已知的好探头及长度正确的电缆

按如图 6-48 所示检查连接处清洁。检查连接是否有脏污、锈蚀、或不牢固？如果是，就用异丙醇或电气端子清洁剂清理接头，重新连接并重新测试系统。如果否，测量电阻 R_{TOTAL}。

按如图 6-49 所示测量电阻 R_{TOTAL}。R_{TOTAL} 是否在规定的范围内？

1m 系统：到下一步。

5m 系统：$8.75 \pm 0.70\Omega$。

9m 系统：$9.87 \pm 0.90\Omega$。

是：重新测试原系统。

否：到下一步。

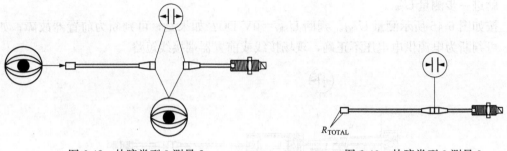

图 6-48　故障类型 3 测量 2　　　　　　　　图 6-49　故障类型 3 测量 3

按如图 6-50 所示测量电阻 R_{PROBE}。判断 R_{PROBE} 是否在规定的范围内（参见表 6-6 探头标称直流电阻）？如果否，则可判断为探头故障。如果是，需要进一步测量电阻 R_{JACKET} 和 R_{CORE}。

按如图 6-51 所示测量电阻 R_{JACKET} 和 R_{CORE}。判断 R_{JACKET} 和 R_{CORE} 是否在规定的范围内（参见表 6-7 延长电缆标称直流电阻）？如果否，可判断为延长电缆故障。如果是，则需要重新测试原系统。

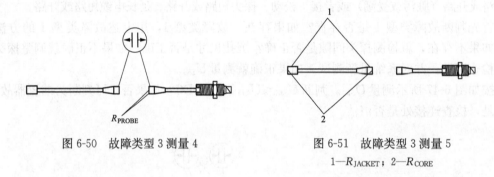

图 6-50　故障类型 3 测量 4　　　　　　　　图 6-51　故障类型 3 测量 5

1—R_{JACKET}；2—R_{CORE}

（4）故障类型 4：$U_{XDCR} < U_{SIG} < U_{XDCR} + 2.5V\ DC$。故障的原因可能是前置器故障、探头间隙不正确（过于远离靶面）。

首先判断故障类型 1 是否存在？如果是故障类型 1 就用上述故障类型 1 的方法解决。如果否，就需要再测量 U_{SIG} 进行判断。

按如图 6-52 所示测量 U_{SIG}。判断 $-1.2 < U_{SIG} < -0.3V\ DC$？如果否，可判断为前置器故障。如果是，就需要重新连接系统，重新调整探头间隙，重新测试系统。

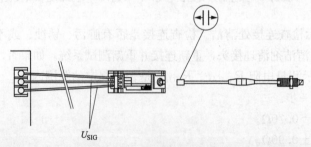

图 6-52　故障类型 4 测量

（5）故障类型 5：$U_{SIG}=U_{XDCR}$。故障的原因可能是电源电压不正确、前置器故障、现场接线故障（OUT 与 VT 之间）。

首先判断故障类型 1 是否存在？如果是故障类型 1 就用上述故障类型 1 的方法解决。如果否就需要再测量 U_{SIG} 进行判断。

按如图 6-53 所示测量 U_{SIG}。判断 $U_{SIG}=U_{XDCR}$？如果是，可判断为前置器故障。如果否，则可判断为现场接线故障（OUT 与 VT 之间短路）。

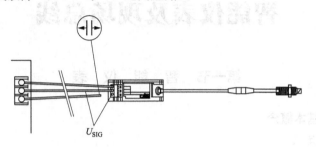

图 6-53　故障类型 5 测量

表 6-6　　　　　　　　　　　探头标称直流电阻（R_{PROBE}）

探头长度/m	从中心导体到外层导体电阻（R_{PROBE}）/Ω
0.5	7.45±0.50
1.0	7.59±0.50
1.5	7.73±0.50
2.0	7.88±0.50
5.0	8.73±0.70
9.0	9.87±0.90

表 6-7　　　　　　　　　　延长电缆标称直流电阻（R_{PROBE}）

延长电缆长度/m	从中心导体到中心导体电阻（R_{CORE}）/Ω	从外层导体到外层导体电阻（R_{JACKET}）/Ω
3.0	0.66±0.10	0.20±0.04
3.5	0.77±0.12	0.23±0.05
4.0	0.88±0.13	0.26±0.05
4.5	0.99±0.15	0.30±0.06
7.0	1.54±0.23	0.46±0.09
7.5	1.65±0.25	0.49±0.10
8.0	1.76±0.26	0.53±0.11
8.5	1.87±0.28	0.56±0.11

第七章

智能仪表及现场总线

第一节 智 能 仪 表

一、智能仪表基本概念

1. 仪器仪表的定义

在我国，仪器与仪表这两个词的应用并无严格的区别，人们一般按照各自的习惯使用及定义某类装置的名称。有的书里，用仪器包含仪表；有的书里用仪表统称，涵盖了仪器的概念；有的书里把仪器仪表并列使用。一般地说，具有显示和记录装置的仪表，称为"仪"或"表"，如温度仪，图形记录仪，电流表等；没有显示或虽有显示但不作为主要功能的仪表称为"器"，如传感器、变送器等。然而有些具有显示功能的仪表也习惯地称为器，如示波器。

总之，仪表和仪器术语间的区分很不明显。但是"仪表"这一术语现在不仅仅限于以指示或记录为唯一功能、以检测为主要目的的设备，像调节器、变送器、执行器及控制器等装置都统称为仪表，所以这里也沿用这一广义的概念，简略地称为智能仪表。

仪器仪表是获得信息的重要工具，钱学森院士对新技术革命做出论述："新技术革命的关键技术是信息技术。信息技术由测量技术、计算机技术、通信技术三部分组成。测量技术是关键和基础。"现在人们通常最关注的信息技术，只知道就是计算机技术和通信技术而关键的基础性的测量技术往往会被忽略。所以，相对于计算机技术和通信技术的日新月异迅猛发展，国内测量技术的高科技新技术发展就显得比较滞后，无法完全满足信息时代在生产、科研、环境和社会等领域的越来越多、越来越高的需求。

因此，最近很多人也开始逐步重视和投入到这一领域的开发和研制中。大多数仪器仪表厂家都推出了一系列的智能化产品，其种类和功能也日益丰富和完善。这一发展趋势也是未来新一代仪表产品的必然结果。

仪器仪表相关产品包括：温度仪表、流量仪表、压力仪表、机械仪表（称重、转速、测厚）、液位仪表、料位仪表、显示仪表、有纸/无纸记录仪、分析仪表、校验仪表等。

2. 智能仪表的历史沿革

首先介绍仪表的发展历史。人类进化史上的重要标志是发明了工具，而近代自然科学研究是从人类发明了能够进行测量的仪器仪表这类工具，才开始真正突飞猛进。

十七、十八世纪，科学家发明了可以测量温度的温度计，然后才诞生了热力学理论。十九世纪，人们又发明了测量电流的仪表，才发展了电磁学研究。二十世纪是核物理学时代，也是由于众多核物理探测仪器的发明，才使原子核这种微观世界的研究成为现实。

对于建立在近代科学技术之上的电气工业来说，就更离不开仪器仪表来控制和实现各种工业生产活动。随着人类活动领域的迅速扩大，科学探索的不断深入，以及工业生产过程向更高的精确度、更快的节奏、更复杂的功能和更苛刻的使用环境以及可靠性要求的方向发展，传统的仪表越来越不能满足和适应这多种多样的需求和发展。同时，除了科学研究和工业生产，家庭生活以及社会服务体系等方面的需求，也使仪器仪表的应用越来越普及，人们对它们的要求也越来越高。而且，电子计算机的出现，把人类带入了信息时代也使仪器仪表领域出现了重大的变化和发展机遇。智能仪表就是在这一背景下出现的，它可以说是传统仪表的最新升级版本。

迄今为止，如果简单地划分，仪表的出现与发展经历了三代。

第一代是模拟式仪表，例如沿用至今的动圈式指针调节仪、指针式万用表、弹簧压力表等。它们的基本结构都是电磁式，即基于电磁测量原理，使用指针来显示最终的测量结果。这类仪表不管其原理和结构如何，都有一个共同的特征，就是直接对模拟信号进行测量或控制。

第二代仪表是数字式仪表，如数字电压表、数字频率计、数字式温度显示调节仪等。数字式仪表与模拟式仪表相比，在原理和结构上发生了根本的变化，其基本原理是将模拟信号转化为数字信号进行测量和控制，大量采用数字集成电路，最明显的技术进步是 A/D，D/A 转换和十进制数码显示。数字式仪表给人以直观的感受，响应速度和测控精确度也比模拟式仪表提高了许多。尽管如此，这一代仪表的实时功能仍然十分简单，也不具备数据分析处理、程控、记忆以及人机对话这类高级功能。

第三代仪表是智能仪表。所谓智能仪表实质上是以微型计算机为主体代替传统仪表中常规的电子电路而设计制造出来的一代新型仪表，即 meter based microcomputer（基于微型计算机的仪表）。微型计算机的植入，使得这类测量控制仪表不仅能够解决传统仪表不能解决或不易解决的问题，而且能够实现一部分人工智能的工作，例如：记忆存储、四则运算、逻辑判断、命令识别、自诊断、自校正等等。更高级的智能仪表还能够实现自适应、自学习以及模糊控制等功能。

3. 智能仪表分类

智能仪表分类的方式有很多，也没有统一的标准。如果从功能和智能化程度两方面划分，均可分为三大类。

（1）从功能分类。智能仪表按照功能可以分为三大类：智能化测量仪表（包括分析仪器）、智能化控制仪表和智能化执行仪表（智能终端）。

（2）从智能化程度分类。智能仪表按智能化程度分类，如图 7-1 所示。

这种分类具有兼容性、相关性、方向性的特点。这种细致分法是有向的，高一级类别向下兼容，低一级类别向高级发展，相邻两类之间有重叠（即交叉）。

初级智能除了应用电子、传感、测量技术外，主要特点是应用了计算机及信号处理技术，这类仪表已具有了拟人的记忆、存储、运算、判断、简单决策等功能，但没有自学习、自适应功能。初级智能仪表从使用角度看，已具有自校准、自诊断、人机对话等功能。目前绝大多数智能仪表可归于这一类。

模块化智能仪表是在初级智能仪表基础上又应用了建模技术和方法。它是以建模的数学方法及系统辨识技术作为支持。这类仪器仪表可以对被测对象状态或行为做出估计，可以建立对环境、干扰以及仪器仪表的参数变化作出自适应反应的数学模型，并对测量误差（静态

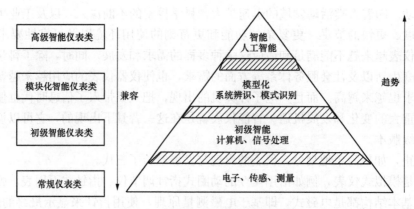

图 7-1　智能仪表按智能化程度分类

或动态误差）进行补偿。模式识别可以作为状态估计的方法而得到应用。这类仪器仪表具有一定的自适应、自学习能力，目前有关这类仪器仪表的技术与方法及其工程实现问题正在研究。

高级智能仪器仪表是智能仪表的最高的级别。人工智能的应用是这类仪表的显著特征，这类仪器仪表可能是自主测量仪表。人们只需要告诉仪表要做什么，不必告诉它怎么做。这类仪表多运用模糊判断、容错技术、传感器融合、人工智能、专家系统等技术。这类仪器仪表应有较强的自适应、自学习、自组织、自决策、自推论的能力，从而使仪器仪表工作在最佳状态。

4. 智能仪表的发展趋势

（1）网络化。现代高新科学技术的迅速发展，有力地推动着仪器仪表技术的进步。仪器仪表的发展将遵循跟着通用计算机走、跟着通用软件走和跟着标准网络走的指导思想。

仪器标准将向计算机标准、网络规范靠拢。依托于智能化、微机化仪器仪表的日益普及，联网测量技术已在现场维护和某些产品的生产自动化方面实施。在网络化仪器环境条件下被测对象可通过测试现场的普通仪器设备，将测得数据通过网络传输给异地的精密测量设备或更高档次的微机化仪器去分析、处理；能实现测量信息的共享；可掌握网络节点处信息的实时变化趋势。此外，也可通过具有网络传输功能的仪器将数据传至源端即现场。

（2）分布式虚拟仪器。所谓分布式的虚拟仪器就是源系统按照分布式的算法将测试任务分配到各个测量子系统（网络中的虚拟仪器节点）中去，在子系统中完成各自的测试任务后，将各自的数据（信息）送回到源节点，通过在源节点的数据分析和融合得到测量的结果。分布式算法是该类型仪器的关键和难点。

（3）可重构化。随着在系统可编程技术和软件重载技术的发展和成熟，出现了一种新型的智能仪器——可重构的智能仪器。智能仪器的重构是在仪器处于工作状态或者设计制造完成后，利用系统内置的重构软件系统对智能仪器硬件、软件进行更改和重新配置。智能仪器重构的实现是建立在一定的技术基础上的。可重构的智能仪器又分为硬件重构和软件重构。硬件可重构的意思就是通过硬件内部结构的改变来达到仪器功能改变的目的，而软件可重构就是通过改变或配置软件模块功能来达到仪器功能的改变。

（4）总线化。现场总线技术的广泛应用，使组建集中和分布式测试系统变得更为容易。然而集中测控越来越不能满足复杂、远程及范围较大的测控任务的需求，所以必须组建一个可供各个现场仪表数据共享的网络，现场总线控制系统正是在这种情况下应运而生的。现场总线控制系统是一种用于现场智能仪表与中央控制之间的一种开放的、双向的、全数字化的、多站的通信系统。目前现场总线已成为全球自动化技术发展的重要表现形式，它为过程测控仪表的发展提供了巨大的发展机遇，并为实现高精确度、高稳定、高可靠、高适应、低消耗等方面提供了巨大动力和发展空间。

总之，随着微电子、测量控制、计算机和通信等技术的彼此渗透和相互推动，智能仪器仪表必将向着小型、轻量、多功能、快速、高精确度、高性能、价廉、操作使用方便和全自动等方向发展，越来越表现出柔性化和智能化。

二、智能仪表基本组成及工作原理

1. 智能仪表的基本组成

根据智能仪表的概念，可以看出它与传统仪表相比，具有突出的两大特点：其一是"内藏"微机，其二是"以软代硬"。前者可以说是智能仪表智能化得以实现的工具，而后者是其手段。因此，智能仪表主要由硬件和软件两大部分组成，这类似于典型的计算机组成结构。

智能仪表内部嵌入微处理器等微机硬件系统，替代了传统电子线路，使其具有总线结构和通信能力，不仅能进行数据处理和指令控制等工作，而且促使仪表向简化结构、缩小体积、降低功耗、增加功能、提高性能等方向发展和进步。而用软件来实现以前传统仪表用硬件能实现和不能实现的种种功能，才使仪表真正具备了更加自动化、数字化的"智能特色"。下面以测量过程的软件控制加以说明。

测量过程的软件控制起源于数字化仪表测量过程的时序控制。20 世纪 60 年代末，某些高级数字化仪表已经可以实现自稳零放大、自动极性判断、自动量程切换、自动报警、过载保护、非线性补偿、多功能测试、数百点巡回检测等。但随着上述功能的增加，其硬件结构越来越复杂，导致体积和重量增大，成本上升，可靠性降低，给其进一步的发展造成很大困难。但当其引入微型计算机技术，使测量过程改用软件控制之后，上述困难将得到很好的解决。它不仅简化了硬件结构，缩小了体积，降低了功耗，提高了可靠性，增加了灵活性，而且使仪表的自动化程度得到提高，如实现人机对话、自检测、自诊断、自校准以及图表显示及输出控制等。这就是"以软件代硬件"的效果。

在进行软件控制时，仪表在 CPU 指挥下，按照软件流程进行各种转换、逻辑判断、驱动某一元件完成某一动作，使仪表的工作按一定顺序进行下去。在这里，基本操作是以软件形式完成的逻辑转换，它与硬件的工作方式有很大区别。软件转换带来了极大方便，灵活性很强。当需要改变功能时，只要改变程序即可，并不需要改变硬件结构。随着微机时钟频率的大幅度提高，软件控制与全硬件实时控制的差距越来越小。

2. 智能仪表的硬件结构

智能仪表已不是单纯意义上的仪表，而可以看作是一种具备测控功能的特殊的微型计算机系统。但由于完成的任务，使用的场合不同，各种智能仪表的硬件、软件系统有着很大的差别。有简单的只含几个芯片和少量程序的仪表，如多功能显示仪表；也有包含大量复杂芯片，软件丰富，外设齐全的大型仪表，如色谱质谱仪（分析仪器）。这些智能仪表在硬件结构上都有共同的特点，即一般包括控制器及其接口电路、过程输入输出通道、人机接口和通信接口等，智能仪表硬件结构如图 7-2 所示。

（1）控制器及其接口电路。控制器及其接口电路包括控制器、程序存储器、数据存储器、输入输出接口电路及扩展电路，它可以进行必要的数值计算、逻辑判断、数据处理等。

（2）过程输入输出通道。输入输出通道是智能仪表控制器和被测量监控系统之间设置的信号传递和变换的连接通道。它包括模拟量输入通道、开关量（数字量）输入通道、模拟量输出通道、开关量（数字量）输出通道等。输入输出通道的作用是将被测量监控系统的信号变换成控制器可以接收和识别的代码；将控制器输出的控制命令和数据转换后作为执行机构或开关的控制信号，从而控制被测量监控系统进行期望的动作。

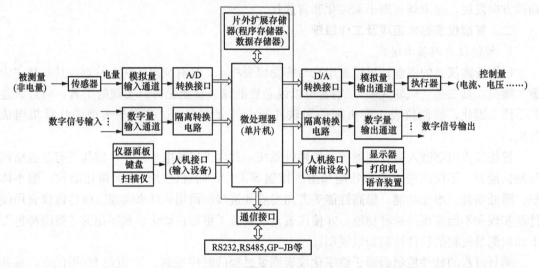

图 7-2　智能仪表硬件结构

在计算机监控系统中，需要处理一些基本的开关量输入输出信号，例如开关的闭合与断开、继电器的接通与断开、指示灯的点亮与熄灭、阀门的开启与关闭等，这些信号都是以二进制的"0"和"1"出现的。计算机系统中对应的二进制位的变化就表征了相应器件的特性。开关量输入输出通道就是要实现外部的开关量信号和计算机系统的联系，包括输入信号处理电路及输出功放电路。

模拟量输入输出通道由数据处理电路、A/D 转换器、D/A 转换器等构成，用来输入输出模拟量信号。其中，模拟量输入通道的任务是把（如压力变送器、温度传感器、液位变送器、流量计等检测到的）模拟信号转变为二进制数字信号，送给计算机处理。模拟量输出通道的任务是把计算机输出的数字量信号转换成模拟电压或者电流信号，驱动相应的执行机构动作，达到控制目的。

（3）通信接口。通信接口则用来实现智能仪表与外界其他计算机或智能外设交换数据。

（4）人机通道。人机通道是人和智能仪表之间建立联系、交流信息的输入输出通路，包括人机接口和人机交互设备两层含义。人机接口是智能仪表的微控制器和人机交互设备之间实现信息传输的控制电路。人机交互设备是智能仪表系统中最基本的设备之一，是人和智能仪表之间建立联系、交换信息的外部设备。常见的人机交互设备可分为输入设备和输出设备两类。其中，输入设备是人向智能仪表系统输入信息，如输入键盘、开关按钮、触摸屏等；输出设备是智能仪表系统直接向人提供系统运行结果，如显示装置、打印机、语音装置等。通过智能仪表的人机通道，可以向智能仪表输入命令和数据，了解智能仪表运行的状态和显示相关的工作参数。

3. 智能仪表的软件组成

硬件只是为智能仪表系统提供底层物质基础，要想使智能仪表正常工作运行，必须提供或研发相应的软件。智能仪表的软件结构如图 7-3 所示，智能仪表软件可以分为系统软件、支持软件和应用软件。

（1）系统软件。系统软件包括实时操作系统、引导程序等。

（2）支持软件。支持软件包括编译程序、高级语言等。

（3）应用软件。应用软件是系统设计人员针对某个测控系统的控制和管理程序。智能仪表的应用软件包括监控程序、中断服务程序以及实现各种算法的功能模块。监控程序是仪表软件的中心环节，它接收和分析各种命令，并管理和协调整个程序的

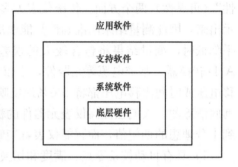

图 7-3 智能仪表的软件结构

执行；中断服务程序是在人机接口或其他外围设备提出中断申请，并为微控制器响应后直接转去执行，以便及时完成实时处理任务；功能模块用来实现仪表的数据处理和控制功能，包括各种测量算法（例如数字滤波、标度变换、非线性修正等）和控制算法（例如 PID 控制、前馈控制、模糊控制等）。

只有软件和硬件相互配合，才能发挥系统的优势，研制出具有更高性能的智能仪表系统。

4. 智能仪表的工作原理

由传感器检测出的被测控对象的特性信号，作为输入信号经过智能仪表的输入通道及接口电路，按使用需要选择变换、放大、整形、滤波、补偿等预处理过程。如果输入信号是模拟量，必须经过 A/D 转换器转换成数字信号再送入仪表主机。然后，由仪表主机内嵌的微处理器按照仪表的功能要求对各种输入数据进行分析、加工、计算等一系列处理工作并将最终结果送入仪表存储器 RAM 中存储。最终把需要输出的数据经过输出通道输出到仪表外部。对控制量信号要经过模拟量输出通道的 D/A 转换器转换成电流或电压的模拟量信号，以便驱动执行器进行调节和控制动作。另外，通过人机接口的输出设备，可以把各种数据显示在显示器上或利用打印机打印出来。同时，利用人机接口的输入设备，例如键盘、仪表面板按钮等，可以把必要的参数、命令或编制的应用程序等，输入到仪表内存中去。另外，智能仪表的通信接口采用标准协议，可以和其他仪表、上位机等设备组成更复杂的测控系统网络。智能仪表工作过程就是仪表内的 CPU 按照预先编制并调试完成的系统软件，执行各种系统功能的过程。

5. 智能仪表的功能特点

由于引入了微机技术，智能仪表具有了很多先进而实用的功能特点，与传统的模拟式仪表相比，能够解决传统仪表不易或不能解决的难题，同时简化了仪表电路，提高了仪表的可

靠性，降低了仪表的制造成本，加快了新产品的开发速度。

智能仪表的突出功能表现在以下两个方面：一方面，由于它具有自动测量、实时在线测量、综合测量的能力，并可通过数据处理实现自动补偿、自动校准、自动分段、数字滤波、统计分析等功能，因而大大提高了系统的测量与控制精确度，拓宽了仪表的应用范围；另一方面，智能仪表所特有的人机对话、数据通信、故障诊断、掉电保护、大容量存储等功能更是常规仪表所无法比拟的。

智能仪表的特点，就是高性能、多功能。智能仪表能实现的主要功能具体介绍如下：

（1）极大提高仪表的准确性。仪表的优劣主要体现在"准确性"（精确度）和"正确性"（可靠性）两个方面。传统仪表大多是实时地完成一次性测量，就将测量结果显示或指示出来，因此测量结果的准确性只能取决于仪表硬件各部分的精密性和稳定性水平。当该水平降低时，测量结果将包含较大的误差。例如：传统仪表中，滤波器、衰减器、放大器、A/D 转换器、基准电源等元器件，不仅要求精确度高，而且要求稳定性好，否则其温度漂移电压或时间漂移电压都将 100％地反映到测量结果中去，而事实上这类漂移电压是不可能彻底清除的，人们在提高仪表元器件的稳定性和可靠性方面付出了巨大努力，但收效并未达到十分理想的期望值，而智能仪表就能解决这些难题。

1）具有自动校正零点、满度和切换量程能力。智能仪表的自校正功能大大降低了因仪表零漂和特性变化所造成的误差，而量程的自动切换又给使用带来了方便，并可提高（仪器显示）读数的分辨率。

2）具有快速多次测量的能力。智能仪表能对多个参数（模拟量或开关量信号）进行快速、实时检测，以便及时了解生产过程的各种工况。

3）具有自动修正各类测量误差的能力。许多传感器的特性是非线性的，且受环境温度、压力等参数的影响，从而给仪表带来误差。所以，用常规仪表来实时地修正测量值误差是较为复杂的工作。在智能仪表中，只要掌握这些误差的规律，就可以靠软件来进行修正。比如，测温元件的非线性校正，热电偶冷端的温度补偿，蒸汽流量的压力补偿等等。利用智能仪表微处理器的运算和逻辑判断能力，在一定算法下可以消除或削弱的误差还包括：随机误差、系统误差、粗大误差等。

（2）保证了仪表的可靠性。所谓测量的可靠性是指仪表的测控工作必须在仪表本身各个部件完全无故障的条件下进行。而传统仪表在其内部某个或某些部件发生故障时，并不能报警来通知使用者，所以在这种情况下，传统仪表给出的测量结果的显示值或执行的控制动作显而易见是不正确的。智能仪表在解决这个问题，提高仪表可靠性，保证测量结果正确性方面采用了突破性的自诊断功能。这样，仪表如果发生了故障，不但可以自检出来，而且可以判断出发生故障的原因，提醒使用者注意。

1）具有开机自检能力。每当智能仪表接通电源或复位时，仪表即进行一次自检过程，在以后的测控过程中不再进行。开机自检的项目一般包括：对面板显示装置的检查，对插件牢靠性的检查，RAM 和 ROM 的检查以及功能键是否有效的检查等。

2）周期性自检能力。为保证仪表运行过程中的正确性，智能仪表要在正常工作过程中，不断地、周期性地插入自检操作。这种自检完全是自动进行的，并且是利用仪表工作的间隙完成的，不干扰正常的测控任务。除非检查到故障，否则周期性的自检是不会被使用者觉察到的。

3）键控自检能力。很多智能仪表的面板上还设置了一个专门的自检按键，需要时由使用者用这个按键来启动仪表的自检程序，自检内容也可根据仪表的功能及特性设计，甚至让使用者自己选择自检项目，得以更方便快捷地完成一次故障诊断工作。

无论哪种自检过程，一旦检测到仪表存在某些故障，都将以特定的方式发出警示，提醒使用者注意。比如借用仪表的显示装置（LED 或 LCD 等）显示当前的故障状态和故障代码。为了更加醒目，往往还伴随着灯光闪烁，甚至有声音报警装置。仪表的自检项目越多，仪表的可维护性也就越好。

（3）提供了强大的数据处理技术。智能仪表对测量数据进行存储、整理、运算及加工等数据处理能力是它功能强大的特色之一，具体表现在以下几个方面：

1）具有改善测量精确度的能力。在提高仪表测量精确度方面，大量的工作是对随机误差及系统误差进行处理。过去传统的方法是用手工方法或借用外部计算机对测量结果进行事后处理，不仅工作量大，效率低，而且往往会受到一些主观因素的影响，使处理结果不理想。在智能仪表中采用各种数学算法软件对测量结果进行及时的在线处理，因此可以收到很好的效果，不仅方便、快速而且避免了主观或人为因素的影响，使测量的准确度及处理结果的质量都大为提高。同样地，智能仪表不仅实现了各种误差的计算和补偿，也很方便地解决了非线性校准等问题，这都是传统仪表难以实现的。

2）具有对测量结果再加工的能力。对测量结果再加工，可使智能仪表提供更多高质量的信息，也是智能仪表多功能优点的体现。例如，一些测量信号在某些专用仪器仪表上可以进行查找排序、统计分析、函数逼近和频谱分析等，不仅可以实时采集信号的实际波形，还可以在显示器上复现，在时间轴上进行图形的展开或压缩，或按时间选择范围内的报表等。这类仪表多用在生物医疗、语音分析、模式识别等领域的分析仪器仪表。

3）具有数字滤波的能力。通过对主要干扰信号特性的分析，采用适当的数字滤波算法，将淹没于干扰信号中的有效信号采样提取出来，使智能仪表能抑制低频干扰、脉冲干扰等各种干扰的影响。

（4）增加了仪表丰富而先进的多种功能。智能仪表的测量过程、软件控制及数据处理功能使单台多用的多功能化易于实现，同时又为仪表引进先进的科学技术提供了可能性。

1）具有实现复杂的控制规律的能力。智能仪表不但能实现 PID 运算，还能实现各种更复杂的控制规律，例如串级、前馈、解耦、纯滞后、非线性、自适应、模糊控制、专家控制、神经网络控制、混沌控制等等，使用同一台智能仪表就能满足不同控制系统的需要。

2）具有多种形式输出的能力。智能仪表的输出形式可以多种多样，例如：数字显示、指针指示、棒图、符号、图形曲线等显示方式，也可以增加打印记录、语音、声光报警等装置，还可以输出多点模拟量或开关量，实现对多种对象的控制。

3）具有掉电保护的能力。智能仪表内装有后备电池和电源自动切换电路，掉电时能自动将电池接至 RAM，使数据不致丢失。也可以在仪表存储器上选用电可改写只读存储器 EPROM，来代替 ROM 存储重要数据，均可以实现仪表掉电保护的功能。

4）具有数据通信的能力。智能仪表可以按照标准总线协议，与其他智能仪表或其他带通信功能的设备方便地实现互联。这样可以把若干仪表组合起来，共同完成一项大规模的测量任务；也可以把智能仪表挂在主控计算机总线上作为从站，形成一个集散控制系统。这样不但提高了复杂系统的工作效率，同时将控制功能分散到各个智能仪表中去，增加了系统的可靠性，系统的控制软件开发的费用也远远低于集中型控制系统。

5）具有灵活改变仪表的能力。在一些不带微机的常规仪表中，通过增加器件或变换线路，也能或多或少地具有上述智能仪表所具有的某种功能，但往往要增加很大的成本。而智能仪表标准化的硬件设计，灵活多样可以改变的软件模块，使其性能的提高、功能的扩大以及更改都比较容易实现。可以通过更换或增加少量的硬件模块，甚至不需要改动硬件，只修改监控程序就可以使智能仪表的性能随之改变。低廉的单片机芯片使这类仪表具有很高的性价比。

6）具有友好的人-机对话功能。智能仪表使用键盘代替了传统仪表中的切换开关，操作人员只需通过键盘输入命令，就能实现某种测量功能。与此同时，智能仪表还可以通过显示屏将仪表的运行情况、工作状态以及对测量数据的处理结果及时告诉操作人员，使仪表的操作更加方便、直观。

三、智能仪表的应用

随着新型传感技术、计算机技术和通信技术等在测量领域中的广泛应用，常规功能的测量仪表与微处理器相结合并赋予智能而成为智能仪表，具有信息监测和信息处理功能。与传统仪表相比，智能仪表在精确度、重复性、可靠性、量程比等方面，技术指标高，且便于调校，功能强大可靠，特别是智能仪表的通信能力，为自动控制系统提供了坚实的基础。

1. 在工业控制中的主要应用

（1）获取信息。由于我国工业控制发展相对较缓慢，难以满足社会经济发展的实际需求。科学技术的发展为工业自动化程度的提高提供了相应的技术支持。通过加强智能仪表在工业自动化控制中的应用，使得相应的工业自动化控制活动能够更加高效有序开展。而相应的工作人员要及时获取机械设备的信息，明确工业自动化生产的实际状况，提升工业生产的效率。

（2）系统建模。在工业自动化控制活动开展过程中，加强智能仪表的使用，以充分利用智能仪表具有系统建模的优势，加强数据采集，有效记录脉冲数。在这一过程中，定期地将相应数据存储到数据寄存器中，提高数据处理的效率。通过加强智能仪表的应用，做好数据监控等相关工作，有效了解各生产过程中存在的异常状况。根据生产活动中的异常情况，发出相应警报，通知工作人员，降低故障所带来的经济损失。在工业自动化控制活动开展过程中，通过加强智能仪表的使用，充分利用系统建模的作用，加强工业自动化控制的故障排查和分析，并找出相应原因，为故障解决提供有效的数据支持和保障。而在工业自动化控制过程中，利用智能仪表的系统建模功能，及时发现存在的问题，并解决相应问题，提升生产的安全性。

（3）动态控制。科学技术的发展使得人工智能概念深入人心，人们逐渐增加了对智能控制的认识和了解，并逐渐将其用到了工业生产活动当中。而通过将智能仪表应用到工业生产活动中，充分发挥了智能仪表的作用，有效实现现代工业的自动化控制，提升工业自动化生产的效率和质量。由于大部分智能控制主要是应用在加工过程中，在工业生产的其他环节缺乏智能控制技术的应用。为了将工作人员的经验和工业生产规律有效地联系在一起，将加工和控制系统进行有效的联合，真正实现智能控制联合应用，做到工业生产的动态化控制。因而在工业自动化控制活动中，通过加强智能仪表的应用，充分发挥智能仪表动态控制的优势和作用。在加强技术管理的同时，为工业生产活动带来可观的经济收益，以此有效带动我国工业发展。

2. 常见的维护方式

现在，智能仪表在新设计建造的电厂和进行技术改造的老电厂中都得到了广泛的应用，例如罗斯蒙特 3051 型智能压力变送器和 SKT 型智能温度变送器已经逐渐替代传统的模拟信号传感器。

智能仪表目前常见的维护方式有两种：

（1）使用手持智能终端连接到智能仪表的信号线上，操纵人员就可对仪表的存储器发送与接收信息。通过手持终端，操纵人员还可以在现场接线处设定改变仪表的参数，而且一台手持终端又可适用于多台智能变送器。

（2）智能仪表通过通信的方式直接连接到仪表控制系统，通过开放的网络结构，智能仪表之间还可以相互通信实现互操作。这种远方通信的方式，大大降低了维护工作量，可以最大程度地发挥智能仪表的优势。

3. 限制智能仪表正常应用的原因

智能仪表在电厂中的应用还处于比较基础的起步阶段，大部分智能仪表被当作普通仪表使用，远远没有发挥出应有的作用。限制智能仪表正常应用的原因主要有以下几点：

（1）总线协议不统一：智能仪表依赖于总线完成信息的传输，而现在工业总线协议很多，例如 HART、ModBus、ProfiBus、CON 等都是现在工业现场常用的总线协议。协议之间彼此并不兼容，给智能仪表的设计生产带来很大困难。

（2）和控制系统部分不兼容：当前工业现场控制系统的主流是 DCS，但常用的 DCS 对智能仪表的支持并不好，不能完全发挥出智能仪表的优势。在未来，工业控制系统发展到 FCS 阶段时，智能仪表的功能才能得到充分的应用。

随着我国电厂机组逐渐向高参数、大容量的方向发展，对机组监控系统提出了更高的要求，想要进一步确保机组安全、稳定运行，必须确保热工测量准确、可靠、便于维护。因此，电厂应不断提高热工测量的技术水平，加强热工仪表维护管理工作。而这一切，归根结底只能通过控制系统数字化、电厂仪表智能化来实现。

仪表的智能化，可以大大提高电厂的控制水平，降低故障发生的概率，减少维护人员的工作量，是更加安全稳定运行的必经之路。而智能化的仪表，也需要技术人员不断努力、统一标准、解决与控制系统的兼容问题、总结使用维护经验，才能最大程度地发挥其优势。

四、智能仪表的安装使用

1. 智能型仪表安装

传感器安装点，主要考虑安装现场环境条件，如温度、湿度、腐蚀性、振动等，尽量减小振动和温度影响，远离电磁干扰源（电机、变压器）。

安装传感器时应有固定良好支撑，不能以传感器及外壳做支撑。并将流量管固定，不能倾斜，以免产生虚假流量。

不同传感器，要求确定是垂直还是水平安装。

严格按使用手册要求进行电缆接线，确保接线正确并注意屏蔽。

2. 应用过程中应注意问题

（1）智能型仪表使用电压和环境温度要考虑。

1）一般智能型仪表使用电压较宽，但超出其通信要求范围电压将使智能型仪表不能与外部进行数字通信。

2）使用环境温度和湿度要考虑。智能型仪表大多都规定了正常工作状态下环境温度，严寒高纬度区特别要注意其选型，使用过程中可加电伴热和保温加以解决。湿度较大区，要注意密封，防止水分在印刷电路板上凝结。

（2）智能型仪表选用要与控制系统匹配。例如：FisherDVC5000 系列数字式阀门控制器输入阻抗大约 600Ω，而常规式阀门控制器一般输入阻抗为 250Ω，这将造成某些控制系统卡件不能驱动数字阀门控制器，HART 通信器能通信，安装 HART 专用滤波器才能得到解决。

（3）智能型仪表静电防护。智能仪表维修过程中其内部 CMOS 和混合式集成电路易受到静电影响而损坏，减少智能仪表维修成本，提高其稳定性和可靠性，维修中必须采取必要静电防护措施，静电防护基本原则：一是尽可能阻止（降低）静电产生可能性和减少静电电荷积累；二是让静电荷能及时得以泄放。

目前，我国发电领域使用的智能仪表大多是既有模拟信号输出，又有数字信号输出的过渡性产品，传输信号基本上仍是 $4\sim20\text{mA}$ 模拟信号，数字通信也仅限于组态、校验、诊断辅助信息通信。现场总线技术推广应用，将实现现场智能型仪表完全数字化、智能化。

五、智能仪表常见故障的诊断方法

同其他仪表设备一样，智能仪表在使用过程中也可能会出现故障甚至损坏，一旦产生这样的问题，应该尽快予以解决并使仪表能够恢复正常工作。

当然，智能仪表中引入了微型计算机后，虽然仪表的功能大大加强，但也给诊断故障和排除故障（其中包括微型计算机硬件及软件的故障诊断与处理）增加了一定的困难。

这就要求智能仪表的使用、维护人员必须具备一定的智能化设备的故障诊断、检修及维护的知识。

1. 常见故障类型

智能仪表的故障类型一般可分为硬件故障和软件故障两大类。

（1）常见的硬件故障。

1）逻辑错误。仪表硬件的逻辑错误通常是由于设计错误、加工过程中工艺性错误或使用中其他因素所造成的。这类错误主要包括：错线、开路、短路、相位出错等几种情况，其中短路是最常见的也较难排除的故障。智能仪表在结构设计上往往要求体积小，从而使印刷电路板的布线密度高，使用中异物等常常造成引线之间的短路而引起故障。开路故障则常常是由于印刷电路板的金属化孔质量不好，或接插件接触不良所造成的。

2）元器件失效。元器件失效的原因主要有两个方面：一是元器件本身已损坏或性能差，诸如：电阻、电容的型号、参数不正确，集成电路已损坏，器件的速度、功耗等技术参数不符合要求等；二是由于组装原因造成的元器件失效，如：电容、二极管、三极管的极性错误，集成块的方向安装错误等。

3）可靠性差。系统不可靠的因素很多，例如：金属化孔、接插件接触不良会造成系统时好时坏，经不起振动；内部和外部的干扰、电源的纹波系数过大、器件负载过大等都会造成逻辑电平不稳定；另外，走线和布局的不合理等情况也会引起系统可靠性差。

4）电源故障。若智能仪表存在电源故障，则通电后，将造成器件损坏。电源的故障包括：电压值不符合设计要求；电源引出线和插座不对应；各挡电源之间短路；变压器功率不足，内阻大，负载能力差等。

（2）常见的软件故障。

1）程序失控。这种故障现象是以断点连续方式运行时，目标系统没有按规定的功能进行操作或什么结果也没有。这是由于程序转移到没有预料到的地方或在某处循环所造成的。这类错误产生的原因：程序中转移地址计算有误、工作寄存器冲突等。在采用实时多任务操作系统时，错误可能在操作系统中，没有完成正确的任务调度操作；也可能在高优先级任务程序中，该任务不释放处理机，使 CPU 在该任务中死循环。

2）中断错误。①不响应中断。CPU 不响应任何中断或不响应某一个中断。这种错误的现象是连续运行时不执行中断服务程序的规定操作。当断点设在中断入口或中断服务程序中时反而碰不到断点。造成错误的原因：中断控制寄存器（1E、IP）初值设置不正确，使 CPU 没有开放中断或不允许某个中断源请求；对片内的定时器、串行口等特殊功能寄存器的扩展 I/O 口编程有错误，造成中断没有被激活；某一中断服务程序不是以 RETI 指令作为返回主程序的指令，CPU 虽已返回到主程序，但内部中断状态寄存器没有被清除，从而不响应中断；由于外部中断的硬件故障使外部中断请求失效。②循环响应中断。这种故障是 CPU 循环地响应某一个中断，使 CPU 不能正常地执行主程序或其他的中断服务程序。这种错误大多发生在外部中断中。若外部中断以电平触发方式请求中断，那么当中断服务程序没有有效清除外部中断源（例如，8251 的发送中断和接收中断在 8251 受到干扰时，不能被清除）时，或由于硬件故障使得中断一直有效，此时 CPU 将连续响应该中断。

3）输入/输出错误。这类错误包括输入操作杂乱无章或根本不动作。错误的原因：输出程序没有和 I/O 硬件协调好（如地址错误、写入的控制字和规定的 I/O 操作不一致等）；时间上没有同步；硬件中还存在故障等。

总之，软件故障相对比较隐蔽，容易被忽视，查找起来一般很困难，通常需要测试者具有丰富的实际经验。

2. 故障诊断的基本方法

由于微处理器引入到仪表中，使智能仪表的功能大大增强，同时也给诊断故障和排除故障增加了困难。

首先，判断出仪表故障属于软件故障还是硬件故障就比较困难，这项工作要求维修人员具有丰富的微处理器硬件知识和一定的软件编程技术才能正确判断故障的原因，并迅速排除。

虽然利用自诊断程序可以进行故障的定位，但是，任何诊断程序都要在一定的环境下运行，如电源、微处理器工作正常等环境。当系统的故障已经破坏了这个环境，自诊断程序本身都无法运行时，诊断故障自然就无能为力了；另外，诊断程序所列出的结果有时并不是唯一的，不能定位在哪一具体部位或芯片上。因此，必要时还应辅以人工诊断才能奏效。下面介绍一些诊断故障的基本方法。

（1）敲击与手压法。仪表使用时，经常会遇到仪表运行时好时坏的现象，这种现象大多数是由于接触不良或虚焊造成的，对于这种情况可以采用"敲击与手压法"。

所谓敲击，就是对可能产生故障的部位，通过橡皮榔头或其他敲击物轻轻敲打插件板或部件，看看是否会引起出错或停机故障。所谓手压，就是在故障出现时，关上电源，对插接的部件和插头插座重新用手压牢，再开机试试是否会消除故障。如果发现敲打一下机壳正常，最好先将所有接插头重新插牢再试；如果手压后仪表正常，则将所压部件或插头的接触故障排除后再试；若上述方法仍不成功，则选用其他办法。

（2）利用感觉法。这种方法是利用视觉、嗅觉和触觉发现故障并确定故障的部位。某些时候，损坏了的元器件会变色、起泡或出现烧焦的斑点；烧坏的器件会产生一些特殊的气味；出故障的芯片会变得很烫。另外，有时用肉眼也可以观察到虚焊或脱焊处。

（3）拔插法。所谓"拔插法"，是通过拔插智能仪表机内一些插件板、器件来判断故障原因的方法。如果拔除某一插件或器件后，仪表恢复正常，就说明故障发生在这里。

（4）元器件交换试探法。这种方法要求有两台同型号的仪表或有足够的备件。将一个好的备品与故障机上的同一元器件进行替换，查看故障是否消除，以找出故障器件或故障插件板。

（5）信号对比法。这种方法也要求有两台同型号的仪表，其中有一台必须是正常运行的。使用这种方法还要具备必要的设备，例如，万用表、示波器等。按比较的性质可将其分为电压比较、波形比较、静态电阻比较、输出结果比较、电流比较等。

具体做法：让有故障的仪表和正常的仪表在相同情况下运行，而后检测一些点的信号，再比较所测的两组信号。若有不同，则可以断定故障出在这里。这种方法要求维修人员具有相当的知识和技能。

（6）升降温法。有时，仪表工作时间较长或在夏季工作环境温度较高时就会出现故障。关机检查时正常，停一段时间再开机也正常，但是过一会儿又出现故障，这种故障是由于个别集成电路或元器件性能差，高温特性参数达不到指标要求所致。为了找出故障原因，可以采用升降温方法。

所谓降温，就是在故障出现时，用棉签将无水乙醇在可能出故障的部位抹擦，使其降温，观察故障是否消除。所谓升温，就是人为地把环境温度升高，比如将加热的电烙铁靠近有疑点的部位（注意，切不可将温度升得太高以致损坏正常器件），试看故障是否出现。

（7）骑肩法。"骑肩法"也称"并联法"。把一块好的集成电路芯片安装在要检查的芯片之上，或者把好的元器件（电阻、电容、二极管、三极管等）与要检查的元器件并联，保持良好的接触。如果故障出自器件内部开路或接触不良等原因，则采用这种方法可以排除。

（8）电容旁路法。当某一电路产生比较奇怪的现象，例如显示器上显示混乱时，可以用"电容旁路法"确定有问题的电路部分。例如，将电容跨接在集成电路的电源和地端；将晶体管电路跨接在基极输入端或集电极输出端，观察对故障现象的影响。如果电容旁路输入端无效，而旁路它的输出端时，故障现象消失，则问题就出现在这一级电路中。

（9）改变原状态法。一般来说，在故障未确定前，不要随便触动电路中的元器件，特别是可调整式元器件更是如此，例如电位器。但是，如果事先采取复位参考措施（例如，在未触动前先做好位置记号或测出电压值或电阻值等），必要时还是允许触动的，也许改变之后，故障会消除。

（10）故障隔离法。"故障隔离法"不需要相同型号的设备或备件做比较，而且安全可靠。根据故障检测流程图，分割包围逐步缩小故障搜索范围，再配合信号对比、部件交换等方法，一般会很快查到故障所在。

（11）使用工具诊断法。利用维修工具和测试设备对集成电路芯片、电阻、电容、二极管、三极管、晶闸管等元器件进行测试、分析、判断。测试观察的内容主要：信号波形、电流、电压、频率、相位等参数，根据这些所得信息进行故障诊断。

（12）直接经验法。维修人员经过一定时间的维护实践，对于所使用的仪表系统已比较熟悉，积累了丰富的经验，清楚什么部位有什么特征，什么是正常现象，什么是异常现象。当系统发生故障时，常常可用直接观察的方法，凭借维修经验，找出故障并迅速排除。

（13）软件诊断法。"软件诊断法"也是智能仪表的一种有效的故障诊断方法。通常智能仪表都是具有故障自动诊断功能，这是由预先编制的软件程序实现的。

第二节 现 场 总 线

现场总线是 20 世纪 80 年代中后期在工业控制中逐步发展起来的。随着微处理器技术的发展，其功能不断增强，而成本不断下降。计算机技术飞速发展，同时计算机网络技术也迅速发展起来了。计算机技术的发展为现场总线的诞生奠定了技术基础。

另外，智能仪表也出现在工业控制中。在原模拟仪表的基础上增加具有计算功能的微处理器芯片，在输出的 4~20mA 直流信号上叠加了数字信号，使现场输入输出设备与控制器之间的模拟信号转变为数字信号。智能仪表的出现为现场总线的诞生奠定了应用基础。

一、现场总线的概念

国际电工委员会（international electrotechnical commission，IEC）对现场总线（fieldbus）的定义：一种应用于生产现场，在现场设备之间、现场设备和控制装置之间实行双向、串行、多节点的数字通信网络。如：PROFINET 和 PROFIBUS 等。

现场总线的概念有广义与狭义之分。狭义的现场总线就是指基于 EIA485 的串行通信网络。广义的现场总线泛指用于工业现场的所有控制网络。广义的现场总线包括狭义现场总线和工业以太网。

工业以太网是用于工业现场的以太网，一般采用交换技术，即交换式以太网技术。工业以太网以 TCP/IP 协议为基础，与串行通信的技术体系是不同的。工业以太网将成为现场总线的主流。

1. 现场总线产生的背景

现场总线作为当前工业通信领域的主流技术之一，它的产生历经了多代技术的变革：

20 世纪 70 年代以前，控制系统通过模拟量对传输及控制信号进行转换、传递，其精确度低、易于受干扰，因而整个控制系统的控制效果及系统稳定性都很差。

20 世纪 70 年代以后，随着大规模集成电路的出现，微处理器技术得到很大发展，控制系统的控制器采用单片机、PLC、SLC 或微机，内部传输的是数字信号，克服了模拟信号的精确度差的缺陷，并提高了系统的抗干扰能力，但仍属于集中式控制系统，这种方式的优点是易于根据全局进行控制和判断，缺点是对控制器要求高，须具备足够的处理能力和可靠性，当任务增加时控制器的效率和可靠性将降低。

20 世纪 70 年代中期，随着过程控制技术、自动化仪表技术和计算机网络技术的成熟和发展，控制领域又发生了一次技术变革，集散控制系统（DCS）产生，它是在集中式控制系统的基础上演变而来，其核心思想是集中管理、分散控制，上位机用于监视管理功能，若干台下位机分散到现场实现分布式控制，各上下位机之间用控制网络互连以实现相互之间的信息传递，DCS 克服了集中式控制系统对控制器处理能力和可靠性要求高的缺陷。但传统 DCS 的结构是封闭式的，且 DCS 造价昂贵，不同制造商的 DCS 之间难以兼容，且 DCS 与上层 Intranet、Internet 信息网络之间难以实现网络互连和信息共享，因此企业用户对网络控制系统提出了开放化和降低成本的迫切要求。

现场总线控制系统（FCS）正是在这种情况下应运而生。1984 年，现场总线的概念被正式提出。值得一提的是 DCS 也在不断的发展与升级，更多新的技术被应用到 DCS 中，开放与低成本对于其而言也不再是问题。

2. 现场总线的定义

通俗地说，现场总线是应用于生产现场的总线技术，与计算机内部的总线概念一样，只是计算机一般应用于室内，而生产现场的工作环境比较特殊，例如需要考虑抗高/低温、抗干扰性等，为了区别，将这种总线称为现场总线。它主要解决现场的智能化仪器仪表、控制器、执行机构等设备间的数字通信与信息共享，以及将现场运行的各种信息传到远离现场的控制室，进一步与上层管理控制网络连接和信息共享，建立生产过程现场级测控设备与控制管理层之间的联系，是现场底层设备的控制网络。

还可以这样理解：现场总线是以测量控制设备作为网络节点，双绞线等传输介质作为纽带，把位于生产现场、具备了数字计算和数字通信能力的测量、控制、执行设备连接成网络系统，遵循规范的通信协议，在多个测量控制设备之间以及现场设备和远程监控计算机之间，实现数据传输和信息交换，形成适应各种应用需要的自动控制系统。

这里还有几个概念需要明确一下，现场总线控制系统、现场总线标准、现场总线通信协议。

现场总线控制系统是将分散在各个工业现场的智能仪表通过数字现场总线连为一体，并与控制室中的控制器和监视器一起共同构成，是一种新型的全分布式控制系统。现场的智能仪表完成数据采集、数据处理、控制运算和数据输出等功能。并将现场仪表的数据通过现场总线传到控制室的控制设备上，控制室的控制设备用来监视各个现场仪表的运行状态，保存各智能仪表上传的数据，同时完成少量现场仪表无法完成的高级控制功能。另外，FCS 还可通过网关和企业的上级管理网络相连，以便企业管理者掌握第一手资料，为决策提供依据。

现场总线标准是现场总线进行现场控制通信所要遵循的原则，包括电器标准、机器标准和通信标准等。

现场总线协议即现场总线通信标准，是具体的连接现场各传感器、执行器的语言（一般来说，通信总线和通信协议是对应的，即选择什么样的通信总线就需要什么样的通信协议去跟它匹配才能通信）。

现场总线是应用在生产现场，用于连接智能现场设备和自动化测量控制系统的数字式、双向传输、多分支结构的通信网络。是指连接传感器、执行器、PLC、调节器、驱动器和人机界面等现场设备的网络，相当于人体的神经系统，为人体传递各种感知。

现场总线从本质上来说就是一种局域网。它用标准来具体描述，软硬件与协议遵循标准规范，运用在控制系统中作为通信方法。它是一种工业数据总线，是自动化领域中底层数据通信网络。

二、现场总线的核心与基础

1. 现场总线类型的核心——总线协议

总线协议技术是"信息时代"的基础高新技术。总线协议类型较多，每一类总线都有最适用的领域。对于各类总线而言，其核心是各类"总线协议"，而这些协议的本质就是标准。各种总线，不论其应用于什么领域，每个总线协议都有一套软件、硬件的支撑。因而它们能够形成系统，形成产品。所以，一种总线，只要其总线协议一经确立，相关的关键技术与有关的设备也就被确定。其中包括：人机界面、体系结构、现场智能装置、通信速度、节点容量、各系统相连的网关、网桥以及网络供电方式要求等。

由于现场总线是众多仪表之间的接口，同时现场总线需要满足可互操作性要求，因此，对于一个开放的总线而言，总线协议的标准化显得尤为重要。每一种现场总线的标准是现场总线的核心。

对于各种总线，其总线协议的基本原理都是一样的，都以解决双向串行数字化通信传输为基本依据。

2. 现场总线的基础——智能现场装置

在 IEC 1158 有关现场总线的定义中提到了现场装置。现场装置包括多类工业产品，它们是流量、压力、温度、振动、转速等传感器，或其他各种过程量的转换器或变送器；位置发送器和 ON—OFF 开关；控制阀、执行器和马达等，另外也包括现场的 PLC 和智能调节器等。

上述提到的各类工业产品，与在 DCS 中配套使用的，和上述产品同名称的现场装置有着本质上的差别。例如：与 DCS 配套使用的，输出为 $4 \sim 20mA$ 的压力变送器和在 FCS 系统中安装于现场的压力变送器有本质的不同。

除了满足对所有现场装置的共性要求外，FCS 中的现场装置还必须符合下列要求：第一，无论是哪个公司生产的现场装置，必须与它所处的现场总线控制系统具有统一的总线协议，或者是必须遵守相关的通信规约。这是因为现场总线技术的关键就是自动控制装置与现场装置之间的双向数字通信现场总线信号制。只有遵循统一的总线协议或通信规约，才能做到开放，完全互操作。第二，用于 FCS 的现场装置必须是多功能智能化的，这是因为现场总线的一大特点就是要增加现场一级的控制功能，大大简化系统集成，方便设计，利于维护。

数字通信是一种有力的工具，一个相互可操作的现场总线产生一种巨大的推动力量，加速了现场装置与控制室仪表的变革，现场装置智能化的趋势越来越明显。同时我们也看到，正是由于现场装置智能化的进展与完善，令它已成为现场总线控制系统有力的硬件支撑，是现场总线控制系统的基础。

多功能智能化现场装置产品中，目前已开发有下列一些功能：

(1) 与自动控制装置之间的双向数字通信功能，这一点是必不可少的（前述）。

(2) 多变量输出。例如，一个变送器可以同时测量温度、压力与流量，可输出三个独立的信号，或称为"三合一"变送器。

(3) 多功能。智能化现场装置可以完成诸如信号线性化、工程单位转换、阀门特性补偿、流量补偿以及过程装置监视与诊断等功能。

(4) 信息差错检测功能。这些信息差错会使测量值不准确或阻止执行机构响应。在每次传送的数据帧中增加"状态"数据值就能达到检测差错的目的。状态可以指示数据是否正确或错误。它也能检测到接线回路中短路或开路的情况。状态信息也能帮助技术人员缩短检测查找故障的时间。

（5）提供诊断信息。它可以提供预防维修（PM：以时间间隔为基础）的信息，也可以提供预测维修（PDM：以设备状态为基础）的信息。例如，一台具有多变量输出的气动执行器，当阀门的行程超过一定的距离，如 2km（PDM），或腐蚀性介质流过阀门达一定数量，如 200m³时（PDM），或运行的时间超过 2 年（PM），或阀门已经损坏时（PDM）。当上述 4 种情况中的任一种情况或几种情况同时出现时，该智能执行器都可以将信息发送到控制室主机，主机接收到 PM 与 PDM 信息后，结合企业对主动维修（PAM：以故障根源分析为基础）的安排，合理采取对阀门的维护措施。通过对维修方式综合平衡地运用，改变和优化企业以往的设备故障处理机制，即由对现场装置的故障检修改变为合理的状态维修。

（6）控制器功能。可以将 PID 控制模块植入变送器或执行器中，使智能现场装置具有控制器的功能，这样就使得系统的硬件组态更为灵活。由于控制可以在主机（控制器）或智能现场装置中执行，一种较好的选择是将一些简单的控制功能放在智能现场装置之中，以减轻主机（控制器）的工作负担，而主机（控制器）将主要考虑多个回路的协调操作和优化控制功能。使得整个控制系统更为简化和完善。

3. 现场总线技术原型与系统产生

由于大规模集成电路的发展，才有可能使许多传感器、执行机构、驱动装置等现场设备智能化，即内置 CPU 控制器，完成前面提到的诸如线性化、量程转换、数字滤波甚至回路调节等功能。因此，对于这些智能现场装置增加一个串行数据接口（如 RS232/485）是非常方便的。有了这样的接口，控制器就可以按其规定协议，通过串行通信方式（而不是 I/O 方式）完成对现场设备的监控。如果设想全部或大部分现场设备都具有串行通信接口，并具有统一的通信协议，控制器只需一根通信电缆就可将分散的现场设备连接，完成对所有现场设备的监控，这就是现场总线技术的初始想法—原形。

基于以上初始想法，使用一根通信电缆，将所有具有统一的通信协议通信接口的现场设备连接，这样，在设备层传递的不再是 I/O(4～20mA/24V DC) 信号，而是基于现场总线的数字化通信，由数字化通信网络构成现场级与车间级自动化监控及信息集成系统。

三、现场总线系统的特点和本质原理

1. 现场总线系统的结构特点

现场总线是计算机、通信、控制等技术的融合。它把专用微处理器植入现场自控设备，使设备本身具有数字计算和数字通信能力，这样不仅便于现场设备的信息传输和交换，还为信息远程传输创造条件。现场总线系统打破了传统控制系统的结构形式。传统模拟控制系统采用一对一的设备连线，按控制回路分别进行连接。位于现场的测量变送器与控制器之间，控制器与位于现场的执行器，开关，马达等执行设备之间均采用一对一的物理连接。这就使得系统在布线、安装、调试等环节需要很多硬件支出，调试工作复杂，调试周期长，成本增加。而现场总线系统由于采用了智能设备，能够把原先 DCS 中处于控制室的控制模块、各输入输出模块置入现场设备，充分利用现场总线设备所具有的数字通信能力，安装于现场的测量变送器直接与阀门等执行机构进行信号传输，因而控制系统可以脱离位于控制室内的主计算机而工作，直接在现场完成测量与控制信号的传递，彻底实现了系统的分散控制。

图 7-4 所示为 FCS 和 DCS 的网络结构对比。

2. 现场总线系统的技术特点

由于采用数字信号替代模拟信号，采用了总线技术，因而可以在一对信号传输线上实现

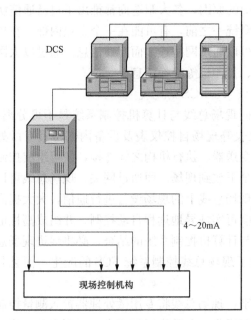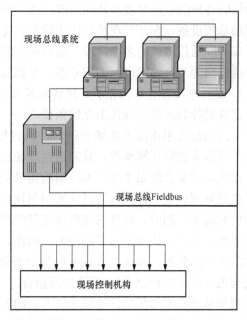

图 7-4　FCS 和 DCS 的网络结构对比

多个信号同时传输，各种信号共用一组总线完成信息的交互（包括各种测量与控制参数值，设备工作状态参数，设备或系统的故障信息等），在进行信号传输的同时又可为各个现场设备提供电源。现场总线系统在技术上具有以下特点：

（1）全数字化。现场总线设备是一种完全数字化的测控装置，具有较强的计算和通信能力。

（2）开放性。开放是指系统对某种标准的一致，公开和对该标准的共同遵守程度，现场总线是开放性的，它的标准是公开的，因此它可以和任何厂商生产的遵守同一标准的系统、设备相连，进行信号传递和通信。这一特性对系统功能的增加和系统维护是极为方便的。

（3）智能化。由于现场总线设备内置具有高性能的微处理器，因此它具有测量，变送，信号调理，运算，控制，通信等功能，是一种底层智能设备，可完成自动控制系统的各种功能，且具有逻辑判别能力。

（4）互换性。不同厂商生产的设备，只要其遵守的是一个协议标准，则设备具有可互换性，这意味着用户可以不必对所有厂家的产品做备件，从而减少用户备件费用的开支。

（5）风险分散性。现场总线是一种新的全分散性控制系统的体系结构。从根本上改变了集中式数字控制系统和现有 DCS 集中、分散相结合的集散控制系统体系结构，减轻了主计算机的负担和风险，现场单元具有更高的智能特性，因此，简化了系统结构，提高了可靠性。

此外，现场总线对现场环境的适应性优于其他系统。它工作在生产现场前端，作为工厂网络底层的现场总线，是专为现场环境而设计的，可支持双绞线、同轴电缆、光缆、射频、红外线、电力线等传输介质，具有较强的抗干扰能力，能采用两线制实现供电与通信，可满足本质安全防爆要求等。

现场总线网络集成自动化系统应该是开放的，可以由不同设备制造商提供的遵从相同通信协议的各种测量控制设备共同组成。由于历史的原因，各大制造商都推出了自己通信协议的现场总线设备，在几大现场总线协议尚未完全统一之前，有可能在一个企业内部，在现场级形成不同通信协议的多个网段，这些网段间可以通过网桥连接而互通信息。通过以太网或光纤通信网等与高速网段上的服务器、数据库、打印机等交换信息。

3. 现场总线与计算机控制、传统测控仪表技术、DCS 的比较

计算机控制系统是现代工业的象征之一。而现场总线与计算机控制系统是不可分离的。由于与现场总线相连接的现场变送器、执行仪表等现场自控仪表及设备内部都具有微处理器，都可装入控制计算模块，只需通过现场的变送器、执行机构之间连接，便可组成控制系统。因此，现场总线系统将基本控制功能已完全下放到现场。而通过网关，现场总线可以与计算机局域网相连。计算机通过局域网与挂在现场总线上的现场设备进行通信，大大提高了数据的利用率。同时，计算机对现场设备的调度可实现异地远程自动控制，并组成高性能的控制系统，共同完成复杂的控制任务。因此，与计算机控制系统的结合，必将促进现场总线技术的进一步发展。现场总线技术的发展促使了现场总线控制系统 FCS 的诞生，而且其趋势是与现在的集散控制系统 DCS 相互融合。

现场总线技术与传统测控仪表技术上的区别：现场总线将专用微处理器置入测量控制仪表中，使这些测控仪表各自都具有数字计算、逻辑判断和数字通信能力，采用多种规格的传输导线作为总线介质，把多个测量控制仪表连接成网络系统，并按公开、规范的通信协议，在位于现场的多个微机化测量控制设备之间以及现场仪表与远程监控计算机之间，实现数据传输、信息交换、远程登录、远程访问，形成满足各种实际需要的自动控制系统。它把系统中各个单个分散的计算机用 Internet 网络连接在一起，使各个计算机的功能、作用发生重大的变化；现场总线强调自控系统与设备之间的通信能力，并将它们连接成网络系统，加入到信息网络的行列。因此可以说现场总线技术的到来是控制技术的又一个新时代的开始。

现场总线控制系统是当今控制领域中的热点，FCS 是在 DCS 的基础上产生的，二者是继承和发展的关系。与集中控制相比，DCS 将控制任务分散到不同的控制单元中，并采用冗余配置的方式，降低了控制机构自身故障所带来的风险。控制功能分散、操作显示集中，一直是 DCS 所被称道的优点。FCS 则继承并发扬了这一优点，将控制功能彻底分散到就地仪表及执行机构中，通过通信网络的互联，实现操作管理的集中。在此对 DCS 与 FCS 作进一步的比较：

(1) DCS 是个大系统，其控制器功能强大而且在系统中的作用十分重要，数据公路更是系统的关键，事后扩展难度较大，所以必须整体投资一步到位。而 FCS 功能下放较彻底，信息处理现场化，广泛采用的数字智能现场装置使得控制器的功能与重要性相对减弱。因此，FCS 系统投资起点低，可以边用、边扩、边投运。

(2) DCS 是封闭式系统，各公司产品基本互不兼容。而 FCS 是开放式系统，用户可以选择不同厂商、不同品牌的各种设备连入现场总线，达到最佳的系统集成。

(3) DCS 的信息全都是二进制或模拟信号形成的，必须有 D/A 与 A/D 转换。而 FCS 是全数字化，免去了 D/A 与 A/D 变换，高集成化、高性能，使精确度可以从 $\pm 0.5\%$ 提高到 $\pm 0.1\%$。

(4) FCS 可以将 PID 闭环控制功能装入变送器或执行器中，缩短了控制周期，目前可以从 DCS 的 $2\sim 5$ 次/s，提高到 FCS 的 $10\sim 20$ 次/s，从而改善调节性能。

（5）DCS可以控制和监视工艺全过程，对自身进行诊断、维护和组态。但是，由于其自身的致命弱点，其I/O信号采用传统的模拟量信号，无法在DCS工程师站上对现场仪表（含变送器、执行器等）进行远方诊断、维护和组态。FCS采用全数字化技术，数字智能现场装置发送多变量信息，而不仅仅是单变量信息，并且还具备检测信息差错的功能。FCS采用双向数字通信现场总线信号制。因此，它可以对现场装置（含变送器、执行器等）进行远方诊断、维护和组态。FCS这点优越性是DCS系统无法比拟的。

（6）FCS由于信息处理现场化，与DCS相比，可以省去相当数量的隔离器、端子柜、I/O终端、I/O卡件、I/O文件及I/O柜，同时也节省了I/O装置及装置室的空间与占地面积，还可以减少大量电缆与敷设电缆用的桥架等，同时也节省了设计、安装和维护费用。

（7）FCS相对于DCS组态简单，由于结构、性能标准化，便于安装、运行、维护。

4. 现场总线系统的组成

现场总线系统主要由现场设备层、过程监控层与信息管理层三部分组成。现场总线系统构成如图7-5所示。

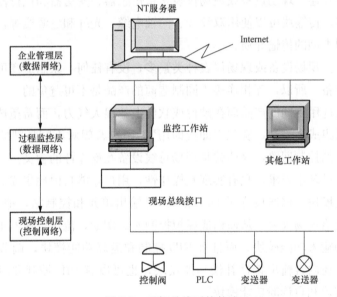

图7-5　现场总线系统构成

现场设备层应用于整个系统的最底层，主要功能是连接现场设备，如分散式I/O、传感器、驱动器、执行机构、开关设备等，完成现场设备及设备间连锁控制。主站（PLC、PC机等）负责总线通信管理及所有从站通信。

过程监控层处于控制系统的中间层，由操作台计算机、控制台计算机或PLC加以太网卡等组成工业以太网。过程监控层的传输速度不是最重要的，重要的是能够传送大量的信息，在实时性要求较高的情况下通信是确定的、可重复的。

信息管理层处于控制系统的最高层，采用通用的TCP/IP协议，信息层可连接的设备包括控制器、PC、操作员站、高速I/O、其他局域网设备，还可以通过网关设备接入因特网。信息管理层通信的主要特点是通信数据量大，通信的发生较为集中，要求有高速链路支持，对实时性要求不高。

5. 现场总线系统的本质原理

进一步说，现场总线不单单是一种通信技术，也不仅仅是用数字仪表代替模拟仪表，关键是用新一代的 FCS 代替传统的 DCS，实现智能仪表、通信网络和控制系统的集成。FCS 具有信号传输全数字化、系统结构全分散式、现场设备有互操作性、通信网络全互连式、技术和标准全开放式的特点。现场总线的本质原理还表现在以下六个方面：

（1）现场通信网络。现场总线把通信线一直延伸到生产现场或生产设备，用于过程自动化和制造自动化的现场设备或现场仪表互连的现场通信网络。

传统 DCS 的通信网络截止于控制站或输入输出单元，现场仪表仍然是一对一模拟信号传输。究其原因之一是，工业生产现场环境十分恶劣，既有各种电磁场干扰噪声，又有各种酸、碱、盐等腐蚀性有害物质，还有高温、低温、高湿度和各种粉尘，若要采用现场通信网络，难度太大。

现场总线必须适应这样恶劣的工业生产环境，攻克这道难关，从而实现全数字化通信。

（2）现场设备互连。现场设备或现场仪表是指传感器、变送器和执行器等，这些设备通过一对传输线互连，传输线可以使用双绞线、同轴电缆、光纤和电源线等，并可根据需要因地制宜地选择不同类型的传输介质。

（3）互操作性。现场设备或现场仪表种类繁多，没有任何一家制造商可以提供一个工厂所需的全部现场设备，所以，互相连接不同制造商的产品是不可避免的。

用户不希望为选用不同的产品而在硬件或软件上花很大气力，而希望选用各制造商性能价格比最优的产品集成在一起，实现"即接即用"，用户希望对不同品牌的现场设备统一组态，构成他所需要的控制回路，这些就是现场总线设备互操作性的含义。

现场设备互连是基本要求，只有实现互操作性，用户才能自由地集成 FCS。

（4）分散功能模块。FCS 废弃了 DCS 的输入/输出单元和控制站，把 DCS 控制站的功能模块分散地分配给现场仪表，从而构成虚拟控制站。例如，流量变送器不仅具有流量信号变换、补偿和累加输入功能模块，而且有 PID 控制和运算功能模块，调节阀的基本功能是信号驱动和执行，还内含输出特性补偿功能模块，也可以有 PID 控制和运算功能模块，甚至有阀门特性自校验和自诊断功能模块。

由于功能模块分散在多台现场仪表中，并可统一组态，供用户灵活选用各种功能模块，构成所需控制系统，实现彻底的分散控制。

（5）通信线供电。通信线供电方式允许现场仪表直接从通信线上摄取能量，这种方式提供用于本质安全环境的低功耗现场仪表，与其配套的还有安全栅。

众所周知，电力、化工、炼油等企业的生产现场有可燃性物质，所有现场设备必须严格遵循安全防爆标准，现场总线设备也不例外。

（6）开放式互联网络。现场总线为开放式互联网络，既可与同层网络互连，也可与不同层网络互连。不同制造商的网络互连十分简便，用户不必在硬件或软件上花多大气力。

开放式互联网络还体现在网络数据库共享，通过网络对现场设备和功能模块统一组态，天衣无缝地把不同厂商的网络及设备融为一体，构成统一的 FCS。

6. 现场总线的优点

模拟仪表和 DCS 技术发展多年，已经相当成熟，几十年形成的标准和系列也已为世界公认，为什么还要对此进行变革，还要发展现场总线呢？只要看到现场总线的优点（模拟仪表和 DCS 的缺点）就能理解这一问题。现场总线的优点与现场总线的原理密切关联，有如下优点。

（1）经济性，一对 N 结构，一对传输线，连接 N 台仪表双向传输多个信号，节省电缆费用可观且安装简单，维护容易。

（2）可靠性，现代数字信号传输技术抗干扰能力强，精确度高。

（3）可控性，操作员在控制室既可了解现场仪表的工作状况，也能对其进行参数调整。

（4）综合性，现场总线仪表（简称现场仪表）具备智能和综合能力，可检测、变换、补偿，又有控制和运算功能，实现一表多用，既方便，又节省。

（5）互换性和互操作性，打破了传统 DCS 自成体系，互相封锁的局面。

（6）开放性，现场总线为开放互联网络，所有技术和标准全是公共的，制造商只能在其体系结构、工艺等方面保留特色，而最终在质量上取胜。

四、现场总线控制系统的体系结构

现场总线控制系统作为第五代过程控制系统，因其种类繁多，其体系结构也形态各异，有的是按照现场总线体系结构的概念设计的新型控制系统，有的是在现有的 DCS 系统上扩充了现场总线的功能。为了便于讨论，现将重点放在监控级、控制级和现场级。控制级之上的管理级、决策等级不予考虑。因此可以把 FCS 分为三类：一类是由现场设备和人机接口组成的两层结构的 FCS；第二类是由现场设备、控制站和人机接口组成的三层结构的 FCS；第三类是由 DCS 扩充了现场总线接口模件所构成的 FCS。

1. 具有两层结构的 FCS

具有两层结构的 FCS 如图 7-6 所示，它是由现场和人机接口两部分组成的。现场设备包括符合现场总线通信协议的各种智能仪表。例如，现场总线变送器、转换器、执行器和分析仪表等。由于系统中没有单独的控制器，系统的控制功能全部由现场设备完成。例如，常规的 PID 控制算法可以在现场总线变送器或执行器中实现。人机接口设备一般有运行员操作站和工程师工作站。运行员操作站或工程师工作站通过位于机内的现场总线接口卡和现场总线与现场设备交换信息，人机接口之间的或与更高层设备之间的信息交换，通过高速以太网 HSE 实现。高速以太网上还可以连接需要高速通信的现场设备，例如可编程逻辑控制器 PLC 等。低速现场总线还可以通过网关连接到高速现场总线上，通过高速现场总线与人机接口设备或其他高层设备交换信息。

这种现场总线控制系统的结构适合于控制规模相对较小、控制回路相对独立、不需要复杂协调控制功能的生产过程。在这种情况下，由现场设备所提供的控制功能即可以满足要求。因此在系统结构上取消了传统意义上的控制站，控制站的控制功能下放到现场，简化了系统结构。但带来的问题是不便于处理控制回路之间的协调问题，一种解决办法是将协调控制功能放在运行员操作站或者其他高层计算机上实现；另一种解决办法是在现场总线接口卡上实现部分协调控制功能。

2. 具有三层结构的 FCS

具有三层结构的 FCS 如图 7-7 所示。它由现场设备、控制站和人机接口三层所组成。

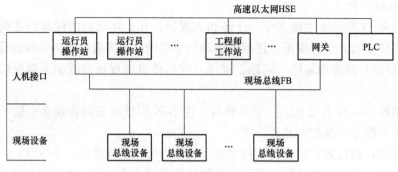

图 7-6 具有两层结构的 FCS

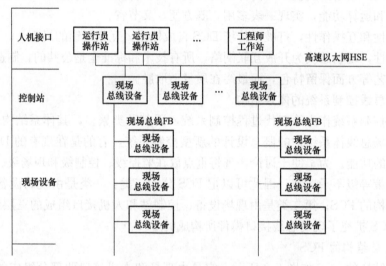

图 7-7 具有三层结构的 FCS

其现场设备包括各种符合现场总线通信协议的智能传感器、变送器、执行器、转换器和分析仪表等；控制站可以完成基本控制功能或协调控制功能，执行各种控制算法；人机接口包括运行员操作站和工程师工作站，主要用于生产过程的监控以及控制系统的组态、维护和检修。系统中其余各部分的功能同前所述，故不赘述。

这种现场总线控制系统的结构虽然保留了控制站，但控制站所实现的功能与传统 DCS 有很大区别。在传统的 DCS 中，所有的控制功能，无论是基本控制回路的 PID 运算，还是控制回路之间的协调控制功能均由控制站实现。但在 FCS 中，底层的基本控制功能一般是由现场设备实现的，控制站仅完成协调控制或其他高级控制功能。当然，如有必要，控制站本身是完全可以实现基本控制功能的。这样就可以让用户有更加灵活的选择。具有三层结构的 FCS 适合用于比较复杂的工业生产过程，特别是那些控制回路之间关联密切、需要协调控制功能的生产过程，以及需要特殊控制功能的生产过程。

3. 由 DCS 扩充而成的 FCS

现场总线作为一种先进的现场数据传输技术正在渗透到新兴产业中的各个领域。DCS 系统的制造商同样也在利用这一技术改进现有的 DCS 系统，他们在 DCS 系统的 I/O 总线上挂接现场总线接口模件，通过现场总线接口模件扩展出若干条现场总线，然后经现场总线与现场智能设备相连。因而形成以下三种由 DCS 扩充而成的现场总线控制系统。

（1）现场总线与 DCS I/O 总线上的集成。图 7-8 所示为在 DCS 的 I/O 总线上集成现场总线的原理，其关键是通过一个挂在 DCS I/O 总线上的现场总线接口卡，实现现场总线系统中的数据信息映射成原有 DCS 的 I/O 总线上对应的数据信息，如基本测量值、报警值或工艺设定值等，使得在 DCS 控制器所看到的现场总线来的信息就如同来自一个传统 DCS 设备卡一样，这样便实现了在 I/O 总线上的现场总线集成技术。

该方案主要可用于 DCS 已安装并稳定运行，而现场总线首次引入系统的、规模较小的应用场合，也可用于 PLC 系统。

（2）现场总线与 DCS 网络层的集成。除了在 I/O 总线上的集成方案，还可在 DCS 网络层上集成现场总线系统（如图 7-9 所示）。即现场总线接口卡挂在 DCS 的上层 LAN 上。

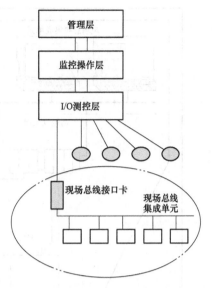

图 7-8　在 DCS I/O 总线上集成现场总线

该方案中，现场总线控制执行信息、测量以及现场仪表的控制功能均可在 DCS 操作站上进行浏览并修改。

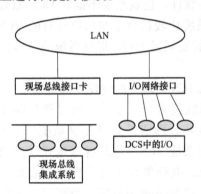

图 7-9　在 DCS 网络层集成现场总线

其优点之一是原来必须由 DCS 主计算机完成的一些控制和计算功能，现在可下放到现场仪表实现，并可在 DCS 操作员站上得到相关的参数或数据信息；另一优点是不需对 DCS 控制站进行改动，对原系统影响小。

（3）现场总线通过网关与 DCS 并行集成。若在一个工厂中并行运行着 DCS 和现场总线系统，则还可通过一个网关来网接两者（如图 7-10 所示），网关完成 DCS 与现场总线高速网之间的信息传递。该结构中，DCS 的信息能够在新的操作员界面上得到并显示。使用 H2 网桥可以安装大量的 H1 低速现场总线。现场总线接口单元可提供控制协调、报警管理和短时趋势收集等功能。

现场总线与 DCS 的并行集成，完成整个工厂的控制系统和信息系统的集成统一，并可通过 Web 服务器实现 Internet 与 Intranet 的互联。这种方案的优点是丰富了网络的信息内容，便于发挥数据信息和控制信息的综合优势；另外，现场总线与通过网关集成在一起的 DCS 是相互独立的。

现阶段现场总线和 DCS 与系统的共存将使用户拥有更多的选择，已实现更合理的控制系统。

这种现场总线控制系统是由 DCS 演变而来的。因此，不可避免地保留了 DCS 的某种特征。例如 I/O 总线和高层通信网络可能是 DCS 制造商的专有通信协议，系统开放性要差一

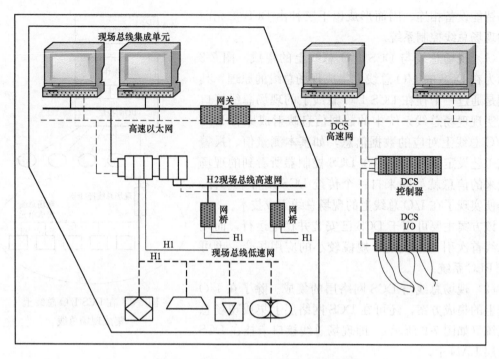

图 7-10　通过网关与 DCS 系统并行集成

些。现场总线装置的组态可能需要特殊的组态设备和组态软件，也就是说不能在 DCS 原有的工程师工作站上对现场设备进行组态等。这种类型的系统比较适合于在用户已有的 DCS 中进一步扩展应用现场总线技术，或者改造现有 DCS 中的模拟量 I/O，提高系统的整体性能和现场设备的维护管理水平。

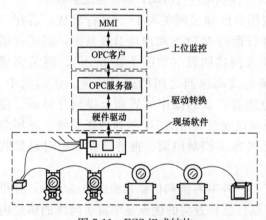

图 7-11　FCS 组成结构

五、以 FCS 为基础的过程控制系统

现场总线技术导致了传统的过程控制系统结构的变革，形成了新型控制系统——现场总线控制系统 FCS。这是继基地式气动仪表控制系统、电动单元组合式模拟仪表控制系统、集中式数字控制系统，乃至于今天广为采用的分散控制系统 DCS 后的新一代控制系统。FCS 实现了通信、计算机、控制之间的无缝结合，形成了网络集成全分布式的控制系统。

一个较为完整的现场总线过程控制系统应由上位部分、转换驱动部分和现场设备三部分组成，FCS 组成如图 7-11 所示，其中上位监控部分对应于控制操作的人机接口软件 MMI 和控制系统上位监控级软件；现场设备部分对应于网络配件、现场仪表、组态软件及控制系统现场级软件；驱动转换部分由硬件厂商随硬件提供，无需自行设计。

图中 OPC 即 OLE for process control，是用于过程控制的 OLE 技术，是一种开放的软件接口标准。

1. 控制方案的选择和制定

这里所指的控制方案，即要在 FCS 中需实现的控制策略。目前用于过程控制的算法较多，简单的如常规 PID、前馈控制、比值控制、串级控制等，复杂的如预测控制、自适应控制、神经网络控制、模糊控制等。在选择控制算法时，应充分考虑算法在现场设备与上位监控级的可实现性。

FCS 的现场级宜采用较为简单的算法。其一是现场仪表功能模块较少，简单算法易于实现，其二是可以减轻现场仪表微处理器的负担。

对于复杂的控制策略，可借助现场总线的数字通信技术，由上位监控级来实现。从这个意义上讲，FCS 与 DCS 是存在共同之处的。采用这种方案时，需注意运算中间值的下载问题。上位监控计算机与现场仪表之间不宜传送过多的中间变量，力求将中间值的流动控制在上位级或同一现场仪表的功能模块之间，尽量减少上位级到现场的中间信息流动量。

2. 根据控制方案选择必需的现场仪表

主要是现场变送器、执行器的选择。由于现场仪表具有多路输入输出功能，且完成部分控制运算，因此存在如何合理配置以达到安装简单、仪表间数据传输量小的目的。

3. 选择计算机和网络配件

FCS 中，用一台或多台计算机实现对现场设备的组态及生产过程的监视操作。现场总线控制系统一般通过插在 PC 及总线插槽内的现场总线接口板（PCI 卡），把工业 PC 机与现场总线网段连成一体。PCI 卡可有多个现场总线通道，能把多条现场总线网段集成在一起。另外，还要选择总线电源、总线终端器、总线线缆等网络配件。

为使控制系统更加安全可靠地运行，上位机和传输缆线应当有冗余配置。

4. 选择开发组态软件及人机接口软件 MMI

由于 FCS 的开放性，很多成熟的、在工业中得到成功应用的监控软件可以直接选用，为用户提供了很大的自由度。典型的如 Fix、InTouch、AIMAX 等，从这点来看，DCS 是无法达到的。另外，用户完全可以根据具体需要走自行开发的道路。

组态软件一般由硬件厂家提供，主要完成下述任务：

（1）在应用软件的界面上选中所连接的现场总线设备。

（2）对所选设备分配工位号。

（3）从设备的功能库中选择功能模块。

（4）实现功能模块的连接。

（5）按应用要求为功能赋予特征参数。

（6）对现场设备下载组态信息。

（7）具有对现场设备（故障诊断、状态、参数等）的监控功能。

5. 上位监控的设计和实现

上位监控在现场总线控制系统中占有很重要地位。它不但起着时刻监督现场运行、状态报告、报警处理、实时和历史数据的记录、下载控制参数和命令、实现复杂的控制算法等必不可少的任务，使操作人员或工程师完全掌握对现场的控制和决策权，而且它还是现场级网络与管理决策级网络间连接的桥梁，只有通过上位监控级，才能真正实现全分布式的数字化、集成化的网络体系，彻底实现管理控制一体化。

6. 现场级控制的设计和实现

（1）根据控制系统结构和控制策略，分配功能模块所在位置。分配在同一设备中的功能模块属内部连接，其信号传输不占用现场总线，而位于不同设备中的功能模块间的连接属于外部连接，其信号传输需通过现场总线传输。分配功能模块位置时应注意减少外部连接，优化通信流量。

（2）通过组态软件，完成功能模块之间的连接。

（3）通过功能模块特征化，为每个功能模块确定相应的参数。如测量输入范围、输出范围、工程单位、滤波时间、是否开方处理等。

（4）总线网络物理组态。由于现场总线是工厂底层网络，网络组态的范围包括一条或几条总线网段。内容有识别网络和现场设备、分配节点号、决定链路活动主管等。

（5）下装组态信息。将组态信息的代码送至相应的现场设备，并启动系统运行。

六、几种常用的现场总线

当前，全球有 40 多种现场总线，比较主流的是 FF、Profibus（西门子主导）、LONWORKS、CAN(BOSCH 主导)、HART 等，目前还没有任何一种现场总线能覆盖所有的应用面，其中 FF 在全球的影响力强，集中了世界上主要的自动化仪表制造商，如 ABB、横河、西门子、Honywell 等，LONWORKS 在楼宇自动化、家庭自动化、智能通信产品等方面具有优势，Profibus 和 CAN 在离散制造领域具有较强影响力，而国内厂商一般规模较小。

1. FF 现场总线

基金会现场总线，即 FoudationFieldbus，简称 FF。它以 ISO/OSI 开放系统互连模型为基础，取其物理层、数据链路层、应用层为 FF 通信模型的相应层次，并在应用层上增加了用户层。

基金会现场总线分低速 H1 和高速 H2 两种通信速率。H1 的传输速率为 3125Kbps，通信距离可达 1900m（可加中继器延长），可支持总线供电，支持本质安全防爆环境。H2 的传输速率分为 1Mbps 和 2.5Mbps 两种，其通信距离为 750m 和 500m。

物理传输介质可支持双绞线、光缆和无线发射，协议符合 IEC 1158-2 标准。其物理媒介的传输信号采用曼彻斯特编码，每位发送数据的中心位置或是正跳变，或是负跳变。正跳变代表 0，负跳变代表 1，从而使串行数据位流中具有足够的定位信息，以保持发送双方的时间同步。接收方既可根据跳变的极性来判断数据的"1""0"状态，也可根据数据的中心位置精确定位。

目前，FF 现场总线的应用领域以过程自动化为主。如：化工、电力厂实验系统、废水处理、油田等行业。

2. PROFIBUS 现场总线

过程现场总线（process field bus，PROFIBUS）是联邦德国于 20 世纪九十年代初制定的国家工业现场总线协议标准，代号 DIN19245，由十三家工业企业及五家研究所经过两年多的时间完成。

1996 年经欧洲电工委员会批准被列为欧洲标准 EN50170。根据欧洲标准化规则，EN50170 于当年自动地在法律上得到欧洲所有国家标准化机构的认可。德国注销了原有的 PROFIBUS 国家标准 DIN19245，以 EN50170 代替。

目前，欧洲所有公开的招标都是在 EN50170 的基础上进行的，EN50170 在保护投资方面为生产厂家和用户提供了一个最高的标准。PROFIBUS 提供一个从传感器直至管理层的透明网络。正因为如此，PROFIBUS 可以在许多方面——从汽车工业、机器制造业、食品工业、运输业直到环保工程等，获得应用。

PROFIBUS 的主要特点：

(1) 最大传输信息长度为 255B，最大数据长度为 244B，典型长度为 120B。

(2) 网络拓扑为线型、树型或总线型，两端带有有源的总线终端电阻。

(3) 传输速率取决于网络拓扑和总线长度，从 9.6kb/s 到 12Mb/s 不等。

(4) 站点数取决于信号特性，如对屏蔽双绞线，每段为 32 个站点（无转发器），最多 127 个站点带转发器。

(5) 传输介质为屏蔽/非屏蔽双绞线或光纤。

(6) 当用双绞线时，传输距离最长可达 9.6km，用光纤时，最大传输长度为 90km。

(7) 传输技术为 DP 和 FMS 的 RS-485 传输、PA 的 IEC 1158-2 传输和光纤传输。

(8) 采用单一的总线方位协议，包括主站之间的令牌传递与从站之间的主从方式。

(9) 数据传输服务包括循环和非循环两类。

PROFIBUS 的应用主要如下：

(1) 现场设备层。主要功能是连接现场设备，如分散式 I/O、传感器、驱动器、执行机构、开关灯设备，完成现场设备控制及设备间连锁控制。主站负责总线通信管理及所有从站的通信。

(2) 车间监控层。如一个车间三条生产线主控制器之间的连接，完成车间级设备监控。车间级监控包括生产设备状态在线监控、设备故障报警及维护等。通常还具有诸如生产统计、生产调度等车间级生产管理功能。车间级监控通常要设立车间监控室，在操作员工作站及打印设备上。车间级监控网络可采用 Profibus-FMS，它是一个多主网络，在这一级，数据传输速度不是最重要的，而是要能够传送大容量信息。

(3) 工厂管理层。车间操作员工作站可通过集线器与车间办公管理网连接，将车间生产数据送到车间管理层。车间管理网作为主网的一个子网，通过交换机、网桥或路由器等连接到厂区骨干网上，将车间数据集成到工厂管理层。

3. LONWORKS 总线

LONWORKS 现场总线全称为 LONWORKSNetWorks，即分布式智能控制网络技术，它是由美国 Ecelon 公司推出并由它们与摩托罗拉 Motorola、东芝 Hitach 公司共同倡导，于 1990 年正式公布而形成的。它采用了 ISO/OSI 模型的全部七层通信协议，采用了面向对象的设计方法，通过网络变量把网络通信设计简化为参数设置，其通信速率从 300bps 至 15Mbps 不等，直接通信距离可达到 2700m（78kbps，双绞线），支持双绞线、同轴电缆、光纤、射频、红外线、电源线等多种通信介质，并开发相应的本安防爆产品，被誉为通用控制网络。

LONWORKS 技术所采用的 LonTalk 协议被封装在称之为 Neuron 的芯片中并得以实现。集成芯片中有 3 个 8 位 CPU；一个用于完成开放互连模型中第 1~2 层的功能，称为媒体访问控制处理器，实现介质访问的控制与处理；第二个用于完成第 3~6 层的功能，称为网络处理器，进行网络变量处理的寻址、处理、背景诊断、函数路径选择、软件计时、网络管理，并负责网络通信控制、收发数据包等；第三个是应用处理器，执行操作系统服务与用户代码。芯片中还具有存储信息缓冲区，以实现 CPU 之间的信息传递，并作为网络缓冲区和应用缓冲区。如 Motorola 公司生产的神经元集成芯片 MC143120E2 就包含了 2KRAM 和 2KEEPROM。

LONWORKS 技术的不断推广促成了神经元芯片的低成本（每片价格约 5～9 美元），而芯片的低成本又反过来促进了 LONWORKS 技术的推广应用，形成了良好循环，据 Ecelon 公司的有关资料，到 1996 年 7 月，已生产出 500 万片神经元芯片。

LONWORKS 公司的技术策略是鼓励各 OEM 开发商运用 LONWORKS 技术和神经元芯片，开发自己的应用产品，据称目前已有 2600 多家公司在不同程度上投入了 LONWORKS 技术的研发与应用；1000 多家公司已经推出了 LONWORKS 产品，并进一步组织起 LONWORK 互操作协会，开发推广 LONWORKS 技术与产品。它被广泛应用在楼宇自动化、家庭自动化、保安系统、办公设备、运输设备、工业过程控制等行业。为了支持 LONWORKS 与其他协议和网络之间的互连与互操作，该公司正在开发各种网关，以便将 LONWORKS 与以太网、FF、Modbus、DeviceNet、Profibus、Serplex 等互连为系统。

另外，在开发智能通信接口、智能传感器方面，LONWORKS 神经元芯片也具有独特的优势。LONWORKS 技术已经被美国暖通工程师协会 ASRE 定为建筑自动化协议 BACnet 的一个标准。根据刚刚收到的消息，美国消费电子制造商协会已经通过决议，以 LONWORKS 技术为基础制定了 EIA-709 标准。

这样，LONWORKS 已经建立了一套从协议开发、芯片设计、芯片制造、控制模块开发制造、OEM 控制产品、最终控制产品、分销、系统集成等一系列完整的开发、制造、推广、应用体系结构，吸引了数万家企业参与到这项工作中来，这对于一种技术的推广、应用有很大的促进作用。

4. CANBUS 现场总线

控制网络（control area network，CAN）最早由德国 BOSCH 公司推出，用于汽车内部测量与执行部件之间的数据通信。其总线规范现已被 ISO 国际标准组织制订为国际标准，得到了 Motorola、Intel、Philips、Siemens、NEC 等公司的支持，已广泛应用在离散控制领域。

CAN 协议也是建立在国际标准组织的开放系统互连模型基础上的，不过，其模型结构只有 3 层，只取 OSI 底层的物理层、数据链路层和最上层的应用层。其信号传输介质为双绞线，通信速率最高可达 1Mbps/40m，直接传输距离最远可达 10km/kbps，可挂接设备最多可达 110 个。

CAN 的信号传输采用短帧结构，每一帧的有效字节数为 8 个，因而传输时间短，受干扰的概率低。当节点严重错误时，具有自动关闭的功能以切断该节点与总线的联系，使总线上的其他节点及其通信不受影响，具有较强的抗干扰能力。

CAN 支持多主方式工作，网络上任何节点均在任意时刻主动向其他节点发送信息，支持点对点、一点对多点和全局广播方式接收/发送数据。它采用总线仲裁技术，当出现几个节点同时在网络上传输信息时，优先级高的节点可继续传输数据，而优先级低的节点则主动停止发送，从而避免了总线冲突。

已有多家公司开发生产了符合 CAN 协议的通信芯片，如 Intel 公司的 82527，Motorola 公司的 MC68HC05X4，Philips 公司的 82C250 等。还有插在 PC 机上的 CAN 总线接口卡，具有接口简单、编程方便、开发系统价格便宜等优点。

5. HART 通信总线

HART 是 highway addressable remote transducer 的缩写。最早由 Rosemout 公司开发并得到 80 多家著名仪表公司的支持，于 1993 年成立了 HART 通信基金会。这种被称为可寻址远程传感高速通道的开放通信协议，其特点是在现有模拟信号传输线上实现数字通信，属于模拟系统向数字系统转变过程中工业过程控制的过渡性产品，因而在当前的过渡时期具有较强的市场竞争能力，得到了较好的发展。

HART 通信模型由 3 层组成：物理层、数据链路层和应用层。物理层采用 FSK（frequency shift keying）技术在 4～20mA 模拟信号上叠加一个频率信号，频率信号采用 Bell202 国际标准；数据传输速率为 1200bps，逻辑 0 的信号频率为 2200Hz，逻辑 1 的信号传输频率为 1200Hz。

数据链路层用于按 HART 通信协议规则建立 HART 信息格式。其信息构成包括开头码、显示终端与现场设备地址、字节数、现场设备状态与通信状态、数据、奇偶校验等。其数据字节结构为 1 个起始位，8 个数据位，1 个奇偶校验位，1 个终止位。应用层的作用在于使 HART 指令付诸实现，即把通信状态转换成相应的信息。它规定了一系列命令；按命令方式工作。它有 3 类命令，第一类称为通用命令，这是所有设备理解、执行的命令；第二类称为一般行为命令，它所提供的功能可以在许多现场设备（尽管不是全部）中实现，这类命令包括最常用的现场设备的功能库；第三类称为特殊设备命令，以便在某些设备中实现特殊功能，这类命令既可以在基金会中开放使用，又可以为开发此命令的公司所独有。在一个现场设备中通常可发现同时存在这 3 类命令。HART 支持点对点主从应答方式和多点广播方式。按应答方式工作时的数据更新速率为 2～3 次/s，按广播方式工作时的数据更新速率为 3～4 次/s，它还可支持两个通信主设备。总线上可挂设备数多达 15 个，每个现场设备可有 256 个变量，每个信息最大可包含 4 个变量。最大传输距离 3000m，HART 采用统一的设备描述语言 DDL。现场设备开发商采用这种标准语言来描述设备特性，由 HART 基金会负责登记管理这些设备描述并把它们编为设备描述字典，主设备运用 DDL 技术来理解这些设备的特性参数而不必为这些设备开发专用接口。但由于这种模拟数字混信号制，导致难以开发出一种能满足各公司要求的通信接口芯片。HART 能利用总线供电，可满足本安防爆要求。

6. RS485 通信协议

尽管 RS485 不能称为现场总线，但是作为现场总线的鼻祖，还有许多设备继续沿用这种通信协议。采用 RS485 通信具有设备简单、低成本等优势，仍有一定的生命力。以 RS485 为基础的 OPTO-22 命令集等也在许多系统中得到了广泛的应用。

七、现场总线常见故障分析及处理方法

现场总线技术在自动控制系统中颇为重要，随着各个行业技术的不断升级及新技术的应用，总线控制技术也在不断完善。然而在生产现场中由于现场总线的不稳定造成设备故障停机。这里主要阐述 PROFIBUS 现场总线故障处理及预防措施。

1. PROFIBUS 现场总线常见故障分析及处理方法

（1）线路引起的故障。

故障现象：生产过程中，通信网络突然出现大面积的网络节点无法通信。

控制主站 PLC 网络状态指示灯提示，网段 1 出现网络通信故障。

解决方法：通过 STEP7 的硬件在线监控软件现场监控发现，通信子站以后的网路节点全部出现网络通信故障。检查故障点周围的网线，发现新增的一处通信子站的桥架内网线出现破损，将破损网线更换后，网络通信恢复正常。

排查心得：此类故障可以采用逐点排除的方法即用通信节点逐个脱网的方法排查此类故障。先从发生通信故障网段中选择离通信主站最远的一个节点开始，逐一合上节点插头上的终端电阻，排查线路故障点。当合上某一个节点的终端电阻后，其靠近主站侧的节点通信恢复正常，基本可以判定故障点就在这个节点与上个合上节点之间。

预防措施：①定期检查桥架内的网线，是否存在破损等影响通信质量情况；②设备进行局部改造施工时，注意不要损坏已经铺设的网线。

（2）通信端口引起的故障。

故障现象：在高压装置压缩厂房进行进出料过程中，一数采柜数次出现突然停机现象。重新启动生产线后，能够正常生产。

解决方法：查看触摸屏的故障信息发现，该数采柜存在本地开关和本地电源开关置 0、ET200 通信故障等故障。当发生子站通信故障时，在 PLC 控制器的输入缓冲区中的输入信息会自动复位到常开状态，所以触摸屏显示本地开关和本地电源开关置 0。由此基本上可以判断该数采柜异常停机是其子站的 ET200 通信子站通信故障造成的。检查 ET200 通信模板与 DP 网网络插头，发现插头紧固螺丝松动，致使子站通信模板与网络插头接触不良。更换网络插头并重新紧固后，没有再出现类似现象。

排查心得：在工作环境较恶劣的情况下，要定期检查通信端口，尤其是网段线路的末端，当出现无规律的网络末端"掉网"时，很可能是网段末端 DP 插头的终端电阻故障造成的，首先要更换网络末端的 DP 插头。

预防措施：①定期检查网络接头是否松动、虚接；②定期检查模块电压是否正常，压降是否在允许范围内；③定期检查接地是否规范，包括动力接地和通信接地。

（3）中继器引起的故障。

故障现象：在生产过程中，高压装置风送段发生故障停机，同时伴有大面积网络通信故障。

解决方法：现场观察发现，多路阀旋转电机停在释放位置一端，没有正常反向。通过检查发现，旋转电机西侧限位开关发生线路短路，造成 DCS04 站内的 24V 空气开关保护。恰好有一中继器也从这个空气开关引出 24V 电源，开关一保护中继器"掉电"，也就造成了大面积的网络通信故障。单独给中继器提供 24V 电源后，没有再发生类似的情况。

排查心得：有些网络通信的故障，并不一定就是网络设备自身引起的。故障排查时，在排除网络自身设备故障后，就要围绕相关设备进行排查。

预防措施：网络通信模块电源一定要单独从总电柜直接引出，不能从子站电源接入或和其他设备共用一个电源。因为一旦这个设备出现短路或这个子站电源中断，就会使网络通信模块"掉电"，整个通信网络就会因网络通信模块电源故障而瘫痪。

2. PROFIBUS 现场总线特殊故障的实例分析及预防措施

（1）现场总线接口卡件损坏。某厂操作人员反映电气机构的多个电机无法操作，经热控维修人员排查发现：现场总线节点 Y-LINK 卡上的故障（Error）"红灯"亮起，该卡所带的

SIMOCODE 电击的全部信息处于故障状态，近 20 台电机、开关信息全部中断，使该装置的电机、开关全部处于瘫痪状态。此时采用复位或者更换卡件是解决问题的最有效的办法。另外要求厂家寄备件以备再次出现此类情况。

（2）现场总线连接器连接松动。某化学水总线调试期间，运行操作人员发现数台仪表、阀门的数据同时回零，热控人员根据软件诊断，确认是某条总线段出现了故障。认真排查了现场总线卡、总线电源等都没有发现问题；接着检查从站的总线连接器、连接线头全松动，造成了线路的断路，使得通信陷入瘫痪。安装期间采用专用压线器可以消除隐患。

（3）数据量阻塞。工业以太网上用户负载的大小决定数据量是数据量阻塞的原因，为了满足工艺的要求，经过前期准备和调研，对现场总线的设备进行合理选型，利用调试，我们对操作员站和总线通信容量进行了验证，在预算范围内选出最优的硬件配备方案，使得今后数据阻塞的故障隐患可能降为最低。

（4）操作员站死机。针对操作界面的死机，原因有两个：一是控制器时间程序系统占用大量内存，造成控制器运行内存不够而死机；二是病毒导致死机。后者我们使用定期升级病毒库的方法使得死机可能性在运行期间基本没有出现。前者我们升级了软件版本，把死机的可能性降到最小，使得隐患发生率达到最小。

弹簧管式一般压力表（真空表）检定记录

编号：

仪表名称		仪表型号		使用范围	
制造厂名		仪表刻度		常用范围	
最小分度		准确等级		出厂编号	
相对湿度		室 温		校验时间	
标准器	量程：		精确度：		最小分度：

	示值 （ ）	正 向 （ ）		反 向 （ ）		轻敲位移示值 （ ）		基本误差 （ ）		来回变差 （ ）
调整前										
调整后										

基本误差（ ）		轻敲位移（ ）		来回变差（ ）	
允许值		允许值		允许值	
调整前最大值		调整前最大值		调整前最大值	
调整后最大值		调整后最大值		调整后最大值	

检定结论	
备注：	

复核		验收		检定	

参 考 文 献

[1] 潘汪杰，文群英．热工测量及仪表．4 版．北京：中国电力出版社，2019.

[2] 何适生．热工参数测量及仪表．北京：水利电力出版社，1990.

[3] 朱祖涛．热工测量和仪表．北京：水利电力出版社，1991.

[4] 叶江祺．热工测量和控制仪表的安装．2 版．北京：中国电力出版社，1998.

[5] 王家桢，王俊杰．传感器与变送器．北京：清华大学出版社，1996.

[6] 张宝芬，张毅，曹丽，彭黎辉．自动检测技术及仪表控制系统．北京：化学工业出版社，2020.

[7] 张子慧．热工测量与自动控制．北京：中国建筑工业出版社，1996.

[8] 梁国伟，蔡武昌．流量测量技术及仪表．北京：机械工业出版社，2005.

[9] 杨庆柏．热工控制仪表．北京：中国电力出版社，2008.

[10] 左国庆，明赐东．自动化仪表故障处理实例．北京：化学工业出版社，2003.

[11] 吕崇德．热工参数测量与处理．北京：清华大学出版社，2001.

[12] 张建国．安全仪表系统在过程工业中的应用．北京：中国电力出版社，2010.

[13] 文群英，潘汪杰，黄桂梅，等．热力过程自动化．2 版．北京：中国电力出版社，2007.

[14] 华东六省一市电机工程（电力）学会．热工自动化．北京：中国电力出版社，2000.

[15] 中国华东电力集团公司科学技术委员会．仪控分册．北京：中国电力出版社，2001.

[16] 赵燕平．火电厂分散控制系统检修运行维护手册．北京：中国电力出版社，2003.

[17] 周明．现场总线控制．北京：中国电力出版社，2002.

[18] 牛玉广，范寒松．计算机控制系统及其在火电厂中的应用．北京：中国电力出版社，2003.

[19] 白焰．分散控制系统与现场总线控制系统．2 版．北京：中国电力出版社，2022.